U0310090

中国农业大学经济管理学院文化传承系列丛书

王毓瑚农史讲义存稿

王毓瑚 著

中国农业出版社

北 京

中国农业大学经济管理学院文化传承系列丛书

编委会主任　辛　贤　尹金辉　司　伟
编委会成员　李　军　王秀清　冯开文
　　　　　　　吕之望

本 书 著 者　王毓瑚
本 书 整 理　王京阳

前　言

　　习近平总书记在党的十九大报告中指出，文化是一个国家、一个民族的灵魂。没有高度的文化自信，没有文化的繁荣兴盛，就没有中华民族伟大复兴。

　　承担着教书育人重要使命的高等院校，在推动文化传承、提升文化自信方面无疑发挥着举足轻重的作用。源于 1927 年国立北平大学农学院农业经济系的中国农业大学经济管理学院，已经历了 90 余年的风风雨雨，一代代的经管人秉承学科创始人许璇提出的"凡讲求农业经济者，宜外察世界经济之潮流，内审本国农业之状况，研求关于农业经济学之原理及法则，以资实地应用"的研究宗旨，谨遵"解民生之多艰，育天下之英才"的校训，弘扬"经邦济农、唯实怀真、淡泊明志"的农大精神，矢志不渝、披荆斩棘、开拓进取，为推动这个传统农业大国的全面复兴献计献策、接续贡献着自己的力量，不断创造着属于经管人的优秀文化，形成了属于经管人的执着精神。

　　作为后来人的我们，回望来路会做何感想？会从我们自己丰富的历史宝库中汲取哪些营养，以使自己更坚定、更有动力地砥砺前行？是许璇、董时进等大师开创中国自己的农业经济学科、泽被后世的创造创新精神？是王毓瑚在"文化大革命"时依然觉得时不我待，身患重疾仍然奋力注释王祯农书、造福后学的学术担当精神？是张仲威运用三划一同理论指导地方农业发展、开辟燕山之路的不断开创精神？是安希伋致力于重建与国际农业经济学界学术交流的开放风范？亦或是刘宗鹤以其精湛的统计学技能指导新中国第一次全国农业普查的实践创新精神？凡此种种，不胜枚举。但在他们身上，我们看到，他们为农经学科所付出的一切，他们营造的优秀文化、奋斗精神都有一个一以贯之的内核，那就是心有大我、至诚报国的事业心、报国志。

"求木之长者，必固其根本；欲流之远者，必浚其泉源。"纵观几千年的发展历程，什么是推动中华民族绵延前行的最根本的力量？毫无疑问，她只能是浓浓的爱国主义情怀，正是爱国主义将中华民族牢牢地团结在一起，激励着一代又一代中华儿女为祖国发展繁荣而不懈奋斗。历代经管人，就是在爱国主义精神的指引下，不断深入农村，了解民生，在科研与实践中凝练出了经管人的魂与情。

优秀的文化需要传承，传承经管人的优秀传统，是本套丛书编撰出版的初衷。学院的发展需要从先贤们的智慧中汲取能量，提升文化自信，增强前进的动力。于是，我们选取了我国农业经济学科的先驱、被当时教育界誉为"罕有人物""一代宗师"的许璇的经典著作《农业经济学》《粮食问题》，以及农史学界的知名学者王毓瑚教授的讲义，进行编辑出版。同样，学院的发展也需要后世不断地承继创新，记录今人前行的脚印，才好打造新的里程碑。于是，我们也选取了部分经管学院师生近年来撰写的学术论文汇集成册出版，既收相映成趣之效，又可以找到今人与前辈大师之间的差距，收到鞭策激励之功。

习近平总书记说过："爱国，不能停留在口号上，而是要把自己的理想同祖国的前途、把自己的人生同民族的命运紧密联系在一起，扎根人民，奉献国家。"我们希望这几本书的出版，能激发更多学子的爱国感情，以更饱满的精神投入到祖国"三农"事业中去，与祖国同呼吸、共命运，不忘初心，牢记使命，不断地在解决"三农"问题的过程中发挥聪明才智，贡献属于经管人的中国方案。

编　者

2019 年 12 月

凡　例

1. 统一采用横排简体字版式，原竖排版式中右、左等方向词相应改为上、下。

2. 在编辑整理过程中，对明显的文字排校差错进行必要的订正，疑字、缺字和无法认清的字用"□"标示。

3. 原著中的繁体字、异体字和错别字作统一规范，通用的字、词保持原貌，不作更改。

4. 专著、论文、演讲稿、讲义、书信等标题，都在文末以注释的形式作题解，写作时间、发表时间齐全的文章在文末以括注的形式作题解，时间不详或无考的，按推论发表时间顺序排列。

5. 资料来源于各地和各类档案、图书、报刊、旧志、文物、资料汇编等，一般不注明出处。有些史实资料无法搜集齐全或者难以考证的，保留本来面貌，并在文末予以说明，以待后人查考补正。

6. 原著行文中的历史纪年，1949 年 10 月 1 日中华人民共和国成立前使用历史纪年和民国纪年，涉及其他国家的使用公元纪年；中华人民共和国成立后使用公元纪年。

7. 原著或译著中涉及中国地名、行政区划归属与今不同者，不作更改。原著或译著中涉及外国地名、人名，已译为中文的不作更正，未译为中文的保持原样，不翻译。部分人名、地名、书名在译文后重复的外文原文，大都予以删除。

8. 1945 年以前的原著及 1949 年以前的译著中，台湾、香港皆作为一个单独的地区名出现，除少数地方为避免产生歧义改为"中国台湾""中国香港"外，一般仍保留原样。

9. 为方便读者阅读，原著及译著文献中用中文或阿拉伯数字表示的数据、时间（世纪、年代、年、月、日、时刻）、物理量、约数、概数等统一用阿拉伯数字表示，统计表内的数据统一使用阿拉伯数字，并对原著中的图、表进行标序。

10. 原著或译著中的地名、机构名称、职称、计量单位及币种，一般指当时称谓，仍沿用当时旧称，保持不变。1949 年以后币种不特别指明的均为人民币。1949—1955 年的人民币值，保留原样，未折算成新人民币值。

11. 原著中无标点的，按现行新式标点予以标注，非标准的标点，则适当规范校正。

12. 原著正文和注释中引用外文的，以及译著中未翻译的外文，皆保留原貌，不作翻译。

13. 编者所加注释，标明"编者注"置于页下，并加相应序号。

目　　录

前言

凡例

中国农业史纲要

第一章　中国农业的起源 ……………………………………… 3

第二章　历史初期的农业生产（殷代）………………………… 5

第三章　早期封建社会的农业和农民 ………………………… 9

第四章　小农社会的成立及其发展（战国—东汉末，公元前
　　　　第四世纪—公元后第二世纪）………………………… 18

第五章　所谓土地国有时期（三国—唐中叶　公元第三—
　　　　第八世纪）……………………………………………… 38

第六章　封建的小农经济之继续发展（唐中叶—南宋末，
　　　　公元第八世纪中—第十三世纪末）…………………… 53

第七章　落后部族的统治对封建农业社会和影响（金元两代
　　　　公元第十二世纪—十四世纪中）……………………… 64

第八章　后期封建农业社会中的生产关系和生产力（明初—
　　　　鸦片战争　公元第十四世纪中—第十九世纪中）…… 70

中国农业经济史大纲

第一章　中国农业之起源（周以前）…………………………… 83

第二章　典型的封建时期之农业及农民（西周时期）………… 87

第三章　小农社会之成立及其发展（春秋时期到东汉末）…… 98

第四章　所谓均田时期（三国至唐中叶，二世纪末至八世纪中）……… 132

中国近代农业经济史讲义

导言 ……………………………………………………………… 137

第一章　中国封建社会的农业经济 …………………………… 142

第二章　西方资本主义对中国封建农业经济的初步影响
　　　　（1840—1870 年）………………………………… 153

第三章　太平天国的土地制度（1850—1864 年）…………… 163

第四章　半殖民地半封建形成时期的土地关系（1870—1900 年）…… 172

第五章　中国农产的殖民地商品化（1870—1900 年）……… 181

第六章　自给自足的小农经济的动摇（1870—1900 年）…… 186

第七章　外国对华资本输出在中国农业经济中的表现
　　　　（1900—1927 年）………………………………… 193

第八章　帝国主义对中国农业的控制（1900—1927 年）…… 201

第九章　中国资本主义农业的特点（1900—1927 年）……… 207

第十章　中国资产阶级对于解决土地问题之评价 …………… 224

第十一章　封建割据军阀对农民的直接剥削（1900—1927 年）…… 230

第十二章　灾荒与农村经济的普遍衰落（1900—1927 年）… 238

第十三章　国民党反动统治下的农业经济走向崩溃（1927—1937 年）…… 248

第十四章　日本帝国主义者对中国农业殖民性掠夺（1931—1945 年）…… 270

第十五章　美蒋勾结下国统区农业经济的总崩溃（1937—1949 年）…… 289

第十六章　共产党在新民主主义革命中的土地政策
　　　　　（1927—1949 年）……………………………… 300

第十七章　新民主主义革命时期革命政权下农业经济的蓬勃发展
　　　　　（1927—1949 年）……………………………… 315

第十八章　中国封建土地制度的彻底消灭和农业生产力的解放……… 329

附录一：学习《矛盾论》札记　中国古代社会经济关系的研究……… 344

附录二：中国传统的财政形态研究提纲 ……………………… 371

附录三：中国传统的财政之特质（残章）…………………… 374

附录四：中国传统的财政形态之特质（撰写提纲）………… 387

中国农业史纲要

第一章 中国农业的起源

我国境内的农业生产究竟从何时开始，是一个尚待确定的问题。
古籍中关于农业起源的记载，只是古人的传说，时代亦似太迟。

关于古代农业起源有两种传说，一说始于神农（《易·系辞》），
一说始于后稷（《尚书·尧典》：后稷播时百谷，又《史记·周本
纪》）。二说之中，以神农的时代较为最早，可以就依旧传的说法，也
不过是公元前三千年左右。

可靠的答案应当求之于考古学。仅就目前已发掘的资料来说，已然证
实公元前四五千年前，亦即新石器时代的初期，黄河流域一些地区的居民
已经从事种艺。

1949 年之前新石器时代遗址发现不过数处（河南渑池仰韶村、
辽宁绵西沙锅屯、甘肃宁定齐家坪、山西夏县西阴村等地），称为仰
韶文化。所发现的遗物中，有石耜、石锄之类。1949 年之后，新石
器时代遗址的发现已遍全国，不下数百处，提供了大量的资料。例如
陕西西安半坡村遗址的一个陶罐中，发现了小米（这一发现推翻了国
外学者关于中国的谷种传自印度的说法）。
农业的开始应当远在那个时代以前。

考虑到那个时期生产知识和技术的发展一定是十分缓慢的，因此
从半坡村的小米向上推溯到开始有意识地栽种作物，可能还要一两千
年或者更长的时间（可能由妇女发明了栽种）。

截至目前，已然知道的最早的文字是殷代的甲骨文字。已出土的甲骨
文字，时代上限约为公元前 1300 年。因此，我们所占有的文字史料以那
个时代的为最早。那个时代上距农业的开始大约四五千年，关于这个期间

农业生产发展的情形，我们还知道得很少。

甲骨文字的时代也正是我国历史上的青铜时代。在青铜时代和新石器时代之间，还有一个纯铜器时代，实际上是石铜并用的时代，大约是公元前二千至四千年之间。目前这方面的考古资料还极缺乏。

不过从甲骨文的资料来推测，在那个期间，农业生产的各方面显然都有很大的进步。

家畜和栽培作物的种类都陆续在增多，耕作方法当然还是很原始的，可能到了那个时代的后期，"游耕"已渐渐被放弃。

大约也就在那同一时期里，人们也学会了养蚕。

山西夏县西阴村出土的新石器时代遗物（属仰韶文化）中，有半个"经过人工的割裂"的茧壳（详李济《西阴村史前的遗存》）。

第二章　历史初期的农业生产

（殷代）

一、最早的农业区

直到公元前的第二个一千年期间，可以划作农业区（也就是居民以耕稼为主要的生产活动的地区）的地带还是不很大，这主要是受到地理条件的限制。

我国古籍中所记载的远古史实，就地域上说，主要限于长江以北，而近年来出土的新石器时代遗迹，也大部在北方，虽然南方古代遗迹的发现较少可能另有其他原因，但据可靠的记载（如《禹贡》《史记·货殖列传》等等），古代北方的农业，确较南方为发达。

一般说来，当时南方的自然（地理）条件对于人类居住以及农业生产来说是比较差的。

中国地形，南方多丘陵及河川。丘陵地带多森林，河川沼泽多的地方多茂草，更由于气候较热而多雨，植物以及动物的繁殖也较速，森林中多野兽，低湿沮洳之地多虫蛇（长江中游，西起宜昌，东达安庆，在古代并无显著的正流，而是一个南北纵广数百里的沮洳之区，所谓九江是也。），在这样的地区，对自然条件的控制力量还很小的史前人类是要感到十分困难的。大约主要由于这个原因，在远古时期，南方的居民是比较少的，文化也比较落后，这些地区的农业生产显然也是相应地不甚发达的。

因此，农业比较发达的地区主要是在黄河流域。

如果作更进一步的推测，则就是黄河流域的农业，也是在比较有限的范围之内是发达的，主要是黄河下游和济水流域以及渭水中下游的一些地区。

这一农业区包括今河北、山东、河南三省毗连的一带地方，东至大运河，南至颍水流域，西至太行山麓、北至德石铁路线，此外从石家庄向北沿京汉路线，从济南以东沿胶济路线，从郑州以西沿陇海路线附近地带，也都可划入这一范围（当时黄河是从今郑州以西向东北流，至天津大沽入海，下游因地势低洼，水流纷乱，古名九河，也是一个沮洳地带，居民显然很少，农业生产也是不会发达的。）。这也大约就是殷朝王室直接统治的区域。截至目前已经发现的殷代遗迹，也正是在这个范围之内。

除此以外，还有渭水中下游各地，是当时周族占领和经营的区域，也就是所谓关中平原，农业也是比较发达的。

这一农业区以外的那些地方，还都是由各种不以农业为主要生计或者完全不从事农业生产的部族盘踞着。

大概太行山区以及几乎整个今山西省、陕北和陇东高原，还有南边秦岭、伏牛山区，东边今山东半岛的山区，这些山区和高原地带，都是以畜牧为主的种种部族，而东南淮河和泗水流域的经济面貌，有些近于长江流域（《史记·货殖列传》）。

除此以外，西南的今成都平原一带，在那个时期可能已然有了相当发达的农业，只是目前还缺乏具体的证据。

从后来的情形推测，这个可能性是很大的。

上面所说的这个农业区的自然条件，在很大程度上影响了后来农业以及农业科学的发展。

这一区域包括西部的黄土地带和东部的冲积地带。这些地方的土壤一般说来是适于耕种的，但由于气候干旱，一年内的降水量分布不匀，人工灌溉以及精细的耕作，就成为极端必要，而黄河下游时常泛滥（济水可能就是黄河下游改道留下来的一支），又迫使这一地带的农民很早注意研究防治水患。从那时起，我国的农业就同水发生了密切的联系。而关于农业生产的知识，也就因此而以抗旱、治水（保埽、排水……）为主要内容。

二、耕作方法、农具和主要作物

殷人的耕作方法，虽然可能已脱离原始的掠夺式的经营方式，但还是相当粗放的，好像普遍实行烧田法。

甲骨文中多有"贞焚""卜焚"字样。《说文》：焚，烧田也。烧田虽也可能是与狩猎有关，但那个时代的人大约也已经知道这种最简单的肥田的办法。

至于人工施肥，或者也已然知道了。

甲骨文中有望田，或疑即粪字（陈梦家）。又有"屎"字，或以为即"屎"字（胡厚宣）。（胡氏并认为当时已实行以圈厕储粪，知道翻肥法。）。

使用的农具主要是耕地用耒，此外还有收获用的镰刀和薅草用的镈，质料则是木、石和蚌。

殷代属于青铜时代，迄今出土的殷代铜器中，几乎见不到农具，这大概是因为当时铜的数量并不是很多，主要用以铸造兵器祭器，其次是一些工具，但使用远较为普遍的农具，则难以铜来制造。

卜辞中的"耤"字（意为锄地），像人手持耒柄而用足踏耒端之状（月）。铜器上耒字作𠦪，最早的耒大约是一根稍曲而一端歧头的木棍，耕地时用足踏着，到后来在歧头的尖端也许另外加上硬木、蚌壳或金属的锋头。

镰刀有两种，手握者叫铚，当时多蚌制。另有带柄的镰，多为石制。

薅草用的器具当时叫作蜃，也是蚌一类的东西所制的，郭沫若释干支，以为辰象蜃形，实古之耕器，故农（農）、耨等字均从辰。

由于农业生产的需要，历法也逐渐发展起来。不过还不是怎样精确。

甲骨刻辞中所见到的殷代历法，是一种阴阳历（有闰月），一年好像还只分两季（春、秋），根据卜年和农事的记载不固定于某一月中，而常是属于相连属的三四个月，这一事实，可以推知当时的历法还不甚精确。

农作物已然有谷、黍、稷、豆、粟、麦、稻等，而谷似是主要作物。

谷（禾）是耐旱作物，与黄河流域的气候相宜（《淮南子·地形》篇："雒水轻利而宜禾，渭水多力而宜黍""西方宜黍，中央宜禾"。又《诗经》言黍者二十余处，多属周诗部分，也是西土以黍为主之证。周人习种黍，但初不甚注意酿酒。灭殷后大约恐怕染上酗酒的恶习，所以才作酒诰）。它是当时人民的主要食粮，因此后来泛称粮食作物为"五谷""百谷"，称赞好的庄稼为"嘉禾"。

黍即黄米，谷之黏者，可以为酒。这种作物大概主要用于祭祀和酿酒。

畜牧业虽然相对地减缩了，但绝对地仍然可观。

蚕桑事业也相当的发达。

甲骨文中有"蚕"和"桑"字，卜辞中有"蚕示"，即祀蚕神，此外甲骨文中还有从"糸"的字以及巾、帛等字，更从周代蚕桑事业已很发达的事实来推测，蚕桑业在这一时期的情况是不难想象的。

三、农民的身份

殷代属于奴隶社会阶段，这是学者所公认的。那时社会的主要生产者是农民，而直接从事农业生产的人主要是奴隶的身份（甲骨文里的"众"）。奴隶的来源主要似乎是俘虏，另外就是犯罪者及其他丧失自由身份者。他们是在贵族及其所派遣的人的监督之下劳作的。他们的生活和工作条件显然是很坏，因此常常有逃亡或暴动的事情发生。当时没有或极少青铜制的农具，除了铜的产量有限以外，恐怕奴隶使用农具为武器来起义也许是另一种原因（那时的农具同武器的差别并不大）。生活和工作条件的恶劣导致生产者的劳动积极性降低，以至于大规模的暴动，结果促成殷朝的灭亡。

第三章　早期封建社会的农业和农民

殷族统治者由于得不到奴隶阶级的支持，而被西方势力较小的周族所征服。依理而言，征服者对于原来的奴隶阶级，一定是要多少改善其生活和工作条件，然后才能得到他们的拥护。此外一个部族征服另外一个部族之后，为了更有效地使用被征服者的劳动力，将土地带同居民一层层分给贵族占领经营，也是很自然的（恩格斯有类似的说法，见《马克思恩格斯通信集》）。因此，西周时期开始出现封建社会是极有可能的。当然应当考虑到，那个时代各地的发展情形是很不平衡的。封建制度只是逐步地在空间上扩展起来的。更重要的是，我国古代的封建社会，同欧洲中古时期的封建社会也并不是在一切方面都完全一致的。

一、农业生产知识和技术

周族是从黄土地带发展起来的。大约很早就对农业生产累积起来丰富的经验和知识。

周字甲骨文作田，金文作田，均象谷生田中。

周族以后稷为其始祖，表示很早就有农业的传统。《书·无逸》强调"知稼穑之艰难"，也就是训示统治者要重视农业生产。

在克殷以前，他们已然知道很多关于农业生产的道理。

《诗·大雅·公刘》有"既溥既长，既景乃冈，相其阴阳，观其流泉。其军三单，庶其繁原。……"

特别是在农田水利方面，周族可能是比殷族更高明。

周族原来所在的关中平原，土层深厚，地下水位极低，而黄土的结构又不宜于蓄水，这种情况迫使居民讲求人工灌溉的方法。而土质非常肥沃的黄土，在解决了给水的问题之后，生产力就可以大大提高。传统的井田制度就是以一种理想的灌溉制度为基础。

从历法上也可看出来周代的农业比起前代来是更进步了。

周历建子，以阴历十月为岁首，也就是一年从冬至点算起，这是作为我国历法特点的二十四节气的起点，二十四节中的二至（冬至、夏至）、二分（春分、秋分）到春秋时期已然知道了。

特别值得提到的是，铁制农具出现了，这使农业生产效率大大地提高。

当时耕地的主要器具仍然是耒，在原来周族统治的西方各地，好像另应用一种下端尖锐的木棍形的耕具（即耜，徐中舒说，后来大约耒与耜互相混淆，合为一名。）耕时二人比肩，称为"耦耕"。这种农具大约随了时代逐渐有所改进，刺土的尖端装上金属的锋刃，从而提高了效率，但效率之大大地提高，显然是在发明冶铁之后。

我国古代何时开始用铁，截至目前，尚无定论。1949年以后已不断发现了战国时期的铁制农具，春秋齐桓公时似已有之。而铁器之开始使用，当然尚应远在其时以前（古代铁器比较不易发现：氧化，回炉；不以殉葬。）。

发明了铁器之后，农具就可完全用铁制造。铁制农具效率之提高，必然促使耕稼方法改进。而在另一方面，农事操作方法的改进，显然又转回来要求更多式样的农具。因此，在这时期内，农具的种类比前一时期增多了。除了耒耜、镈、镰之外，又有铸、钱、铫、钁、椎等等（这些农具的形制如何，需另考订）。

最早铸造的货币，多为农具的形状，这是因为在那个时期以前，农具曾被当作交换媒介使用过。现在知道的有后列几种：

关于这个时期的耕种方法，现在还不清楚。如果考虑到当时已然知道使用肥料以及灌溉的发达，就可以设想，至少在一些比较先进的地区，土地终年休闲的现象会是不常见了。

我国古代没有遗留下来有关于像欧洲过去通行的"三圃制""二圃制"等的治田方法的传说或记载，只有战国以后人的著作中提到过古代王者授田与民，有不易、一易、再易之田，像是休耕制。但是否事实，还是著书人的理想，还成问题。无论如何，土地终年休闲的现象在我国古代是消逝得比较很早的。

二、周族之东殖和农业文明的扩展

殷商之际，黄河流域大体上是一个华戎杂处的局面。

当时华族（诸夏）和戎狄的区别，主要是在生产或文化形态上面。前者是耕稼之民，属于城郭文化，后者是游牧之民，属于畜牧文化。两者之间并没有一个明显的地理上的分界。一般说来，平原河谷地带发展起来农业文明，而比较更广大的山岳地带和荒原，则为游牧部族的势力范围。

以农立国的周族战胜了殷王朝之后，似乎就是以推展农业为手段来企求巩固其在新征服区的统治。而其具体的方略，则是一种屯田性质的殖民。

周族统治者选择若干比较宜于发展农业而同时具有战略价值的地区建立起来据点，安置上本族的人，另外配给若干被征服的分子（所谓"殷民六族、殷民七族……"）。本族的人除了担负武装警卫的任务而外，主要是应用比较进步的生产方法（水利）经营农业，逐渐向四外推展，以期最后一切据点的控制面互相衔接起来，将整个东方化为农业文明的区域。这可视为一种有计划、有组织、有武装配备的、大规模的殖民运动。而就每个据点的情形来说，则类似后世的屯田。

在实现这种方略的过程中，自然是充满了冲突与斗争。

定居的农民在与行动飘忽的游牧部族发生冲突时，常常是处于不利的地位的。他们必须经常兼顾生产和防卫。传说的井田制度就是把田制和兵制以及赋役制度联系起来的。事实上，当时是存在着一种生活条件（农业生产）和战斗条件（军事组织）二者密切相结合的体制的。

经过很长时期的斗争，诸夏的农业文明在黄河济水以及汾水流域都获得显著的扩展。但在淮水汉水流域则颇遭受挫折。

> 周族向东方伸张势力，大约形成三条路线：一条是正东向黄河、济水流域推进，是主力；一条沿汾水向东北，一条沿汉水向东南，是支力。而从汉水以及济水中游又都分出一部分力量转趋淮水流域。这三条路线当中，前两条成就较大，后一条则遭遇的阻力较强。而在淮水流域方面（淮夷、徐夷）也没有能够站得很稳。在汉水流域建立的许多据点（宗姓侯国），逐渐都被荆蛮（楚）吞并了。

挫折的原因，主要应该是周族的人在那里的完全不同的生产环境下不能充分施展本领。

> 那一带不但不是黄土区，而且气候较热，林木茂密，沼泽遍布，地方卑湿，这对来自西北高原的人是不易于习惯的。他们原有的生产经验也很难应用。

总的来说，农业区的范围是扩大了，但直到春秋时期，北方许多山岳地带仍然残存着游牧部族的根据地。

> 抵抗戎狄的斗争一直没有停止。当时霸国的使命主要就是"攘夷"。

不过南方的蛮夷部族大都发展起来自己的农业。

> 一般说来，南方的耕种方法与北方颇不相同，比较粗放，所谓火耕水耨。

三、土地制度和井田的传说

土地是属于贵族阶级所有。

> 《国语·晋语》："公食贡，大夫食邑，士食田，庶人食力，工商食官，皂隶食职。"这所谓"食力"，是说以提供劳动力来换取生活之

所需，而其人又非工商皂隶，可知必是农民。《左传》襄九年，楚令尹子囊说"当今吾不能与晋争……其庶人力于农穑，商工皂隶不知迁业"，可为佐证。庶字训众，庶人也就是众人或群众。当时社会上绝大多数人是农民，所以也称为庶人。

从理论上讲，所有土地都属于政治上最高首长，即天子。

即所谓"溥天之下，莫非王土"。

天子以下，大约分为诸侯、大夫和士三个阶层，都是贵族。土地是从上而下一层层分配的。每一上级贵族都是把自己所领有的土地大部分分配给下属贵族，他们对分配到的土地都只是"领有"而并不"所有"，因此他们都是大大小小的领主（封君），而"士"则是基层领主。

前引《国语》之"士食田"的意思，就是这一阶层的贵族的收入来源，主要是他所领有的土地，不像其他上级贵族，除了直接领地的收入之外，还有来自下级贵族的献纳和贡物。

《左传》哀二年，晋赵简子誓师辞有云"克敌者，上大夫受县，下大夫受郡，士田十万……"也说明士与田的直接关系。

关于西周时期的土地制度的真相，因为资料缺乏，现在只能作如上的推测。这种推测，一则是根据以后时期的情况，再则是联系到当时农业生产的具体情形。

周族以推广农业为手段来企求巩固并发展其统治势力。在推进过程中，必然要逐步开辟新的农田，特别是兴修水利。而这些事业都是要在有组织、有领导的情况下方能收到更大的效果。

古代传说的井田制，大约就是根据上述的情形设想出来的。

关于古代是否确实实行过井田制，还需要进一步讨论。从金文中找不到有关井田的消息。古籍之记井田者，多出西汉人之手。《周礼》之为伪书，也已成定论。至于孟子，也并没有提出"井田"这个名词。滕文公"使毕战问井地"的井字，应当是动词，意思是整理经界，目的在于分田制禄，所以孟子答以"仁政必自经界始"。只有《国语·鲁语》记载，季康子欲以田赋，孔子语冉有曰："先王制土……其岁收，田一井出稷禾，秉刍，缶米，不是过也。"那也只是以"井"为课征赋税的单位。而就所出的物品的数量来推想，"田一井"好像并不是很大的面积，与传说的田数不符。又如《考工记》，假设是春秋时人所作，其中匠人为沟洫一节倒是说到"九夫为井"。井田应当是古代儒家者流所设计出来的一种理想化的图案。

儒家昧于时势的变迁，妄想复古，所发的议论往往失之迂阔。关于井田的说法，反映着他们的政治理想。有人名之为"井田主义"，颇为恰当。

不过井田传说之产生也并非无因，井是水源之下，可能那个时期的土地制度确实同水有着密切的关系。

四、农民的生活和劳动情况

农业中的直接生产者是"庶人"，他们并不是奴隶的身份。

前引赵简子誓师词有"克敌者……士田十万，庶人工商遂，人臣围隶免"，人臣围隶大约是奴隶的身份，所以要说"免"，意思是免去他们的奴隶的羁绊。庶人工商位于其上，身份应当是较高一级，可是他们同时又位于基层贵族"士"之下，可见应当算是非贵族的自由人或半自由人。依杜注，"遂"是"得遂进仕"，就是说他们原是没有做官的资格的。仅仅是没有做官的资格，身份总应在奴隶之上的。

这种以庶人为主体的劳动制度，与周族以征服者的资格所设计并推行的土地制度显然是相配合的。

周族征服东方以后，实行武装殖民的方略，为了大规模地发展农业，需要使用大量的殷族遗民的劳动力。在当时条件之下，改变殷人原来的奴隶制度，稍微提高一些直接生产者的身份，这样来争取其同情（至少是消减其反抗的情绪），鼓励其生产积极性，这在为了达到巩固统治和发展生产两方面都是很自然的。这种改变可以理解为当时生产关系上的主要表现（在这同时，周族本身原来的奴隶制显然也随着消灭了）。

在新的生产关系下，农民的生活当然还是很艰苦的，但他们对自己以及自己家人的生活，是由他们自己负责的。

新的生产关系出现之后，在最初的阶段里，农民的生活同过去来比较自然显得有所改善，但到后来，情形就逐渐恶化起来。《诗经》里面多有描绘农民生活艰苦的篇章。不过从那些辞句里同时也看出来他们是有"家"的，有他们的经济意义的家。这是典型的奴隶所没有的。

他们当然没有绝对的自由，而分属于各级领主，由领主那里分配到土地，同时也在领主的领导之下从事劳动，并负有种种义务。

据古书上说，古代曾行"什一之税"，也许在西周时期，一般的农民要向领主缴纳田中收获的十分之一，作为地租。这样的租率并不算高，不过农民另外还有服劳役、兵役和提供车辆和牲畜等等的义务。总起来说，负担还是很重的。

这种事实上没有完全自由的农民，其身份约如欧洲中古时期的农奴。

领主对农民的种种剥削，好像着重在劳役，这可以从周族致力于发展农业生产，特别是开发水利这一事实求得解释。

领主向属下农民身上打主意，自然是特别注意他们自己最有利的那个方面。在开发东方农耕区，特别是在兴修水利的过程中，领主们感到最需要的是劳动力，所以他们愿意把对农民的剥削的重点，放在征发劳役上面。

《书·无逸》篇是周公替本族的统治阶级所作的家训，内容是嘱咐他们要知道稼穑的艰难。此外周天子有亲耕藉田之礼，这反映出来周族领主们是亲身领导农事的，至少在起初安排上是如此。

孟子虽然说周代是行"彻"法，但又有"虽周亦助"的话。"助者，藉也"，"藉"与"借"通，意思是借民力以助耕。孟子的意思好像是说，周代领主对农民的征求，是以力役为主。

《谷梁传》宣十五年有"古者什一，藉而不税"之语。《小戴记·

王制》上面却说"古者公田，藉而不税"。按后说是农民只提供劳动力来耕种领主直接经营的田，并不缴纳地租，这也就是纯粹的劳役地租。但照前一种说法，既是"藉而不税"，又行"什一"之法，从来都是把"什一"解释成地租，这就讲不通了。"什一"除了作征发田中收获量的十分之一（实物地租）解释之外，也未尝不可以理解为征发劳力，十人抽一。这样的征发率不算很高，所以孟子说就要"颂声作"了。不过这样解释并不否定当时是劳役地租和实物地租并行的事实。

领主所征发的劳动力，大约主要用在直接经营的农场以及家庭劳动（包括工商业劳动）方面。此外好像也有一部分是用在全面的水利事业方面。

领主既然重视劳役，自然就注意劳动力的来源。因此对于属下农民的移动，显然是要加以限制的。

当时未必有关于限制农民迁移的成文法，但事实上农民大概是不能随便移居的。《孟子·滕文公》章有"死徙无出乡"的话，反映了领主们的要求。《诗·魏风·硕鼠》篇有"适彼乐土""适彼乐国""适彼乐郊"的辞句，玩其语意，也像是当时的农民可以投奔另外的主人，而实际上做不到。

关于劳役征发的分量有无明文规定，也不得而知。但可断言那必然是依靠领主的需要来决定，因此农民自己的经营自然受到不利的影响。

《诗经》里面多有"先公后私"的辞句。《孟子·滕文公》章："八家皆私百亩，同养公田，公事毕，然后敢治私事。"同样是反映的领主的要求。农业生产是最有时间性的，这样的征发制度显然是农民所最感痛苦的。

一般说来，农民的劳役以及其他负担，是越往后来越重。

封建社会里是最讲究规矩的。关于农民对于领主所担承的任务，大约最初是有定制的，以后贵族的生活越来越趋于奢侈，也越来越脱离生产，对于农民的剥削就越来越加重，这是一般的发展规律。

以上所说的是所谓"庶人"的生活和劳动情况。除了这种庶人之外，似乎还有从事农耕的奴隶身份的"隶农"。

《国语·晋语》记载郭偃议论献公立骊姬说："吾观君夫人也，若为乱，其犹隶农也。虽获沃田而勤易之，将弗克飨，为人而已。"这所说的隶农，努力耕种而不得享有其收获，只是"为人而已"，好像是完全没有经济意义的家，他们的社会地位，应当还在庶人之下，他们的生活以及劳动条件，自然也比起庶人来更加不如了。

结　　语

从农业生产发展的角度来看，殷周之际很像是出现了大的变化。这种变化意味着生产关系的改变。殷代统治者由于未曾设法维持以及改善直接生产者的生活和劳动条件，藉以适应可能提高的生产力，结果被推翻了。而作为新征服者的周族，通过一番有组织、有计划的殖民方略，逐步建立起来封建制度，从而把农业生产力向前推进了一步。在生产力提高的过程中，铁器的使用无疑地发挥了极大的作用。而水利事业的推广对于封建制度的进展以及农耕地区的扩大也显然产生了决定性的影响，并且在一定的程度上铸就了以后我国农业生产的特征。这种变化的过程是相当长的，在最初的阶段上，封建制度也确实表现出来进取的性质，在当时的具体条件下，它应当算是合理的，自然在另一方面，它的呆滞的、不利于生产力发展的本质到后来不久也暴露了出来。这特别是在像我国这样一个以农业生产为主的经济社会显得更为深刻。

第四章　小农社会的成立及其发展

（战国—东汉末，公元前第四世纪—公元后第二世纪）

封建制度在政治上必然表现为分裂（割据）状态，而水利事业（包括兴水利和除水患两个方面）的举办和维持，又在客观上要求政权的集中。因此，我国古代的政治，很早就表现出来趋向统一的形势，同时作为社会经济发展基础的土地制度，也由原来的领主占有制度逐渐蜕变为地主占有制。更由于农业生产本身以及意识形态方面的特点的影响，在农业生产上，随了地主占有制而来的并不是经营的集中，而是土地使用的分散。这种情况基本上一直延续了下去。我国农业史上（以至整个历史上）一切问题就都直接间接同这种基本情况相关联着。

一、土地私有制和多子继承制的建立

在最初的封建制度下，非贵族无权占有土地，但大约到了春秋末期，这种情况即开始改变。

生活逐渐趋于奢侈的领主们为了增多财富，主要就是扩大土地的占有。一部《左传》中，充满贵族争夺土地的故事。原来对于土地之占有，只是上层赋予下属的使用权，如今变成了既成事实之下的所有权，这是占有观念方面的一大改变。礼法已不再发生作用，个人的实力是决定因素。这样发展下去，不但各级贵族占有土地不再受限制，而且连一般非贵族也可以占有土地了。大约一般腐化贵族手下掌管财务的家臣（春秋末期多有贵族家臣实力超过其领主的现象，这是他们在经济力量上超过其主人的反映），事实上取得了独立身份的商人等，首先打破成规，占有了土地。而在同时，多少无能的领主却丧失了土地。从那时起，贵族的身份永远不再是占有土地的唯一的资格。

如今对土地的占有不再是各级贵族对土地的领有，而是任何私人对土地的"所有"。这个概念，包括了支配或处理自由的意义在内，因而土地自由买卖也就随着开始。

古代土地自由买卖始于何时，史无明文。《韩非子》里面记载着，晋国赵襄子时，有买卖住宅园圃的事。那是在春秋末期，依情势推测，地产所有权的自由转移，极可能是从那个时期开始。

进入战国以后，土地私有制就完全得到公认。

战国时期的国家组织，同春秋及其以前时期的侯国有着本质的差异。通过长期的并吞战争形成的几个新型的国家，都是向君主专制的方向演化。君主为了抑制贵族，就拉拢平民阶级（包括事实上获得解放的庶人以至奴隶，还有独立的工商业者、没有经济基础的游士等等在内），在这种情势下，承认非贵族分子占有土地以及其他财产的权利是很自然的。

特别是各国都在进行的大规模的垦荒运动，更加使私有制巩固起来。

为了在并争的局势下维持存在，各国都致力于富国强兵，而大规模地开垦荒地就成为当务之急。实际参加垦荒的自然也有贵族在内，但主要还是非贵族身份的人。为了鼓励他们垦荒，政府自然是要保障私人的产权，各国推行垦荒政策的结果，耕地面积急剧地增加，同时土地私有制也就巩固了起来。

战国时期也是一个"变法"的时期。变法完全合乎当时情势发展的要求。那个时期的思想界虽然是百家争鸣，但在政治上一直是法家占着支配地位。法家的基本原则就是在"法"的前面人人平等，不分贵贱，不承认特权，推翻寄生的贵族对于土地（包括已垦和未垦的在内）的垄断。鼓励私人开垦，乃是各国所推行的"农战政策"的主要内容。

这种新兴的土地占有者同以前时期的领主有本质上的差别，他们是地主。

大约也就在这同时，多子继承制也普遍地建立起来了。

周族的礼法分别大宗、小宗，弟兄们在继承权上原是不平等的。不过到后来这种礼法渐渐被破坏了，而殷族的后裔很可能是保存了原来兄终弟及的继承法，在观念上多少带着弟兄享有同等权利的意味。一般说来，春秋战国之交的时代里，社会各阶层的人，特别是富有进取精神的分子，都是讲究较量个人实力而不讲究出身的。这也就是要求平等待遇的意识。墨子的平等学说，可以认为是这种要求的一种反映，这表现在继承权上面，很自然地就引出来多子继承制。这对于土地制度的发展是影响很大的。

多子继承制在战国时期是否普遍地实行，还不能断言，无论如何，秦代以后，它已然成为一定不移的法则。这种继承制的普遍实行，一方面固然不断地抑减了土地集中的情势，但在另方面也阻碍了固定的、比较大规模的农场的形成。这样就促成了后来以尽管地权颇为集中而经营始终极度分散为特征的我国传统的小农经济。

二、农业生产方法的改进

铁制农具的使用，越来越普遍。在这同时，农具的形制显然也在演化过程中。

由原来的主要耕具耒耜演而为钱或镈，又变化而为臿铲（锹）、为耰（覆土具）、为锄（除草具）。

收获用具，镰之外又增加了枷（打谷具）。

特别值得提及的是镢和犁。

《尔雅·释器》："斫谓之鐯"，郭注："镢也"，即今之镐，似由耒和斧演变出来的，开土的效率比耒为高。

犁也显然是由耒耜一脉推演而出的，这种耕具的使用，对于促进农业生产的发展有极大的意义。它的出现始于何时还不能断言，可能最初曾经有过木犁（现代落后民族多有用木犁的）。犁的效率高于耒耜，也由于它的形制较大，因为份量重，由两人相并挽扶而耕，可以避免倾斜，这也许是古代"耦耕"名称之所由来。后来改为铁制，效率自然又大大提高。

这两种耕具的普遍使用，好像是同春秋末期以后各地大规模地进行垦荒不无关系。

在垦荒上面，钁和犁的效率特别显得比耒耜之类要高。从春秋末期开始的普遍的垦荒运动，大约是同这一类农具的使用互相发生推动作用的。

此外，铁制的犁一般似是用牲畜牵引，牲畜作为农作的动力，也大约因铁犁的使用而普遍起来。

《山海经》说牛耕始于叔均自不足信。古代农业中何时开始使用畜力，没有确实的文字记载。《国语·晋语》载窦犨对赵简子说："夫范中行氏不恤庶难，欲擅晋国，今其子孙将耕于齐，宗庙之牺，为畎亩之勤，人之代也，何日之有？"这几句话的意思，很像是以牛为比喻，意谓纯色的牛本堪供宗庙的祭品，而竟在田中挽犁。据此可知，春秋后期，牛耕已然通行，开始自然还在以前。

田中施肥在入战国后成为平常的现象。

孟子曾说："凶年，粪其田而不足，则必取盈焉。"（《孟子·滕文公》章）又说："一夫百亩，百亩之粪，上农夫食九人。"这证明战国初期施肥已然是平常的事情。

虽则如此，但达到农业增产的主要途径，终究是耕作方法的改进（包括人工灌溉在内）。

战国之时，各国都以农战为务，致力于足食足兵。为了农业增产，一方面是扩大耕地面积，因此亟力开荒。另方面就是提高耕种技术。在前一个阶段上，显然垦荒是努力的主要对象。但到后来，人们逐渐把重点转移到耕种技术的提高上面。

战国初期，魏国的政治家李悝"作尽地力之教"，收到显著的效果。史书上面没有详记他所倡用的具体方法，只提到了"勤谨"二字。再从"尽地力"三字来设想，就可知道，那也就是精耕细作。

战国时人对于农业生产有很深刻的认识，也写出了很多极有价值的著作。

《禹贡》一篇里讲论天下九州的土壤，颇为精当，大约作于此时。《管子》里的《地员篇》叙述土壤分类，地下水位的高低，以及植物的生长同水土的关系，都有科学的根据，也极可能是同时的作品。

先秦诸子百家中有农家，这一派人的学说大约包括两个内容，一个是主张君臣并耕，提倡重农主义，另一个就是农业生产技术，只是他们的著作很少流传下来。《汉书·艺文志》所著录的农家著书九种之中，其注明出于先秦人之手者，只有《神农》和《野老》两种，也都早已失传。此外《吕氏春秋》里面的《上农》《任地》《辩土》《审时》四篇，显然是收集的农家者流的文字，内容非常丰富。这四篇文字，头一篇讲重农，中间两篇讲耕作技术（包括土壤处理），最后一篇讲时令的重要，所讲的道理，就用现代的科学水平来衡量，基本上也还是正确的。

从保留下来的先秦有关著作中可以看出来，那时农业生产研究的重点，就是耕作方法，而其基本精神，也正是精耕细作。

《吕氏春秋》中农家者言的作者，向农学家提出十条要求，总的来说，是完全通过正确的耕作方法来保证成功的收获，从此以后，历代的农学著作几乎都是把耕作放在首要地位。

在这几篇文字里面，关于耕作方法，讲解得极为详尽。讲到耕作的基本原则，具体方法和作用（对不同土壤的不同处理，改变土壤的结构）、条播、行距、株距、中耕、除草等等，基本上都是正确的。而且通篇贯彻着精耕细作的精神。

由于对耕作方法的精深的讲求，附带而来的就是关于时令以及物候学的知识的累积。

后世一直沿用的二十四节气，到战国时期已然完全确定下来。时令对于农业生产的关系非常受到重视。《吕氏春秋》中《审时》篇就是讲说各种作物播种的适时与否对收获所产生的不同的影响。"授时"被认为统治者的主要任务之一。"月令"一类的著作大约就是那时开始问世的。从对于时令的重要性的认识上同时也发展起来关于物候的知识，仅仅流传到现在的一些那个时代的著作中就保存着不少的资料。这方面的认识以后不断积累，构成我国传统农学的一个重要的组成部分。

当然通晓像以上所说的这些知识和技术的，可能只是少数人（当时最优秀的农学家），但一般水平应当不会相差太远。

《荀子·儒效》篇说："相高下，视墝肥，序五种，君子不如农人。"所指的显然是一般的农民。而他们已然掌握了相当复杂的生产知识。特别是"序五种"，古人解释为"不失次序，各当土宜"，但也好像指的是对于作物栽培的前后作的认识。果然如此，则当时农民的生产知识已然达到相当高的水平了。

秦始皇实行愚民政策，但并不曾取缔农书。

《史记·始皇本纪》载，三十四年，下令烧书，"所不去者，医药卜筮种树之书"。

相反地，秦末以及楚汉对立时期的混战，给全国农业生产带来严重的灾害。生产方法和技术水平显然下降。

战国时期的战事虽然频繁，但大都是阵地战，直接受到蹂躏的地带终属有限。这次的大混战，波及地方很广，人口特别是丁壮，大量死亡，耕畜的损失也必不在小，农具也显然大量被销毁改铸为兵器。这一切自然导致农业生产力的萎缩。

西汉初期，经过大约半个世纪的休养生息，农业才又繁荣起来，生产效率也许更有所提高。

《汉书·食货志》载，李悝时代（公元前第四世纪中）的魏国的一般收获量是每亩地每年一石半。又据《淮南子·主术训》（公元前第二世纪中），"中国之获，率岁之收，不过亩四石"。两个时代的

"石"未必是一样大小，不过也可以想象在那个期间单位面积产量提高是极可能的。

汉武帝末期，赵过创为代田法，那是耕作方法上一项优异的成就。

《汉书·食货志》记述代田是"一畮三甽。岁代处，故曰代田"。据清代程瑶田解释，"甽垄相间，……代田者，更易播种之名。甽播则垄休，岁岁易之，以甽处垄，以垄处甽，故曰岁代处也。"这就是不使垄常为垄，甽常为甽，每年调换。也就是在不行休耕制的状态下收到休耕的效果。可以视为变相而提高了的"二圃法"。无论如何不能理解为普通的休耕制……

关于代田法的耕种方式。

同这种进步的耕作方法相配合的还有改良农具。

《汉志》说"其耕耘下种田器皆有便巧"，又说"大农置工巧奴与从事，为作田器"，可知同时还采用了新式农具。前引崔寔《政论》，提到"下种挽楼"，楼是下种的器具，即所谓楼犁。这种器具极可能就是这时创用的。

当时的政府曾用行政力量推广这种先进方法，收到显著的效果。

首都附近实验成功之后，随即命令各地方官派遣属吏、乡村基层行政人员以及生产能手来首都学习。据史书记载，关中以外，河东弘农两郡（今山西西南部和河南西部）以及西北边疆屯田地区的农民都乐于实行这种新的耕作方法。

西汉末期氾胜之又研究出了区田法。此外还对农业生产的许多方面提出来可贵的处理方法和主张，从而把农学推向更高的水平。

区田法是一种高度集约的耕作方法。遇到荒旱年岁，把人力、肥料和水集中投到很小的面积上，这样可以保证很高的收获率，渡过饥荒。当然这只是一种救急的办法，不能广泛地推行。不过从这里表明了通过耕作方法来大大提高单位面积产量的可能性，这是值得注意的。

除此之外，氾氏书中还确定了耕作的基本原则为"趣时、和土、务粪泽，早锄早获"。这确是干旱地区耕作的要点。再就是关于种子处理、栽培技术、收获、留种和贮藏，都有很精到的议论。

也就在这同时，温室栽培的方法也出现了。

《汉书·召信臣传》里面提到当时冬季在温室中栽培蔬菜，供应宫廷。这种生产当然限于极小的范围以内，不过证明当时的人已然掌握了这种知识。

总之，西汉时期农业生产知识确实达到了很高的水平。

《汉书·艺文志》所著录的九种农家的著作，除两种注明是战国时人的手笔以外，下余的大约都是这一时期的作品，可惜都早已失亡，只有《氾胜之书》的一部分由于别的农书的摘引而被保存下来。东汉时期没有什么改变，而且好像还有些退步的样子。

这两个世纪之内没有产生一本农书，东汉后期崔寔作的有一部《四民月令》里面讲到作物栽培技术等等，也并没有什么新的发明。

仲长统《昌言·损益》篇里面提到当时农田的平均年收获量是每亩三石。这比西汉时期是减少了。生产率下降的主要原因显然是农民多数失去土地，生产积极性低落。

附带还要指出，全国各地农业生产水平是存在着很大的差异的。

据崔寔《政论》，先进的代田法直到东汉末期还只行于关中地区，又同书记述代田的犁耕效率是一人一牛三犁日种一顷。接着又说："今辽东耕犁，辕长四尺，迴转相妨，既用两牛两人牵之，一人将耕，一人下种，二人挽耧，凡用两牛六人，一日才种二十五亩，其悬绝如此。"

此外有的地方像远在南边的九真郡，甚至江淮之间的庐江郡在东汉初年还不知道牛耕。

三、水利事业的建设及其作用

春秋时期，水利事业的情况是黯淡的。

水利事业（包括防水患和兴水利两个方面）的建设和维持，都是需要一个安定的和广泛合作的局面作为先决条件的。春秋时期列国纷争，水利事业自然受到不利的影响。据《春秋·谷梁传》，齐桓公在葵丘之会上，以霸主的资格宣布了五条禁约，其中一条是"勿壅泉"（《公羊传》作"毋障谷"），可知当时破坏灌溉秩序的行为是很普遍的。

此外贵族们只致力于所占有的耕地面积的扩大，显然忽略了，甚至忘记了兴修水利的重要。《左传》襄十年，郑国的执政子驷为了修田洫，引起一场变乱，二十年后，他的继任人子产再度推行这个政策，也受到舆论的攻击。

进入战国以后，随着各国对于增加农产的重视，水利建设又逐渐活跃起来。

《荀子·王制》篇说："修堤梁，通沟浍，行水潦，安水藏，以时决塞，岁虽凶败水旱，使民有所耕耘，司空之事也。"这一段话反映出来当时水利事业在各国政治上的重要性。这一时期的史籍很少流传下来，但我们仍然知道，战国初期，魏国修过漳渠、末期秦国凿过郑国渠，都是极成功的。像郑国那样的水工，显然不在少数。他们的业绩也一定颇有可观。《史记·河渠书》上所记载的河淮之间的鸿沟，汉江云梦之间、长江下游三江五湖之间、江淮之间、山东菑济之间如此等等的渠道以及最有名的蜀地的都江堰，大约都是在这个时期内开凿的。从这些干渠引水灌田的支渠，据说是"以万亿计，然莫足数也"。

秦统一之后，虽然为防制水患的全盘规划创造了条件，但没有把水利的兴修更向前推进。

战国时期，敌对的双方常用水攻，"以邻为壑"，这对农业生产自然非常不利。始皇平定六国之后，"决通川防，夷去险阻"，确称得起是功德。只是关于兴修农田水利，史书上全无记载，他首先注意的显然是在巩固帝国的统治，在建设方面就以筑长城、修驰道等为重点。

至于为民兴利的事业，则不在考虑之列了。

反之，在汉武帝建立起来集权的封建政权之后，水利建设的积极性得到了空前的发展。

西汉初期，在"与民休息"的政策之下，水利事业是微不足道的。当时的政府所致力的是政治上的统一，只算是替大规模的水利建设准备条件。

《史记》记载，武帝时"用事者争言水利"。当时出现了一个全国规模的水利建设运动，各地修起来的渠道，多至"不可胜言"。建设的重点区自然是接近首都的地带，著名的有渭渠、汾渠、洛渠、六辅渠、灵轵渠、成国渠、沣渠、白渠，大都非常成功，连同原来的郑国渠，形成大规模的水利网，大大促进了关中的农业生产，同时也就在经济上使专制的封建政权得到巩固。此外，在北方边区的西河（今内蒙古自治区鄂尔多斯部）和朔方（今河套一带）两郡、河西走廊的酒泉郡，都是屯田区。前者是引黄河的水，后者大约是利用祁连山的雪水。在东方，汝南、九江两郡的水利田是引淮水，东海郡（今山东南部及江苏东北部）以钜定泽为水源，泰山郡（今山东中部）引汶水，这些地区都成为当时农业最为发达的地方。

特别值得提及的是，在开凿洛渠时，发明了"井渠"的方法。

在这一高潮里，农田水利的开发方式是以引渠为主，在这以后，又发展起来水库。

利用湖泽的积水灌溉附近的农田，这大约很早时期就开始了。古籍中多有关于薮泽的记载，固然是因为其中的水产（包括动物和植物两方面）丰富，显然也由于附近可以开辟水田。西汉末期，南阳郡内修造了钳卢陂，灌田达二万顷。淮水流域原有两个更大的水库，一个是汝南郡的鸿郤陂，一个是九江郡的芍陂，后者在东汉初年曾经重修，并扩大了规模，当地因而成为著名的水利田区。一个世纪之后，东南方会稽郡又开成了镜湖，周迴三百余里，灌田九千顷，树立了南方丘陵地带用水灌田的典范。

我国古代农业，在北方较早发展，地势比较平坦，所以兴修水利以凿渠为主，从东汉时期开始，长江流域逐渐开发，由于地方多山，或丘陵起伏，于是水库就成为主要形式。

在防御水患方面，基本上自然是以对黄河的斗争为中心，就在这经常的艰苦的斗争中，积累起来丰富的经验。

自汉武帝堵塞瓠子决口之后，河水泛滥的惨剧时常重演，防备河患以及办理水灾善后也就成了政府的一项沉重的负担。在另一方面，颇有价值的河工理论也开始建立了起来。在这期间，黄河下游第二次改道，东汉初期进行了一次大规模的防河工程，收到极大的效果，使黄河在此后几个世纪之内为患不烈。

四、农本主义的诞生和农民的负担

周代统治部族本来就有重农的传统。

周天子行藉田礼，对于社和稷的奉祀，大约也从那时开始。前者是土神，后者是谷神。而社稷合起来，也就是国家的代名词。

到了战国时期，各国都是以耕战为务，农业自然受到普遍的重视。

农和战二者是互相关联的，粮食固然要靠农民生产，战士的主要来源也是农村，更重要的是，农民比较容易接受专制的统治，因此主要提倡重农的是当时的法家者流。初期法家的代表李悝和商鞅都是重视农业的。儒家学说发展到孟子，重农的色彩也增重了。至于农家，只是单纯地要求农业受到重视，就政治的意义来说，同法家有本质上的不同，在一些论点上，则替法家作了注脚。总之，各家学说虽然代表着不同的立场，但从不同的观点都提出了重农的主张，这样也就加强了重农的观念，形成了重农主义或农本主义。

秦始皇创立起来大陆性的帝国之后，仍然因袭这个原则。

为了维持绝对的统治权，他是极希望人民愚昧和驯顺，而从这一观点来讲，农民自然是比工人和商人更合理想。

到了汉代，由于国家政治的本质并没有改变，所以这种农本的思想还是保持了优越的地位，为统治者所服膺。

秦帝国的破灭使法家说失掉信仰，西汉初期在政治上占优势的黄老一派，虽然并不反对重农，但事实上相对地便利了商人阶级的发展。儒家的贾谊首先发出重农抑商的呼声，而服膺黄老的文帝却立即接受了他的建议，随后晁错提出了同样而更加具体的主张，更增大了农本思想的声势。等到武帝亲政之后，儒家上了台，而且长期地成为政治思想的正统，在董仲舒的手里，农本主义成为儒家学说的一个基本原则。

在这种思想支配之下，统治者有种种形式上和实践上的表示，而这一切从此以后大都一直维持下去。

形式上的表示像各种祭祀以及皇帝亲耕、皇后亲蚕等等。中央主管财政的长官称为大农或大司农，意味着财赋的主要来源是农业。此外汉代选举法有孝弟力田之科，农业生产成绩优异也是仕进之途。政府又往往派人指导农民生产（赵过、氾胜之）、兴修水利、劝农、设立常平仓等等。所有这种种措施，大都成为以后历代政府施政的典范。

特别值得提出的是田税课征率的低微。西汉初年规定的税率是田中收获量的十五分之一。文帝十二年，为了表示重农，将税率减低一半，改为三十分之一。第二年更下令完全免除田税。这样接连执行了十二年之久，直到景帝元年，才又恢复课征，税率仍是三十分之一，一直保持到东汉帝国崩溃为止。

不过尽管统治者标榜重农，实际上农民的生活还是艰苦的。

春秋末期，农民的负担已然十分沉重。

据《左传》记载，当时齐国的情形是"民三其力，二入于公"，这里所说的"民"，主要是农民。其他国家的情况，大约也都相差有限。

入战国后，各国统治者虽然都重视农业生产，但因为政府的支出浩繁，对劳动力的需要也多，对农民的剥削自然不会减轻。

据《汉书·食货志》，魏国的李悝曾替当时普遍的独立农家算了一笔账。在正常情形之下，农民的家庭经济经常是入不敷出。孟子向时君的呼吁，也是证明。这还是战国早期的情况，往后来兵事越来越烈，统治者对于农民的要求自然也越来越多。
在秦始皇的统治之下，农民的负担达到不能忍受的程度。

西汉人说，秦时"力役三十倍于古，田租田赋盐铁之利，二十倍于古"，这样说法虽然是以儒家所传说的三代仁政为基数，因而显得夸大，但无论如何，始皇对于农民的诛求确是十分繁重的。特别需要提出的是，赋税本身已经是很重，而输赋于官所需的代价更是大得惊人。《贾子新书·属远》篇说："一钱之赋，十钱之费勿能致。"当时是实行缴纳实物的，从交通还很苦难的情况来考虑，这话并非夸大。

汉代对于农民课税的税率虽然很低，但受益的并不是农民，而是大大小小的土地所有者。农业中的直接生产者，特别是贫农和佃农，忍受着严重的剥削。

地主经济制度下的佃农，既要向地主缴纳私租，又要同一般农民那样对国家承担种种义务，私租率自秦以来就是田中收获量的百分之五十。实际上地主取之于农民的绝不止于此，无代价地征用佃农的劳动力，显然也是普遍的情况。这样他们自然就要"常衣牛马之衣，而食犬彘之食"。

需要特别指出的是：对于农民来说，比公私租税更为沉重的，应当是徭役的负担。

在专制的封建政体之下，中央政府总揽了征发人民劳动力的权利（汉代列侯有因擅兴徭役而失爵的）。为了巩固绝对的统治，就需要兴举和维持种种大规模的工程和建制。例如发展水利，防御水患，修筑城池、关塞和道路，设置驿运等等。此外，政府直接保有广大的土地（公田），再加上宫殿园囿等等的修建，所有这一切，都是需要大量的劳动力的（常常达数十万以至上百万）。因此，徭役就成为国家经济中的一个重要环节。这种义务即使明文规定，实际上是没有保证的。特别是遇到同农业生产上的需要互相矛盾时，农民所受到的损失是极大的。

五、汉代的屯田

屯田是在接近用兵的地带使用军队的劳动力从事耕种，以为持久之计，并减轻由后方供应粮秣的负担。

在边远地区作战，供应粮秣是困难的，而且要付出很高的代价。例如汉武帝初年，经营西南夷，由后方运粮供军，"率数十钟而致一石"。尤其在战争年代是持久的性质而运输又以陆路为主的情况下，困难更大。屯田就是应付这种困难的一种办法。

秦始皇发动侵略战争就是在军粮的供应上面显示出来弱点。

当时几十万大军屯戍在边境，军粮全由后方供应，因而需要征发大量的劳动力，增加了民间的骚扰（"戍者死于边，输者偾于道"——晁错语）。这也是促成秦帝国崩溃的直接原因之一。

汉文帝时，晁错建议移民实边，用意在充实边防，且耕且守，也是屯田的精神。

后来的屯田是使军人种田，晁错的主张是就边境居民中征聚战士，系寓农于兵，一则寓兵于农，二者同是把生产和战斗结合在一起。

真正的屯田是始于汉武帝。

武帝积极开边，初期经营西南夷以及刚一取得河西四郡地，军粮还是靠后方供给。随后就移民七十万于河南新秦中（即陇西、北地、西河、上郡一带），使人分部护理，仍然采用的是晁错所说的办法。元鼎六年（公元前111年），击退西羌，为了截断匈奴和西羌的联系，才开始实行屯田。沿了黄河西北岸，东北起朔方（今河套地）西到令居（今甘肃永登境），选定许多适合的地点，驻兵五六万，穿渠垦荒，大兴屯田。这个办法果然成功，于是又行之于居延海、西域的轮台、渠犁（今新疆维吾尔自治区的轮台一带）等地，成为当时对外作战的有力的支点。

以后各代的统治者继续推行这种办法，因而在防护西北边区以及争夺对西域的控制权上获得成功。

西域屯田的成败，直接决定着汉帝国在那里的命运，有趣的是匈奴也曾袭用屯田的办法同汉争夺对西域的控制权。但显然由于在农业生产技术上比较落后，结果是失败了。

西域屯田区，在西汉时是轮台一带，在东汉时是伊吾庐（今哈密）。此外为了同羌人进行斗争，西汉时曾在湟水流域开设屯田，东汉时，羌人的威胁渐趋严重，因而这一带的屯田规模也扩大了。

东汉初年，当内战结束之后，曾在内地许多地方开设屯田，这是屯田的一种变格。

当时经过多年的混乱，有的地方出现人散土荒的情况，同时军粮的供应也相当困难，因此，许多部队就在驻在地区种起田来。史书上记载的有武当（今湖北均县）、新安（今河南渑池）、顺阳（今河南浙川）、函谷关、南阳等地。

西汉五原北假有田官，当即屯田。假即假税之假，意谓田属公家，耕者须纳假税。

据居延简，屯田有租。

屯田是一定客观条件之下设计出来的一种办法，从经济的观点来说，它也具有多方面的存在意义。因此，后世一直在采用，并加以发展。

屯田所使用的劳动力出自军队，而所耕种的土地并非私有，因此可能进行有组织的比较大规模的农业生产，这在小农社会里面是有突出的意义的。特别是对于垦荒最为相宜。而事实上古代的屯田也确收到扩大耕地面积的效果。基于同样的理由，屯田区往往能够试行新的耕作方法以及试种新的作物，像代田法较早得在边区推行，就是一个例子。同样屯田地区的水利事业也比较容易兴建。汉代开设屯田，就是同兴修水利同时并进的。

六、土地问题的发展和农民起义

紧随了土地私有制的建立，也开始了土地兼并，这在最初阶段也曾发生促进生产的作用。

史书上记载，商鞅"开阡陌"，后世有人释"开"为"置"是不对的。《史记·蔡泽列传》上说的是"决裂阡陌，以静生民之业"。蔡氏去商君时不远，而且是对秦国执政说的话，应当不会错。朱熹《开阡陌辩》说"尽开阡陌，悉除禁限，而听民兼并买卖，以尽人力，垦开弃地，悉为田畴，不使有尺寸之遗，以尽地力"，是非常正确的。尽人力和尽地力，是那个时期各国变法在经济方面的主要目的。而其结果自然会促进生产。

但这种兼并很快地就趋于恶化。政治上的权贵和成功的自由工商业者，扮演着兼并的主角。

当时的自由工商业者当中，出现了大大小小的"新富"，他们把一部分赚到的财富，用于收购土地。由于某种缘故，他们的利润好像不能全部用于扩大营业方面，显然土地也被视为更可靠的储存财富的工具。此外在封建社会里，占有土地的多少，始终是决定一个人的社会地位的指标。同样的理由，也使统治阶层的分子都致力于占有土地。

这种趋势大约在秦始皇统治之下稍受挫折。

始皇的理想显然是要统治的对象以中小产阶级分子为主，这样才同他的绝对的权威配合得好，才能更有效地保证他的统治权。他不但取消了贵族，而且不容许有特大的富豪存在。在他的淫威之下，土地兼并之风可能是暂时稍为减杀。

秦末爆发的历史上第一次农民大起义，主要是统治者过度的直接剥削所引起的。

西汉初期，在政府的放任政策之下，土地兼并获得空前的发展，田税的减免更予兼并者以极大的鼓励。

贾谊、晁错的议论都是以抑商重农为主旨。文帝接受他们的意见而实行重农政策，降低田税，但结果反而助长了富商大贾对土地的兼并。文帝本意显然是要培养更多的中小地主，他把商人以外的人得以服官的资产标准由原来的十万钱改为四万钱，就是为了吸收更多的中小地主参加政权，从而相对地抑低一般豪强大户在政治上的势力。他的意图在一定程度上显然是实现了。而在这个过程中，不可避免地也促进了土地的集中，同时也更发展了商人阶级的经济利益，结果出现董仲舒所说的"富者田连阡陌，贫者无立锥之地"的情况。

汉武帝作为汉帝国专制政权的完成者，曾大力打击富豪。但他并无意解决土地问题。恰恰相反，他作为地主阶级的最高代理人，把大量的土地聚拢到他个人的支配之下。

因为汉帝国政权的本质是同秦帝国一样，所以汉代统治者的想法同秦始皇没有什么差别：高高在上面的绝对统治者，只需要广大的中小地主阶级的支持，富商和土豪都在排抑之列（武帝以后迄东汉末，史载以公田假与贫民事不胜枚举）。武帝的行动是突出的，他规定不许商人及其家属占有土地，又藉口商人漏税，根据告密，没收了中等以上人家的财产无数，其中一大部分是土地。他设置刺史官，周察郡国，以六条问事。其中第一条就是"强宗豪右田宅逾制"。当时有一班"酷吏"，在他的意指下严厉地打击地方豪强。这一切措施的结果，使皇帝直接掌握的"公田"达到极高的数量，从而也就使专制政权获得极深厚的物质基础。反之，一般贫佃农并没有能够得到土地，除了依然忍受剥削之外，更增多了徭役负担，所以接二连三地起义。

昭宣时期，再次实行放任政策。土地兼并之风也就重新恢复，而且是愈演愈烈。到了西汉末期，土地问题已是发展到了极端严重的程度。

成帝时的贵官张禹，收购泾渭灌溉区沃田四百顷，几占这一灌溉区的水田的十分之一。每亩以代价万钱计，这项田产的价值几乎同那时期国家的库存相等。从这个例子可以推想土地集中的情况。不但贵官富商争购土地，连成帝本人也派人到各地买田。

在这种歪风之下，农民的苦难可想而知。在这一时期内，各地不断有农民暴动，社会人心不安，全国上下流传着一种汉运将终，必须禅代的说法。这反映整个情势需要变，而首先要变的自然应当是土地分配状态。

在抱有井田理想的执政者鼓吹之下，政府也曾一度颁布了限田的法令，当然也只是一纸空文。

哀帝刚一即位，下令限田，制定诸王侯以下至于平民，占田不得超过三十顷，创议者的原意也只是在"救急"，聊以自欺欺人，当然不会是真想解决问题。而皇帝更带头破坏法令，他一次赐予了一个宠臣二千多顷田。

但问题是非解决不可，于是出来了王莽的改制喜剧。

王莽是一个执迷的儒家学说的教条主义者，他取得政权之后，就致力于托古改制。在土地问题上面，他没有丝毫社会发展的观念，梦想实行井田，宣布一切土地为国有，但完全拿不出来现实的办法。他的失败是必然的。他的地主阶级的立场决定了他不可能有效地解决土地问题。

由于王莽的教条主义的表演，连贫佃农阶级都对他的"革命"表示厌恶。他们反而甘心受地主阶级的利用，推翻了他的短命的政权。

关于新莽一代的情况，只见于东汉官书《汉书》，极可能有许多不实之处。不过当时确是民不聊生，这可以由人民起义的普遍得到证明。东汉光武帝和他的一班佐命功臣都是出身于地主阶级。从西汉王朝的"汉德告终"的想法很快地转变为普遍的"人心思汉"的情绪，从而使那应当革除的土地制度反而更加巩固起来。这完全是王莽的教条主义的过失所致。

东汉政权是西汉政权的继续。所以在社会秩序恢复不久之后，就从地主与贫佃农的阶级矛盾中一度激起了广泛的冲突。

光武帝建武十一年，全国各地多有暴动。虽经武力镇压，但乱者散而复集，势成燎原，最后经统治者使用了狡而狠办法，才算归于平息。史书上没有说明事变的原因，据清人赵翼的研究，那是由于当时政府普查全国人口和田亩，一般地方官偏袒豪富，侵刻贫弱，遇于不平而激起的。这个事实说明，农民并没有当真地同意了地主统治阶级维持对他们的剥削，只是在经过几年混乱之后，人口锐减，在一定程度上暂时帮助减杀了土地问题的严重性。

东汉中叶以后，形势更每况愈下，阶级的分化也日益加深，农民的暴动次数也越发多起来。

这一时期的史籍中，充满了豪族兼并土地的记载，同样也充满了农民起义的记载。从安帝到灵帝（公元 107 年至 168 年），在这六十二年之间，暴动就有六七十次，几乎平均每年都有一次，而且是遍于各地。

最后发生了全国规模的黄巾大起义，接着是军阀豪族的大混战、大屠杀，这样延续了二十多年。而土地问题就在这种情况之下获得了一种极端残酷的"自然的解决"。

灵帝中平元年（公元 184 年）爆发了有名的黄巾起义。这是一次全国规模的、有组织的农民暴动。事实说明了，土地问题已发展到非解决不可的地步。在惨烈的斗争中，起义的主力遭受了严重的损失，但垂死的反动统治的气力也耗尽了，广大的中原地带出现了无政府状态，军阀豪族乘机而起，到处混战，农业生产遭到彻底破坏，人民大量死亡，结果原来对土地的争夺已达白热化的情形，竟尔化为遍地荒芜、千里无烟的局面，与汉帝国相终始的土地问题，就是这样"自然地"解决了。

结　　语

中国的封建社会，很早就发展到专制主义的阶段。这自然有其种种的客观原因，但水利事业的兴修和维持显然就是主要的一个。在这转变过程中，同时也建立起来土地私有制（土地私有与水利建设的矛盾）。换言之，早期封建的领主经济逐渐由新兴的地主经济取而代之，通过统一的帝国的建立，地主阶级的政权得到巩固。特别是汉武帝的政权，成为农业封建帝国的典型。它的一切措施和政策，大都成为后世的典范。这个政权标榜重农，实际上由于初期的地主经济制度比晚期的领主经济制度比较宜于农业生产力的发展，在这个时期里，农业生产技术确是表现显著的进步，但地主阶级政权的本质决定了农民在这个政权之下不会脱离苦难。绝对的统治者尽管排斥豪强，但不能不保有一个庞大的官僚机构。而这些大小官僚，又都是大小地主。他们相互之间有矛盾，但面对被统治的农民，他们的利益是一致的。商人由于兼具地主的身份，他们同统治者的关系基本上也是如此。实际上，地主官僚和商人是三位一体的，而皇帝是他们的总代表。在他们的统治之下，土地问题自然总是要存在的。而统治阶级所加于农民身上的剥削，又是以力役的征发最为苛酷。在另一方面，大大小小接连不断的暴动和起义，也表现出来中国农民的革命精神。所有这一切，也就是我国历史上整个专制封建时期的经常的表现。

就农业经济本身来说，在这时期里已然形成了主谷农业的形态，畜牧在整个农业生产中所占的比重是很小的（农业手工业的结合，自给自足，自然经济）。反之，养蚕业却成为农业生产的一个重要的组成部分。这都要算是中国传统农业的特点。而这些特点又都对我国农民（以及全体人民）的经济和生活发生显著的影响（山地利用、森林破坏、人多地少，西汉末人口与垦田数字之比。）。

最后还要指出，在这个时期里，中国已然是一个人口众多的国家。

第五章　所谓土地国有时期

（三国—唐中叶　公元第三—第八世纪）

东汉时期，由于土地日趋集中，地方豪族的势力也随着日益增大。一般说来，他们既是地主，又往往是政府的官僚和资力雄厚的商人。他们的经济实力和政治上的权势相得益彰。在另一方面，中央统治者的绝对权威自然就相对地消减。黄巾起义后出现的大混乱的局面中，这种地方势力的影响充分地显示出来，自然经济的色彩加强。这种情况延续了大约四个世纪之久，普遍的人散地荒的情况，使黄河流域的农业生产的中心问题完全改变。政权保持者掌握了大量土地，因此实行了各种授田与民的办法。而且这种办法在全国恢复统一之后还继续了一个时期。

由于黄河流域长期的混乱，社会经济遭到彻底的破坏。而中原的居民大量向长江以南、东北、西北以及西南各地逃亡，使这些原来比较落后的地区很快地得到开发。概括地说，整个农业地理的面貌，发生了根本的变化。

总的来说，这是一个变的时期。

一、农业地理上的变化

直到汉帝国的崩溃时为止，黄河流域始终是农业比较发达的地区。

据《史记·货殖列传》，江淮以南农业生产还很粗放。《汉书·地理志》因袭其文，可知到西汉末年，情况基本上没有改变。东汉两个世纪当中，南方只是在缓缓地发展。大约除去西南的成都平原以外，长江下游，特别是太湖区的农业还比较发达。这可从县治的建置上看出一个大概的情形。

就是在北方，大约从东汉后期开始，塞外的游牧部族逐渐南移，定居在接近边塞的地带。他们虽然也开始学习耕种，但在他们居住的地区，显然增加了畜牧业的景观成分。

西方的羌族很多进入陇东西甚至关中一带。匈奴则在陕北和山西的北部定居下来。东北方的鲜卑族移居河北北部各地的更多。

汉帝国崩溃后，大混乱的结果，黄河流域人口锐减，塞外部族获得绝大的内移的机会。广大地区形成华戎杂处的局面，国内军阀的长期内战，更促进了这种局势的发展。

由于进行内战，许多异族人被征入伍，在生产方面，异族的"田客"也是很普遍的。

在长期战变中，不但丁壮减少，同时耕畜和农具显然也都大量损耗。再加上参加生产的异族人的生产知识和技术较差，所有这一切，自然造成生产条件劣化的结果。如果再考虑到大乱之中人人朝不保夕，因而习于苟且，生产积极性自然低落。这样农业生产也自然就不免趋于粗放。

汉末三国之际，有的地方几乎恢复到采集经济状态。由于魏吴两国连年交兵，江淮之间不居者数百里。魏明帝时，洛阳附近有方圆千里的猎苑。西晋时，中原一带多有规模相当大的马牧。这一切都反映北方农业的衰落。

各种游牧部族连续统治北方几乎三个世纪之久，使已然发生变化的景观更进一步呈现半耕半牧的色彩。

塞外的征服者进入中原以后，为了对汉人进行剥削，自然不能不注意于农业生产的维持。但本族原来的畜牧经济不会很快地就放弃。战争的频繁也需要大量的牲畜，尤其是中原普遍的人散土荒的情形，也给养畜业的发展提供了有利的条件。因此，原来的耕地很多变成了牧场。只举一个例子：后魏的孝文帝是历史上著名的致力于华化的异族统治者，但就是在他的统治时期，河内很大一片地方被划定为牧地。那一带原是我国比较早的农耕区，西晋以前一直是精耕地区之一。在当时也就在首都洛阳的隔岸，可是已然如此，其他地区可以想见。

在这巨大的变化中，比较稍得保持原状的只有山东半岛一隅。

这种情形到南北朝末期才显著地转变，而促成转变的关键是水利建设的恢复。

汉代各地的水利事业，经过汉末的长期混乱，几乎全消失了。曹魏时期也还曾在一些地区做过一番努力，也都没有维持多久。异族统治时期，史书上绝少记载，但后周朝开始了关中水利的兴复。隋朝建立之后，这种记载更多起来。也就在同时，北方的农业开始走向繁荣。隋文帝时期物力的丰富就是证明。

在北方农业衰落的同时，长江流域的农业由于前后两次大量人口的南徙而迅速地发展起来。

汉末第一次大量人口逃往长江流域，使一向缺乏劳动力的广大地区的农业生产受到极大的影响。只是由于农业生产的增加，长江上下游才能够维持着两个政权。这两个割据政权为了维持存在，自然不能不致力于农业的增产。一个世纪之后，中原的人又一次大量逃往江南，随后长江流域又建立起来汉族的政权，前后延续了三个世纪。在这悠长的岁月里，农业生产的面貌迅速地改观了。

南方比较温暖的气候和丰富的水源是发展农业的有利条件。

北来的农民到了江南之后，逐渐同当地农民交流了生产经验，并在实践中把原来掌握的比较先进的生产知识和技术同新的生产环境相适应，从而发展一套新的生产方法出来。这种新的方法仍然是以灌溉为中心，水田区同时也就是农业比较繁荣的地带。

太湖区和洞庭湖区是两个突出的地带，分别形成长江中下游的农业中心。

据当时人的记载，太湖区水田的价值，超过了秦汉时期的关中。那里一年获得丰收，其他各郡就可以数载忘饥。从那时起，太湖一带作为全国最重要的粮食的基础就奠定了。农产之外，那里的养蚕业同时很快地也发展起来。这就更增加了地方农业的繁荣。

这两个湖区成为农业中心，说明湖田的发展及其在农业生产中的重要。

在中原居民两次涌向江南的同时，黄河以北、太行山以东地区的人多往东北辽河流域避难。关西一带的人也有不少逃往河西走廊，这对那两个地区的农业的开发，也都产生了很大的影响。

那个时期以辽河流域为主要根据地的鲜卑族，接受汉人的文化最多。因此那一带的农业也很早就发展起来。而河西走廊的农业在几个世纪的兵乱之中居然得以基本上维持下来，也是值得特别提出的。

还有西南自秦汉以来以成都平原为中心的精耕区，虽然也一再经过兵乱，但并没有受到严重的影响。反之，农业比较发达的地区更加扩大了。

三国时期，这一地区的秩序是稳定的。西晋末期，关中难民陆续入蜀，经汉末以来遭到严重消耗的人力获得补充。在长期分裂时期，长江上游也是比较安全的，因此农业得以不断地发展。在这同时，汉水流域的农业也因人口的增加而颇有进展。

全国恢复统一之后，南北农业生产的情况大体上接近平衡，换言之，农业发达的地区是大大地扩展了。

在农业普遍发展的同时，养畜业又相对地缩小了。黄河流域的牧场大都重垦为农田，畜牧重点又退回关西一带以及陕北、晋北一些地区。这种情形到唐代也并没有改变（隋时内地尚多牧场）。

不过从隋唐两代的漕运来看，北方特别是西北地区的农业在发展的速度上大大落后于东南。

隋唐两代关中的水利事业始终比汉代相差很远，而同时关中的人口则远较汉时为多。因此，这首都地区的粮食供应，必须依赖外地的支援。唐代前期的水利建设，除了关中和巴蜀之外，比较集中于河东、河北、河南三道。这显然是弥补高齐以及隋代在这些地区的缺陷，也就是意图从那里得到粮食供应的保证。但结果还是不能不照隋代的样子远向江南运粮。而江南作为全国主要粮仓的地位，就此永远地固定了。

而巴蜀区由于优越的自然条件，农业的繁荣一直维持不变，同时因对外运输不便，就形成了后备粮仓。

二、土地分配情况

汉末的大混乱，黄河流域造成人散土荒的局面，大量土地的废弃和普遍的饥荒压迫形成了绝大的矛盾。

在生命和生产没有保障的情况下，没有能够逃往远方的弱小的农民（包括佃农），只得依附当地拥有武装的豪族，居住在豪族的坞堡附近，在其保护下从事生产。他们所耕种的土地是很有限的，绝大部分土地都荒芜了，集结在各坞堡的居民，因为生产时遭破坏，他们的粮食供应仍然是没有保证的。他们取得粮食的方式，与其说是生产，毋宁说是掠夺。在他们互相争斗之中，也消耗了无数的劳动力。更有一时没有投奔的人民，自然随时受到饥饿的威胁。从劳动力的观点来说，一方面是大量土地闲置，无人耕种，另一方面是大量劳动力的闲置，或无谓的损耗。总起来说，无论强者或弱者，都在苟且度日。

生产无保障，生活亦无保障，必须且战斗且生产，二者结合起来，才能生存，才能解决一方面土地闲置，另一方面劳动力闲置的矛盾，从而也才能解决一方面土地荒弃，另一方面饥饿威胁的矛盾。

（《魏志·司马朗传》："今承大乱之后，民人分散，土业无主，皆为公田。"）

曹操的屯田办法解决了这个矛盾。

战斗与生产兼顾，二者交互推进，奠定胜利的基础。

大量无主之土地成为官田，这是实行屯田的物质条件。

屯田成为经常制度（变格！），各地设农官，不隶守宰、民屯、军屯。

土地所有权在很大程度上趋于动摇。

黄河流域的土地绝大部分无主，变成官有。另外相当大的一部分为各地豪族所占有，前者或为民屯，或为兵屯，后者由部曲、客户佃耕。此外还有不少的小地主。

南方秩序破坏的比较有限，因此土地私有制度基本上未动摇。但豪族占有土地甚多，均有田客为之耕种。土地集中情况仍极严重，农田之急遽地开发，加强其程度（《魏志·卫觊传》记当时政府在关中与豪强争夺人口事。）。

豪族占有土地之不断扩大，决定了曹魏政权之软弱与短命。

魏氏末年明定结束屯田制，说明官田已然大大减少。

（《晋书·王恂传》："魏氏经公卿已下租牛客户数各有差。自后小公悍役，多乐为之。贵势之门，动有百数。"）

西晋的占田，乃统治者藉恢复统一的威望企图对豪族的兼并稍加限制，但并未成功。

当时分权的局势已根深蒂固，也并没有坚决设法恢复专制统治权的人物。原令明白承认贵官可以荫庇，所以占田令只是一纸空文。反之，当时正是一个疯狂兼并的时期（王戈、石崇……）。

五胡乱后，迄后魏后期（约 170 多年），北方是军封世界。

在这种情况下，土地所有权的观念十分模糊，较为重要的是劳动力问题（人口大量死亡）。

南方则继续着豪族对土地的垄断。

南渡以后，部曲制续有发展。家族燔山封水，广行荫庇，全无土地制度可言。

第五世纪末期（公元 485 年），后魏行均田，实质上是同豪族和寺院争夺人口的一种手段，绝非真正为民制产。

在此以前即曾设法限制军封。

寺院是新出现的大地主（代替了商人）。

北朝经学的影响，后世的歌颂。

均田法规定：奴婢及牛均可分田，意味着对较大地主的让步。

土地经常还授在当时条件下不可能。

但这种办法（绝未普遍实行）也确有其一定的产生原因及积极意义。

在人口大迁动以后，大量土地荒闲。如此措施确发生推动生产的作用，并在一定程度上缓和社会矛盾。

由于处在相同或类似的情况之下，以后的几个朝代也都加以因袭。当然具体内容互有出入。

只有北齐的办法有变化，后周、隋、唐则是由后魏一脉相传。

各朝的统治者都是企求恢复专制的，因此要利用土地所有权不明确的这个事实保有尽可能多的官田（在理论上就利用普天之下莫非王土的古训）。

周是直接上承后魏，经常处于战时状态，自不必说。隋唐都是开国于大乱之后，土旷人稀的局面利于实行均田（周末户不及四百万，隋平陈得户五十万，隋炀初户接近九百万，贞观户不及三百万。）。

不过必须指出，均田并不是普遍及彻底实行。兼并并未休止，只是豪族的领主性质逐渐减退，地主的性质相对地增长，在这同时，也就是绝对的统治势力在逐渐加强。

均田作为统治者对豪族的斗争武器，确实收了功效。

均田制并未绝对禁止土地买卖。

豪族的领主性质的减退，可由部曲制的变化看出来（《唐律疏义》对部曲的注释）。

地主兼并的发展和官田的逐渐减少，以及人口增加，终致均田制趋于消灭。

兼并至唐高宗时已趋严重。禁止买卖土地的命令接二连三可以为证。武周以后，一发而不可收拾。

实行均田的结果，虽说有授有还，实际上土地逐渐化为私有。另外，职分田、公廨田、屯田（据《六典》：天下诸州屯九百九十二，后又增加百余屯）日增。

人口增加也使均田越来越成具文（唐初不及三百万户，开元末达八百余万户，天宝时千万户以上）。

三、屯、墅、庄

北方普遍实行屯田的结果，"屯"渐成为农业生产单位的代名词。吴境内豪族各以私属经营田种，也采用"屯"的名称。

东晋建立以后，军府州郡都自以军吏种田，以后公屯之外，更多私屯，基本上成为豪族的经济组织，特别是开发山区及沼泽区的组织。

南朝的"屯"不只经营农业（初期是采伐竹木），而且兼事手工业（冶）和商业（邸，传）。

由"屯"逐渐发展为"墅"（田园），这已经完全私人所有。

"墅"是一个基本上自给自足的经济组织单位。包括农林渔牧，特别发展了果园。

此种别墅大小不同，但基本形态如一。

清高的隐士！

山泽自古不许私人占有，最早属于公社，后来归属皇帝。

汉代常常开放山泽，但晋以后，山泽渐归私有，政府多次下令禁止，始终无效，最后不得不正式承认私有，这是一个重要转折点（与森林和水利的破坏有关）！

羊希立法。

江南山泽之所以开发，是由于北人大量南迁，江南平地多已开垦，只得向山泽发展（南北豪族的矛盾），并陆续向较远方山泽发展（会稽！），这与孙吴时禁山民下山恰恰相反。

在山泽的开发过程中，贯穿着皇帝与豪族对于人口的争夺（土断）。梁代"天下户口几达其半"。屯、墅发展的结果，广大山田与湖田开辟出来，对农业技术（园艺）有推进作用。

隋唐的庄、庄客、知墅、知庄、佛寺的庄。

四、农民的负担和反抗

黄巾起义摧毁了汉帝国，充分说明农民阶级的力量。

大乱之后，北方各地的社会秩序基本上破坏，农民在极度恶劣的状态之下，不得不接受极沉重的负担。

曹操平冀州之后，规定田租亩收四升，这是改汉代依收获量为标准的租率为依亩课征。只是这种税课是向大小有田者征收的，立法本意说明了是在于取缔豪强的免税特权，这仍然是统治者讨好中小地主、裁抑强大地主的惯计。至于农业中直接生产者的负担，主要是佃农对地主的地租负担，并未受到统治者的注意，大约基本上没有改变。如果有改变，那一定是更增重了。

以上是曹操已然统一了北方的大部，在河北新征服区定下的税率。至于各地坞主直接统治下的农民的负担之沉重，自然是漫无标准的。总的说来，无疑是十分沉重，特别是力役的征发（作战、生产、修筑……）。

后来在实行屯田的地区，田客要向政府缴纳田中收获的 50%～60%。

据《晋书·傅玄传》，曹魏时期，是"持官牛田者，官得六分，百姓得四分。私牛而官田者，与官中分"。这个规定可能是始于许下屯田之时。这种租率，大约同汉时私租相等。经过大乱，生活和生产得到安定，像这样的条件，农民还是乐于接受的。特别是因为当时的屯田客不用服兵役，更从当时对于粮食需要的迫切情形来推想，其他的徭役可能也不是太重，至少在较早阶段是如此，这显然也是屯田制得以收功的原因之一。

当然在农民大起义之后，新的统治者也是有一定的戒心的。

屯田系统以外，各地农民的负担，应当也相差不多。

当时普遍的情况是政府和地方实力派互相争夺人口，为了使部曲安于自己的荫庇之下，各地豪族必然把对他们的剥削限制在大约同政府相等的程度上。

到后来豪族的势力相对地逐渐增强，就用减轻剥削的办法诱致政府直接属下的农民。毋丘俭攻击司马氏，有一条就是以"募取屯田，加其复赏"为口实。

西晋时期，农民的地租负担比前加重，虽然课田法的租率很低，但受益者为数有限。

据《傅玄传》，西晋初年，曾把政府和佃兵的分益比例改为"持官牛者，官得八分，士得二分，持私牛及无牛者，官得七分，士得三分"，比过去增重。晋开国后，颁布课田法，丁男依治田五十亩计，课租四石，按汉末每亩平均产量为三石，魏晋之世，生产率可能稍低，姑以二石半计，五十亩总产量即是一百二十五石。如此租率约为汉代的三十分之一。再同曹操平河北后所定的租率（亩收四升）比较则多一倍（八升）。这种租率当然不是对佃户征收的私租，而是国家向独立农民征收的田税（晋武代魏前一年，废止屯田制，显然是在收买人心，改变佃农为独立农人）。当时土地有余，这仍然表示了统治者向豪族争夺人口的意图，但司马氏政权对豪族的控制能力，逊于初期的曹氏政权，因此，农民在贵族阶级普遍的豪奢风气之下所受的剥削，显然并不是比以前减轻而是加重。《晋书·食货志》说当时人民安乐，那完全是隋唐时人的想象。

地租负担之外，更有户调。

农民作为国家或豪族的佃户，要纳沉重的地租。另外又以臣民的资格向政府缴纳定量的实物，名曰户调。

汉代除田租外，还有多种课税。后来往往根据需要折纳实物，主要是织品。曹操平河北后，令户出绢二疋、绵二斤（调之所以以户为课征单位，当是织品不便割裂过甚之故。）。从那时起，历代相沿成为正规税课，只是数量时有变更。

地租之外加征户调，说明农民的这两种主要产品直接被剥夺，这是农民的农奴身份更加显明地表现出来。

从五胡内侵时起，约一个半世纪之久，北方农民在没有制度的状态下受尽了剥削。

第一个例：前燕招贫农田苑中，用官牛者与政府二八分益，自有牛者三七分益。

第二个例：后魏颁布均田法以前（几乎一个世纪），官吏无俸，其剥削农民，可以想见（其时正课则由于习用长尺、大斗、重秤，农民负担逐渐加重。此种情况，虽经孝文取缔，后来又复原状）。

至于南方，情况亦相仿佛。

田租时而依亩时而依口征收，这中间包含着皇权同豪族的矛盾的变迁。

杂捐苛税。

政治黑暗。

因此无论南北，都引起农民起义。

西晋末年长江流域的流民起义：（公元 310、311 年）李特起义。

东晋后期（公元 398—411 年）孙泰起义。

后魏后期（公元 523—528 年）六镇起义、葛荣起义。

隋恢复全国统一后，宽徭减赋，经过四个世纪的苦难之后，农民稍得喘息。

减轻赋役的主要用意，是要"使人知为浮客，被强家收大半之赋，为编甿，奉召上，蒙轻减之征"（《通典》卷七《丁中》），仍是以前历朝政府向豪族争夺人口的故智，同时规定免除"妇人及奴婢部曲之课"，也同样是对豪族表示让步。总的来说，也就是促进豪族的领主性质向地主性质的转化。

但强大起来的绝对统治，不久就因过度的征发力役被农民起义推翻。

隋炀帝惹起广泛的农民起义，主要是由于对力役的征发过度。这可由起义军集中于征辽军所经过的地带证明。这个事实有力地说明对于农民来说，力役是更为苛酷的负担。

唐初的统治者从农民起义受到深刻的教训，所以规定出来有名的租庸调法。

从唐代初期社会经济逐渐走向繁荣的事实上来推论，租庸调法一定要算是一种比较轻些的剥削制度。

唐代农民负担之稍见减轻，主要表现在国家对于力役的征发上面。隋代缩短了人民服役的年限（廿一岁成丁），又规定"输庸停防"，比起以前时期已然是减轻了人民在这方面的负担。唐代更规定"输庸代役"的办法，一般力役都可以缴纳实物而免征（全年二十天的力役可改为缴纳绢六丈或布七丈五尺），这样就解除了农民所最感痛苦的一项负担。

唐初至于天宝末，没有发生较大规模的农民起义，这也是农民负担不为过重的证明。

但土地兼并的不断发展，租庸调法随着也逐渐破坏，农民的实际负担越来越重。

五、农耕技术和农学著作

汉末大战以后，中原各地大都土旷人稀，加以农具和耕畜大量损耗，耕种方法之趋于粗放是很显然的。

曹操的屯田在一定程度上是"限地精耕"的意思，因此可以推想，屯田上实行的耕种方法大体上还维持着甚至超过汉时的水平（"白田收至十余斛，水田收数十斛"）。但屯田以外的土地上的经营集约度大约就降低了。

魏和西晋时期，农田经营集约度一直是不很高。

据傅玄说，当时务增顷亩之课而功不能修，"至亩数斛以还，或不足以偿种。"（陈思王《谢表》云："奈以夏熟，今则冬生，物非时为珍，恩以颁为厚"，似亦系温室栽培。）

但在这期间，发明了水车和水碓、水硙，对于开发水田以及农产加工的发展提供了重要的条件。

三国时，扶风马钧发明翻车、水碓和水砲，到西晋时已开始推广。

此后北方在长期纷扰之中，农业生产技术自然无从进步。反之，长江以南地区由于急遽的开发，原来火耕水耨的情况逐渐改变。

来自北方的农民带来了比较进步的耕种方法，特别是经营水田的技术。特别值得提出的是兴修水利田的技术（因地制宜）的发展（湖田）。

在这个时期里，也产生了不少的有关农业生产的著作。

西晋郭义恭著的《广志》里面，记载了各种栽培植物的品种和变异品种。就流传下来的片断来看，记载都是正确的。同时的嵇含也写了一部《南方草木状》，较后一个世纪的戴凯之写过一部《竹谱》，都是同农业有关的名著。由梁代陶宏景辑补的《本草经》也包含着不少关于农作物的记述。另外有一种《魏王花木志》，从南朝豪族的田园（墅）中广植园艺作物的事实来推想，这样的园艺学著作的出现是很自然的。当然这部书也可能出于北方人之手，因为后魏时的园艺也是发达的。此外还有包括园艺产品贮藏加工内容的《食经》以及几部关于畜牧的著作（牛、马、鸡、鸭、鹅等经）以及一部《家政法》，也都是这时期的人撰写的。

写于第六世纪的《齐民要术》更是一部总结性的农学名著。

著者贾思勰是青州人，那一带是那个时期北方农业生产比较没有受到破坏的地区。原来的生产技术水平基本上仍得维持。贾氏显然是把故乡比较丰富的知识和精良的技术以及本人总结前人著作，加上本人的研究记录下来，加以传播。

内容十分丰富，主要的有对于轮作的认识，关于嫁接的详细的叙述，关于插秧的最早记载等等。更重要的是他继承并且发扬了我国古代农学以耕作和时令占首要地位的传统。

后人在《要术》的基础上又续有补充。在唐代比较安定的局面之下，农业生产实践大约恢复到了汉代的水平。

隋人诸葛颖写的《种植法》，是一部大书，可惜失传。唐李淳风有《演齐人要术》，武后颁行过《兆人本业》，也都早已见不到。此外隋代有一部《田家历》，内容可能是农家关于种植季节的经验。还有一些关于畜牧的著作，那是由于隋唐的养畜业很发达的缘故。特别要指出的是初次出现《驼经》。

当时的农业生产效率，可以从人口的数量得到印证。唐天宝末年，全国注籍户数过了千万，接近汉代最高纪录。

六、农作物品种的增多

西汉通西域时，已曾引种西方的栽培植物。

据《史记》，张骞引入了蒲陶、苜蓿。

《汉书》称，张骞外国得胡麻。

陆机曰：张骞为汉使外国十八年，得涂林。涂林，安石榴也（《齐民要术》）。

《本草经》云：张骞使外国，得胡豆（《要术》）。

《博物志》曰：张骞使西域，得大蒜、胡荽。延笃曰：张骞大宛之蒜，又有胡蒜、泽蒜也（《要术》）。

东汉以后，同外族的往来更加频繁，引种的种类自然越来越多。

《广志》记载着房水麦、稅麦（出凉州）、旋麦（出西方）、胡葱、胡椒（出西域）。

胡瓜、胡荽、兰香（韦宏《赋·叙》曰：罗勒生昆仑之丘，出西蛮之俗）。

橄榄显然也都传自西域。

《西京杂记》提到核桃（胡桃），又称"金城桃胡桃出西域"。

原有的和引种的作物又都分出了很多的品种，农业产品从而越加多种多样。

《要术》所记的各种作物中，很多都有不同的品种。特别是粟，

《广志》记了十一个品种，《要术》又补充了八十六个，而且分列归纳为早熟、晚熟、抗旱、抗风等四个大类。豆、麦、稻的品种也很多。

结　语

延续了四个世纪之久的汉帝国没有能够解决土地问题，帝国崩溃后的全面大混乱，加速了早已开始的豪族势力的增大，同时代表专制主义的统治者也凭藉了对大量抛荒的土地的占有，设法维持其绝对的权威。在一定程度上，出现了土地国有的迹象。一班经生附会古代的典籍，因而搞出公田、均田一类东西出来。在土旷人稀的情况下，争夺的主要对象并不是土地，而是劳动力。农民在这个时期里，自然是忍受着极为沉重的负担。他们只是在统治者与豪族为了扩大招徕而多少节制了对农民的剥削度的条件下得以维持残喘。他们的生产积极性因社会秩序的长期的不稳定而更趋消沉。整个说起来，农业生产不只是停滞了，而且呈现出来退步。社会经济以自然经济的色彩加强了，同时封建性也加强了。因为农民的最大的负担是在力役，所以隋唐两代都主要是在这方面加以减轻，而得以恢复了秩序，把整个社会经济引向繁荣。不过均田制则因时过境迁（主要是政府掌有的土地逐渐减少），渐成具文。在另一方面，一直并未中断的土地兼并又顺利地发展起来。只是魏晋以来大的土地占有者的领主的性质逐渐减退，又恢复了地主的性质。总的来说，这是秦汉以来封建地主经济发展的一个曲折阶段。但从全国农业地理的角度来说，在这一时期里出现了重大的变化，这一变化对后来的发展具有决定性的意义。

第六章　封建的小农经济之继续发展

（唐中叶—南宋末，公元第八世纪中—第十三世纪末）

进入第八世纪以后，大土地占有者的领主的性质逐渐转化为地主的性质，而中小地主就是在所谓均田时期也并未完全消失，这时也都活跃起来。兼并的风气随着均田制的崩坏而顺利地发展，整个的情况一如西汉时期。更重要的是，伴随土地的集中而来的仍旧不是大型农场的经营而是分割出佃制度（庄园只是管理机构而非经营单位），这种封建性的小佃农和自己经营的中小地主仍然是共同构成农村经济的主体。在这个时期里，商品经济虽然有显著的发展，但一般来说，农产品的商品性是不强的，农业与手工业在小农经济单位中的密切结合，始终是一个保守的因素。在生产力没有显著的改进的情况下，封建的小农经济只有缓缓地向前推进。

唐代后半期始终不曾恢复统一，五代更是一个割据的局面。唐末的农民大起义是全国农民对中央以及地方实力派的苛酷的剥削发出的一次强烈的抗议。后来的割据统治者多少都知道注意农民的生活。北宋的恢复统一，仍然是符合全国农民的要求的。

在这一时期里，最主要的是全国经济重心，同时也是农业重心的南移，这对后来的发展具有决定性的意义。特别是长江下游地区发展成为重心，这时期的农业生产以及土地问题都是集中到那里。

一、旧的农业区之衰落和新的农业区之发展

从隋时起，北方的农业虽然逐渐走上恢复之路，但到唐代初期，由于首都地区的需要特大，对于江南的依赖开始加甚。

隋初并不依赖江南，且能在多处建仓储粮，炀帝开凿了通济、永济两大渠，主要目的并不在经常的漕运。

唐高宗时，曾几次因为粮食供应不及，不得不率领宫廷东去洛阳就食。从那时起，漕运对于专制封建政权的重要性越来越显著了。

北方尤其是西北地区的粮食之不能自给，主要是由于水利事业相对地衰退。

一般说来，小农社会的各个地区生产上的地区分工不甚显著，在粮食方面都是差可自给的（否则狭乡将变成宽乡）。不过首都区是个例外，关中在汉时郑白两渠灌田四万余顷。永徽中（第七世纪中）只还灌万顷上下。再一个世纪以后，又减到六千多顷，只及汉时七八分之一。这种趋势又继续发展下去，东南漕路成了唐政权的命脉（德宗父子对泣），宰相兼掌漕政，一旦被切断，统治者只有逃往巴蜀。

安史乱后，河北、山东以及淮西一带长期为藩镇割据。农业的衰退可想而知。五代时期，整个黄河流域更受到严重的破坏。

在这大约两个世纪的期间（公元第八世纪中—第十世纪中），关中区彻底破坏，陇西以及河西走廊又增加了畜牧业的景观。梁晋三十年夹河之战，河东、河北、河南的一些地区的破坏也十分严重。张全义在洛阳的业绩在当时是突出的，其后又经过契丹人的几次入侵，结果人口锐减。

这是汉末和五胡入侵以后，黄河流域的农业又一次受到蹂躏（五代政权之所以短命，主要是未能解决农业生产问题）。

北宋时期（公元第十世纪中—第十二世纪初），北方的农业已然呈现瘫痪状态。对于南方的依存越来越甚。

经过唐末和五代时期的纷扰，洛阳以西广大地区的农业生产普遍衰退。关中许多地方的农田变成牧场。关西一带更不必说（宋初郑白渠灌田不及二千顷），就连京西路（今河南南阳一带）也都是一片荒凉。北宋建都汴梁，主要是为了缩短漕运路线（赵匡胤曾考虑建都洛阳）。当时供应首都的粮食，虽然也有来自山东、汝南一带以及关中的，但主要仍是长江流域。汴河保有前代的重要性（北宋初期汴河岁运江淮米三百万石、豆一百万石，由关中运粟五十万石、豆三十万石，由汝南一带运粟四十万石、豆二十万石，由山东运粟十二万石。以后关中漕粮全免，而其他三路一再增加）。

北宋建国之初，疆域约如曹魏，但户数不足百万（九十六万七千余），虽非确数，但亦多少反映北方之萧条。

显然由于长期战乱中山林遭受严重的破坏，以致西北各地的气候也趋恶化。据宋庄季裕《鸡肋编》称："西北春时，率多大风而少雨，有亦霏微……至秋则霜霭苦雨，岁以为常。"

黄河三次改道。

女真入据黄河流域，各地的农业生产更受到相当彻底的破坏。

《鸡肋编》称："靖康之后，金虏侵陵中国，露居易俗，凡所经过，尽皆焚爇。"

金人统治时期，黄河以南地区残破不堪。宋楼钥《北门日录》称："中原思汉之心虽甚切，然河南之地，极目荒芜，荡然无可守之地，得之亦难于坚凝也。"（汴河已涸，大野泽淤塞，黄河四次改道。）除农田生产之外，北方各地的养蚕业也趋于绝灭。

唐和北宋时期，北方的蚕丝业还较江南为发达。《鸡肋编》称："河朔山东养蚕之利逾于稼穑。"

兵乱之际，林木大量被毁，桑自也在其内。新桑短时期内不能培植起来，养蚕的传统就断绝了。

金元之际，北方遭受的蹂躏更甚。

特别需要指出，当时，北方山区森林基本上被破坏了。这对于北方的气候之恶化有决定性的影响。水土流失的严重性显著地加强。

就在北方的农业一再遭受严重破坏的同时，长江以南正在逐渐发展。在农产品的供应上稳列前茅。

安史之乱，江南未被波及。唐末兵乱中，受到的影响也较小。五代时期，南唐及吴越两国互相保境安民，又注意农事。入宋以后，农业的发展一直未断。总的来说，从唐中叶直到南宋末（第八世纪中—十三世纪末）江南基本上保持着相对安定的局面。首都对江南粮食的依赖一如唐代，东南漕运所经的汴河"乃京师之司命"。

靖康之乱，北方居民又一次大量南迁。一方面增加了对于粮食的需求，同时也增多了劳动力，这也加速了江南农业的发展（"苏杭熟，天下足"）。

南方农业发展的关键仍然是水利事业。

唐代后半期水利建设集中于长江下游及钱塘江流域各地。

吴越置撩浅军，筑海塘。

宋代兴修的水利事业，见于记载者共一千一百一十六次。其在北方者只七十八次。又在南方之一千零三十八次中，在今浙江者三百零二次，福建者二百零二次，江苏者一百一十七次，江西者五十六次，共六百七十七次，即三分之二以上。

同时也必须指出，江南的蚕丝业也是在这个时期里发展起来，并且最后取得首要的地位。

唐代前半期江南各地都是以布代庸调，不似北方以绢绅代，可知其时蚕丝业尚不发达。大约唐代后期，情形逐渐改变（薛兼训的传说！）。五代时期，楚吴诸国即已令民以绢帛供赋。北宋时，政府所设丝织场所二十一处，其在北方者一十四处（今河北、山东、河南、皖北各地），尚仅三分之一在南方（四川、江苏、湖南、广西各地）。但到南宋时，长江下游有长足进展。

植茶业也在同时发展起来。

宋代的茶马市。

此外，岭南一带的农业也在这一时期内发达起来，并且由于优越的自然条件，发展是比较迅速的。

《初学记》引《交广志》曰："南方地气暑热，一岁田三熟。"

隋唐以前，岭南只广州等数地以对外贸易而著名，唐代前半期，地方的农业生产开发始有显著的改变。到南宋时，珠江流域已有余米可以销往闽浙，广州、潮州及惠州都是米出口地。

西南的巴蜀盆地，一直在相对安定的状态下继续发展。

唐时有扬一益二之称。

五代时蜀中未甚遭兵祸。

南宋高斯得《宁国府劝农文》说："及来浙间，见浙人治田，比蜀中尤精。"可知当时蜀中农田耕作集约度已很高。南宋时，蜀米经常运销下游。

这一时期农业发展的一个特点就是"上山"。

梯田起于何时，尚待考究（汉、南朝）。

唐元结称："开元天宝之中，耕者益力，四海之内，高山绝壑，耒耜亦满。"似即梯田，但也可能指的是畬田。

唐及北宋人记山田，都是刀耕火种。南宋范成大始明举梯田之名（袁州）。方勺《泊宅编》记闽中"垦山垅为田，层起如阶级然"。大约梯田是在南宋时普遍起来。

此外农民用同样向自然争取的精神把各种本不适于耕种的土地改造成为农田，从而扩大了种植面积。

滨海斥卤之地，先种水稗，改变土壤。同时树立椿楸，抵御潮泛。田边开沟（名曰甜水沟），以注雨凌，旱则灌溉。此种田名为塗田（略如内地大河两岸的淤田）。

江淮间江滨或洲上沙淤之地，四周用芦苇密护，当中开穿沟渠，引水灌溉，也无水旱之忧，名曰沙田。

二、水利和水患

唐代在南方各地所兴修的水利，在五代时期仍得维持，并有新的发展。

白居易浚西湖，放水溉田，每湖水减一寸，可溉十五顷。

割据各国都注意水利，尤以吴越为最（撩浅军）。

北宋政府也颇致力于此，值得提出的是在河北开水田。

主要目的在国防，但在河北开水田种稻对后世具有很大的意义。
王安石当政时，也曾亟力讲求水利。

郏亶，一度掀起兴修水利的高潮。五六年间，兴举工程凡一万七百九十三处、灌民田三十六万余顷、官田一千九百余顷。
但广大丘陵地区的农田水利，主要还是各地农民自己兴修起来的。

开山坡为梯田，引山泉灌溉，自上而下，中途立硙、立碓，尽水之田。有诗云："水无涓滴不为用，山到崔嵬犹力耕"（鱼鳞式）。

较平坦的地方，则随处应形势开凿陂塘。

没有山泉或陂塘的地方，就在田间开掘坎井，停蓄水潦。

沼泽地区更筑起来圩（围）田。四周筑圩，有斗门控制进水排水。圩外水草减杀洪水的冲击。大圩之内更有很多小圩，此等圩田，水旱无忧，大约早已创行。南宋初年，江淮大军屯集，使用部队的劳动力大事筑圩，很快地发展起来，成为这一带地方的主要的水田方式（蜂窝式）。

龙骨车、翻车之类的器械，逐渐普遍采用。
水利的发达，自然促进农业的繁荣。

朱文长《吴郡图经读记》称："吴中地沃而物夥，稼则刈麦种禾，一岁再熟，稻有早晚。"复种指数提高。
但水患也是严重的（黄河两次改道）。
在豪族地主的贪婪的兼并之下，许多地方出现了人为的水患。

废湖为田，开辟湖田，漫无限制。湖身日小，洪水时期四周的田被淹（刘贡文的故事）。

有的地方湖高于田，田高于江。势豪开辟湖田，使湖江之间的田旱不得水，潦即被淹。

陆游称："波泽惟近时最多废。"
化湖为田的结果是减产。

绍兴中，明州老农说，湖未废前，每亩收谷六七石，废后减半。

南宋一代，政府对化湖为田一事曾几次改变方策，这说明围绕这一问题的斗争之剧烈。

统治者最初直接参与湖田之开辟，又以利于增加田税，所以不加阻止，后来又想裁抑势豪，与之争夺湖田。

直到南宋覆灭，这个趋势一直没有改变。因而人为的水患也一直没有消灭。

三、土地兼并和农民起义

安史乱后，均田制在形式上也消灭了。土地的自由兼并完全恢复。军阀、官僚、富商、寺院是主要角色。

随着商品经济的发展，商人阶级的财富越来越扩大，他们除了经营商业和高利贷之外，也收购土地。

实际上，这几种人在追取利润方面并没有严格的分工。

只是原来的大庄园大都分化为中小庄园。

多子继承制显然发生很大的作用。一个大地主的后代总是都企求保持大地主的地位，这也是促进兼并的原因之一。

兼并的结果，丧失土地的农民自然就越来越多。

宋代户籍中，分为主户（税户）、客户（坊郭客户不计）和官户（形势户）以及寺观户。官户有免税免役特权，肆行兼并。限田之令等于具文。

据《通考》，北宋中期（公元十一世纪中），田之无税者为总额的十分之七，可知主户占有全部田地的十分之三。

根据几种材料，知道客户占总户数的百分之三十五到五十。

此外主户之中又分五等，前三等为大小地主，后二等为小自耕农以及有课无田（无产税户）的贫农（户等与实际并不全符，往往相差极大，无比户）。较大地主也都有办法逃避税役，实际负担者是中小地主以及无产税户，他们多投靠豪族或逃亡，以致其余的税户的负担日重。豪族即利用这种趋势进行兼并。

总的说来，为数不多的较大地主（官户、寺院户、税户中的上层）约占有全部土地的百分之八十。在另一方面，完全没有土地或仅有很少土地的农民（客户、税户中的下层以及"无产税户"）约为全部的百分之八十五以上。

这就是说，中小地主只占有百分之十五到三十的土地，他们的人数是相当大的。总的情况：中层以上地主占户数百分之十五，占地百分之八十；中层以下地主占户数百分之二十五，占地百分之二十；贫佃农占户数百分之六十。

地主对贫佃农的经济的和超经济的剥削是十分苛酷的。

地主利用荒年放高利贷剥夺小农的土地，政府往往为之担保，或依势霸占，威胁人命，租率一般是百分之五十（主客分），任意撤佃。力役更是贫农的一项沉重的负担。

宋代力役名目繁多，最苛的是衙前和里正。虽规定户分九等，下五等免役，实际上服役的都是贫下户。

中小地主虽然也属剥削阶级，但因不能享有特权，故要求改良，王安石一派是其代表。

许多限田论者：方田（均税！）

王安石是维护专制统治者的利益的。贷青苗钱、输钱、免役，确有俾于小农，反对新法者都是代表大地主阶层的（新派蔡京等人一旦得势，就站在豪族的方面，说明改良派的不彻底）。

新法的未能实行，说明豪族地主阶级的顽强，更说明改良派之不可能解决问题。

疯狂的兼并和剥削，自然引起农民的反抗。

北宋一代农民起义一直不断，地主政权对外屈辱，对内镇压。

南渡以后，兼并更变本加厉。

南北宋之际，只是对外民族的矛盾掩盖了内部阶级矛盾。

江南农业生产率较高，更使兼并者垂涎。私租有及百万石者（吴曦)。

朱熹(也属改良派)整理经界(只均税而未及均田),但政权完全掌握在地主豪族手中,自然不会有结果。

只是为了得不到土地,农民才创造了柜田、葑田之类的东西。

四、官田的发展

封建统治者是以占有土地为其标识,专制封建统治者更是需要占领大量的土地。

在理论上维持"普天之下,莫非王土"的原则(因此无主荒地、绝户地等等都应为官田),实际上掌握大量的官田,更由于"公私不分"是封建统治的一个特点,所以历代的官田(国库)同皇室的私有土地(皇室私产)事实上是没有明显的分界的。

唐代均田制度崩溃之后,政府仍保有很多的土地。

职官中有庄宅使和内庄宅使(五代仍之)。

属于屯田系统的大量土地也当然为政府所有。

唐行府兵制,因隙地置营田,天下屯总九百九十二,每屯五十顷。

唐时屯田亦名营田,随了府军制败坏,营田在实际上渐变为一般的官庄。

营田上的劳动者非复士兵,而系佃农。

官庄之名,唐时已产生,系管理单位(经征地租)。

到宋代,屯田、营田和官庄三者始终是混淆不清,实际上是一个东西,都是官田。

官田上的劳动者,兵民都有,全无规定。

各色官田,为数甚巨。

神宗熙宁中,共四十四万余顷(英宗治平中,全国垦田[税田]四百四十余万顷),假定垦田数为全国耕地总面积的十分之三,则官田占全国耕地总面积的百分之三。

承种官田的农民，要照私人佃户之例缴纳地租。

这种佃户也多是世袭的。

"私租额重而纳轻，承佃犹可；公租额重而纳重，则佃不堪命。"（《食货志》）

对这种佃户的剥削，似各地并不一律。

南渡之后，统治者利用混乱的机会取得大量土地。

有人估计，当时各种官田共约二十万顷，占全国垦田总面积十五分之一（6.7%）。按南宋税田总面积约为北宋时的三分之二，即三百万顷。假定税田亦为全部农田的十分之三，则全部耕地应为一千万顷，约为北宋时的三分之二。如官田只为二十万顷，则是全部耕地的百分之二，尚低于北宋时。实际上百分数似至少不低于北宋，或者初期如此，以后逐渐增高。绍兴初，各种官田租入约一百万石，四十年后的乾道中则达六百余万石，可以为证。

这种官田仍分别挂了屯田、营田等等名义。

承种官田的农民，比北宋时所受的剥削更重。

蜀中有"省庄田"也号官田，"自二税外仍课租"，并有其他课征，"民甚苦之"。"然其实皆民间世业，每贸易，官似收其算钱。"其他地区的官田，在佃户之间可以转让，一如私业转买（徽宗时，政府欲出卖官田，有人以为一业两输直为不合理）。

官田每五顷为一"庄"，五家共佃，称为一"甲"。以土豪为甲头，另用三等以上户充"监庄"。佃户被束缚于土地上，"无复可脱"。

既须纳税，亦须缴租（省庄田！），种种额外剥削。

"平田万里，农夫逃散。"

宋末贾似道又大买公田。

抑价强买，使人证告，地方官以多买田为功。

统治者争夺土地，官僚失掉利益，不再支持政府，元军所至，百官迎降。

南宋一代政府集中的土地成为日后苏、松重赋的基础。

结　语

西汉时代的封建小农经济，经过汉末以后几个世纪的波折，到唐代后期，又恢复本来面目，随着商品经济的发展而发展起来。地权的集中与农田分散经营比肩而进。小农生产仍然是同手工业生产紧密地结合起来。农业生产效率只是靠了水利建设的增加而有一定的提高。自然经济下的力役剥削，绝对政权与豪族的矛盾，地主之单纯的租入观点，土地商业高利贷三位一体，农民起义的频繁，所有这一些我国传统农业的特征，在这个时期里都充分地表现了出来。不得解决的土地问题（改良派的失败），又一次被政治因素（异族入侵）淹没了。

从农业地理的观点来说，这一时期里出现了我国历史上的一次巨大的变化，与山争地，与水争地。

第七章　落后部族的统治对封建
农业社会和影响

（金元两代　公元第十二世纪—十四世纪中）

封建的小农经济不能有质的改变，但曾几次在不同程度上由于政治上的巨大变化（异族入侵）而多少有些不正常的表现（封建性的加强与新地区的开发的关系）。金元两朝统治了北方两个世纪（南方有半个世纪）之久。这两个部族原来都处在奴隶社会阶段，并且都不从事农耕。他们进入中原之后，自然也要因应封建社会的情况，因此，他们很快地过渡到封建阶段，但同时又不可能在很大程度上摆脱原来的一切因素。这样在内地原来的经济制度内不免掺杂上一些多少奇特的色彩。

一、金代的猛安、谋克

金人入据中原后，为了巩固其统治，把原来本国管理军民的一种制度依据新征服地区的具体情况加以变化，成为一种屯田性质的猛安谋克制。

进入中原后，政府收取大量土地（宋时官田、逃户遗田……），把女真契丹人迁入内地，与汉人杂处，计户授田，使自耕种，在村落间筑垒而居，最初以三百户为一谋克，十谋克为一猛安，首长都是有功的将士，世袭其职。

汉人的土地私有制虽未被否认，但事实上没有保障。

以后，曾对猛安谋克所属土地进行调整。

原来与民田犬牙相错者，使之互易，俾成整块，实际上许多民有良田因此而被剥夺。

但女真人不习耕种（或者不屑于耕种），往往雇民代耕，而收其租，渐失屯田的原意，而成为真正的封建地主。

有的是将地佃与民耕，有的是任其荒芜，或伐毁树木。政府虽多次下令取缔，并无效果。

后来多数将所有土地卖与汉人，屯田制完全失败。

末期改以三十人为一谋克，五谋克为一猛安，最后更改为二十五人为一谋克，四谋克为一猛安，制度至此，名存实亡。

屯田制的失败，说明女真人对于农业文明始终不曾了解。

猛安谋克制颇有似乎西周初期之东殖，但成败相反，主要原因应是周族原来习于农业生产而女真人则否。

女真人在对于农业的理解上也逊于东晋时五胡诸国以及后魏周齐的统治者。他们由于始终未能消除汉人的敌视，集中注意力于监视，未能规划出来一种适合于当时具体情况的生产关系，仅用政治力量维持屯田制必无成功。

更基本的是，原中原地区土地私有制久已根深蒂固，同时商品经济也已相当发达，在这种情况下而想建立早期封建制度，是难以成功的。

二、元代的屯田和官田

蒙古灭金、宋之后，取得大量土地。

金、宋政府都曾占有大量官田，自然由蒙古统治者承继。

金元之际，黄河流域多年兵乱，人口大量死亡，无主荒地极多。

在用兵期间，蒙古军强占的土地为数亦巨。

为了控制全征服区，巩固统治，实行绝大规模的屯田。

《兵志》称："天下无不可屯之兵，无不可耕之地。"驻军地往往难垦，但仍得垦出！

屯田的分布是遍于全国。

《元史·食货志》："海内既一，于是内而各卫，外而行省，皆立屯田以资军饷。"

参与屯田者有各色的人，有蒙古军，也有汉军及杂色军，有军人，也有农民，有壮丁，也有老弱。

屯田的隶属关系也不统一。

计有枢密院、大农司、宣徽院、各行省各系统。

后来军事行动停止，屯田渐与官田事实上无甚区别。

屯田所入，原是作军饷，以后事实上为国家收入的一部分。

官田之中，其在江南者，成为统治者掌握中之重要财富。

赐田，赐而复物。官田在统治者掌握中成为表现其专制统治权的利器。

三、农业生产知识的增进

从唐代起，全国农业生产的重心转移到长江流域的水田区，因此，关于水田的耕作技术比较进步得更快。

唐及北宋人关于水田耕作的详细记述都未传世（曾安止《禾谱》）。

南宋初，陈旉作《农书》，专言泽农，并及水牛。书中关于水田施肥颇为详尽（烧土粪，杂石灰，鱼头煮汁粪种，设粪屋，绿肥，油粕饼，烊猪毛，人粪便），提出"粪药"之名，否认休耕必要，注意育秧，"欲根苗壮好，在夫种之以时，择地行宜，用粪得理。三者皆得，又从而勤勤顾省、修治，……则尽善矣"。总之是要求精耕细作（"广种不如狭收""不可苟且贪多"）。

关于水田的精耕细作，南宋高斯得亦有详细记述。

对于北方来说，《齐民要术》始终保持经典的地位。

北宋初期，政府曾加刊印，以给劝农官。

邢昺有《耒耜岁占》三卷（似以时令为主），邓御夫有《农历》

百二十卷，惜均不传。

金朝人著作一些通俗性的农书，内容切实。

元朝政府编纂的《农桑辑要》就是以《要术》为基础的。

《要术》之外，更引用了许多别的农书，并由编纂人增入一些重要的部分。

另外王祯和鲁明善也都著了农书。

王书包括《农桑通诀》《百谷谱》和《农器谱》三个部分。前二者基本上是改编前人的著作，《农器谱》是他的创作，极有价值。

鲁书是月令体裁，短小而精。

从这几部农书中，透露了很多关于农业生产发展的消息。

在技术方面，陈旉书说到桑与苎的套作，《辑要》中讲的嫁接方法，已达现代水平。王祯书说到韭黄和阳畦。

在作物种类方面，《辑要》有蜀黍（高粱）、荞麦、苎麻、木棉、西瓜、菠薐、莴苣、橙橘、松、杉、柏、桧、漆、茴香、蔗等等（有的是原为野生，有的自南而北，有的从国外引种）。

特别重要的是：草棉（意义重大，贫民冬衣，北方蚕业衰落，毛织业更不易发展……）、西瓜（维吾尔族的贡献）、甘蔗（王灼《糖霜谱》）、橘（韩彦直《橘录》）。

附带要讲的还有茶。

关于蚕桑，技术也有进步。

唐和北宋时期，出现了好几种《蚕经》，其中显然有的是讲南方的情况。不过流传下来的秦观《蚕书》，还是说的北方的养蚕法。

陈旉书中讲的是南方的情况。

《辑要》里所讲的自然是限于北方。书中讲的育蚕技术，比秦观书为详。

王祯书在许多地方把南北的方法作了对比，因而推进了理解。

特别是元代，丝织品售往国外的销量很大，蚕桑业的研究自然受到重视。

畜牧兽医方面的情况亦然。

宋代被迫在内地养马，马的供应比较困难，所以牧政极受重视，官私著作也多。

传世的许多有关畜牧、兽医的歌诀，体裁风格同唐末的变文类似，说明其写作时期是在唐末以后。

北宋末期人的《使辽录》中，记载北人用麻醉法割马肺事。

金元本为游牧部族，入中原后，极可能传入很多有关的知识和技术。元人的著作不少，畜产加工（乳酪）方法很多。

总之，《齐民要术》以后，到金元时期，农业生产知识又丰富了很多。

《要术》总结的北方干旱地区的农作技术，虽已达很高水平，但许多种新的作物的栽培方法都是后来研究出来的，对于旧有的部分也往往有重要的补充。

复种指数的增高。

南方水田作业和蚕桑的技术都是新的成就。

畜牧兽医方面显得更丰富了。

多民族国家文化内容的丰富多彩。

有几种观念值得特别重视。

陈旉提出"盗天地之时利"。

《辑要》里力斥"风土不宜"说（预言植棉将大盛）。

兽医防重于治的主张（陈旉）。

四、双重压迫下农民之反抗

农民本来受地主阶级的剥削，在这一时期又受种族的压迫。

金代的猛安谋克之扰民，政府多次括田。末年括田养兵，括马，过重的徭役，积怨极深。在高压之下，农民不敢有所表示，末年普遍暴发种族的仇杀。

元人初入中原不认识农业生产，后来知道土地的重要。平宋后有势者强占大量土地。元代统治者以大量土地购与贵族，他们任意欺压农民，汉族地主则勾结蒙古贵族，同样对农民进行剥削。此种情况以江南为最甚（献田！）。农民事实上沦为奴隶，元代有"奴"及"驱"，抑良为奴。江南豪族多有岁入租二三十万石，奴占民户数千乃至数万家。官私差役之重（匠户、漕丁、坝夫、铺丁、劳役十分繁重，更有打捕户、贴军户、投下户……）。

红巾起义。

结　　语

女真蒙古两族在进入中原以前都是不甚认识农业生产的（元初贵族想改农地为牧场）。他们的统治对中国社会的发展是发生了比较机械性的影响，如奴隶制加强（与五胡不全同）。也正因为是比较机械性的，所以影响传统的农业社会的本质并不很大。这正好说明社会发展是依照客观规律进行。

由于农业生产受到严重的破坏，而统治者对农民的剥削又非常之重，所以一方面得全性命的农民（当然也在一定程度的安定的条件之下），不得不想尽办法企求多少提高生产效率。在另一方面，统治者为了自己的利益，或者好心肠的知识分子为了悲天悯人，也注意到设法扶持农业生产，因而著书立说（《齐民要术》以及金元时期一些内容很好的农书）。

总的结果是，农业社会的本质并未改动，原来的生产关系很快恢复，生产内容更丰富了。

统治者从本身利益（增大剥削）出发而提倡农业生产。

多民族的多方面的贡献。

第八章　后期封建农业社会中的生产关系和生产力

（明初—鸦片战争　公元第十四世纪中—第十九世纪中）

封建社会的最后阶段。

封建的生产关系基本上一直没有改变（不只改朝换代与此无关，就是其他少数民族统治也只是依随），地主阶级和贫佃农始终是主要矛盾的两个方面。同官僚和商人结为一体的地主阶级，对贫佃农的剥削一贯凭借超经济的特权，而这也正是中国（也许是整个东方）传统的地主阶级的（封建社会的）特点之一。基于这一特点，专制的封建政体得以延续了很久，同时也必须指出，在这种政体之下，共同掌握政权的绝对统治者和上层地主之间存在着矛盾。我国封建社会的历史就是在这种矛盾的变迁中缓慢地发展着。

北宋以后，交换经济的发展在客观上需要更进一步的专制政治，在另一方面，金元两朝之强暴而集中（行省）的统治已然将原来汉人政权的专制性加强。这两种现实都由明太祖继承下来，他把专制的封建主义又向前推进一步。

在这更进一步的专制政治之下，封建社会的主要矛盾更突出的显露出来。

一、明初农业的恢复

元末农民起义延续了二十余年，统治者（政府以及地主武装势力）残暴的镇压、顽强的抵抗，结果是原来一直不太繁荣的北方的农业生产，又一次受到严重的破坏，人口大量死亡。

明太祖恢复秩序之后，就致力于农业的恢复，他从农民起义中得到深刻的教训。

1. 移民实虚，开垦荒田（包括屯田）。

以永不起科鼓励人民开荒。

2. 兴修水利。

四万余处，遍及全国。

3. 认真督导农民生产。

课民种艺（经济作物棉……），地方官以农业生产成绩为考课，老人助农，使农民组织成社，田器免税，贷给耕牛，遇灾免租，设仓。

4. 改善生产条件。

征发力役不违农时。镇压豪族地主，清理田籍，严惩贪污。

结果：垦田大增，本色税粮增加（府州县不断升格），农民生活改善。

不过统治者尊重"合法剥削"的地主，使之监督官吏（绅权），并使代办田赋丁役（粮长制）。

朱元璋的理想仍与秦始皇等相同。

二、屯田的演变

明代的屯田，直接效法元代，另外参照唐代的府兵制。

明代订立各种制度，大都博采以前各代的成规，而集其大成。

全国普遍实行屯田，一如元代。各地设立卫所，有如唐之军府。

"寓兵于农"是历代统治者的理想，保证了军粮的供应，并到处监视人民的反抗行动。

分为军屯、民屯和商屯。

军屯领于卫所，大率以五千六百人为卫，人给地五十亩。

民屯或招募农民，或用罪徒。

商屯系使盐商在边区设屯输粮，以盐为酬。

明初军屯占地约九十万顷（估计当时有兵一百八十万），为全国垦田的十分之一以上（洪武廿六年，全国垦田八百五十余万顷）。

民屯商屯占地若干不详，估计约为军屯占地之半。

军人有军籍（与民籍匠籍……平行），世袭，不得自由行动，身份为农奴，向政府缴租（正粮十二石）。

把前代的实际情况加以制度化。

多半个世纪以后（英宗以后），制度渐坏。

屯田渐为内监军官占夺，政府公然承认并向之征税，因之缴粮越来越减。同时屯兵所受剥削也越来越甚，多有逃亡者，以致田多荒弃（万历时，屯田共六十四万余顷，视洪武时少廿五万顷）。

三、皇庄和地主的横暴

整个明代历史是一部土地兼并史。

明初的情况给兼并者提供了一个绝好的发展机会。

大量无主土地落入统治阶层之手。

洪武鼓励开垦，许有余力人家不限顷亩，永不起科。

兼并者主要是政治上的势家。

官俸低微，即统治者默许贪污，而贪污所入，主要用之于收买土地。统治者需要他们，只是希望他们不要逼得农民造反。

官绅实际上享有特权，有种种避赋免役的办法，负担多转嫁与贫下农户。后者负担日重，或则卖田留税，或则投靠豪族。

此外势家更直接侵占，指民田为闲田，声请开垦，永不起科。

所有这种现象，以江南为尤甚。江南为佃农社会，"有田者十一，为十佃作者十九"（《日知录》）。

江南宋元以来多官田，丘濬曰：韩愈谓江南之赋居天下之十九。

至明则浙东西又居江南之十九，而苏松常嘉湖又居两浙之十九。洪武中全国田赋二千九百四十三万石，浙江二七五万，苏州府二八一万，松江府一二一万，常州府五五万，四者共七三二万，当总额的四分之一。此缘江南系依私租率课征，实则官田仍私相买卖，往往卖田留税，是以下户负担越来越重，最后沦为贫农。

在兼并凶风中尤其突出的是皇庄以及勋戚、中官庄田（皇庄主要在畿辅）。

明初赐功臣、亲王以大量土地。其人大都依势欺凌平民，并不时向皇帝乞请增赐。后来又出现宫中庄田（即皇庄）。

第一个皇庄成立是在英宗天顺八年（公元 1464 年），地六十顷十三亩。半个世纪之后，皇庄的数目增加了很多，占地三万七千余顷，领以管庄太监。以后更大大增加，史无确数。

皇族占田（福王分封，括河南山东湖广田为王庄至四万顷）。

勋戚中官的庄田也同皇庄一样，通过强占、投靠，越来越多。穆宗曾限功臣王世二百顷，外戚七十到七百顷，只是空文。

明帝多不亲政，政在宦官，故中官占田也几多，可能超过勋戚甚至皇室。

终明之世，是一个"上下交争田"的局面。

明代大地主凭借超经济势力扩大土地占有，并凭借超经济势力进行剥削。

官绅的势炎，官绅一体，皇粮庄头。

重租，格外勒索，征发力役（不限于本人的佃户），私刑，作窝主。

庄田基本上并非经营单位，而是经征地租的单位。

藉超经济的势力来维持的大地产，不会走向资本主义的经营。

土地集中的另一方面是农民大多成为流民。

明开国半个世纪后，流民问题即趋严重，终明之世未绝。

洪武廿六年（公元 1393 年）田 8 500 万顷　户 1 600 万　口 6 065 万

弘治四年（公元 1491 年）　　　　　　　　户 910 万　　口 5 320 万

弘治十五年（公元 1502 年）田 420 万顷

户口减是由于流亡，土田减是由于地主逃税。

农民求生无路，只有反抗。

失去土地的农民，除作佃奴之外，有两条出路，一、犯禁出海，二、流民，或沦为乞丐，或逃往深山。

明代的山禁，农民垦出的新田，总是又被势豪占去。

"初为流民，继为流寇"（王夫之）。

正统中，邓茂七称铲平王。郧阳农民起义，明末。

明代的土地集中（也是传统的土地集中）是最坏的一种土地集中。

经营并少集中，地主致力于占有面的扩大和超经济的剥削。

顾亭林的感慨："故国不可思"。

明末的民族矛盾在一定程度上掩盖了阶级矛盾。

只因阶级矛盾过于严重，所以大起义仍然爆发，并延及全国。

四、农业生产知识的继续进步和
几种重要农作物的引进

明初务于垦荒，着重在耕地面积的增加。但随了农民生产积极性的提高，生产技术也有一定的改进，尤其是在南方。

俞贞木的《种树书》。

长谷真逸《农田余话》载浙东闽广水稻套作法。

以后陆续著成许多种农书。

不少通俗性的农书。

丘濬："土性虽有宜不宜，人力亦有至不至，人力之至，亦或可以回天，况地乎。"

马一龙《农说》："故知时为上，知土次之，知其所宜，用其不可弃，知其所宜，避其不可为，力足以胜天矣。"

徐光启（斥风土之说，关于植棉的技术）。

陈淏子。

耿荫楼的《亲田法》。

基于区田法的有关耕作方法的研究。

《授时通考》。李彦章提倡双季稻。

作物的种类和品种也续有增加。

《天工开物》举出油类作物十六种（无落花生）。

特别应指出的是玉蜀黍。

十六世纪中首传入闽（公元 1514 年西人始来中国），称畲粟。《本草纲目》首先著录，《农政全书》只传录纲目，《天工开物》未提及，似种者尚稀，主要限于闽中。据记载，清乾隆初安徽始引种成功，其后逐渐推广。

甘藷

据徐光启说，古书所谓甘藷，实乃山藷，附树而生。另有薯蓣，亦非一种，其传自海外者，别名番藷（山药）。

番藷传自吕宋，由水手偷运至闽。初植于漳泉一带，后逐渐推广，据记载，亩产千斤，贫民以充食粮之半。更后复经江南粮船传至北直。

淡巴菰。

《农政全书》及《天工开物》均不及。

据称出自闽中，显亦传自海外。关外人是以一马易烟一斤。明末曾下令严禁，以边军患寒疾不果。

清代遍地栽种，闽产者最佳，燕产者次。谚云：一日吸烟钱多似一日吃盐钱。

高产作物的推广与人口增殖的关系

相对剩余价值的增高，……

我国自古即以人众著名，这与水稻的大量栽种不无关系。

历史上最早人口统计是西汉末（五千九百余万）。

其后代有增减，最高为宋金对峙时，南北合计七千三百余万（明永乐也不过六千六百余万)。

明末(天启)五千余万(永乐后不著籍者多)。

顺治十八年(公元 1661 年)二千一百余万。

康熙五十年(公元 1711 年)二千四百余万。

康熙六十年(公元 1721 年)二千七百余万。

乾隆十四年(公元 1749 年)一万七千七百余万。

乾隆廿四年(公元 1759 年)一万九千四百余万。

乾隆廿七年(公元 1762 年)二万余万。

乾隆五十七年(公元 1792 年)三万〇七百余万。

嘉庆十七年(公元 1812 年)三万六千一百余万。

道光廿四年(公元 1844 年)四万一千九百余万。

从 1661 年到 1844 年,约一百八十年间,人口增加了二十倍。国内局势相对安定以及康熙五十一年的滋生人丁永不加赋的规定固然也发生一定的影响,但这与高产作物的推广不无关系。

历代农民被迫仅仅维持最低限度的生活,高产作物的推广,一方面肯定了地主统治阶级的掠夺收入增多,另一方面由于他们对劳动力的需要是极大的(力役的剥削),所以在他们的默许之下,人口大量增殖起来。

但地主统治阶级在这方面的"让步"(默许)是有限度的。因此就是在不断推广高产作物的条件之下,农民的生活最低限度仍然还难于维持(糠菜半年粮)。

当然目前的提倡高产作物完全另是一种意义。

五、典型的农业帝国

清代的统治,基本上是明代的继续,所差的主要是最高统治者民族不同。而这一点却发生了不小的影响,使传统的专制封建社会也就是封建地主经济更加延长。

明代同海外的往来已然频繁，西方的文明也开始传入。同时国内的工商业也有很大程度的发展。这种走向现代资本主义的趋势，因清朝统治者严厉的海禁而未得畅然发展下去，因而使中国的经济发展落后于西方。

我国历史上的封建阶段，主要是专制的封建社会，这是同地主经济相配合的。

领主经济基础上的早期封建社会中，是有一定身份者才占有土地，才参与掌握政权。地主经济基础上的专制的封建社会中，是参与掌握政权的人，就必然会占有土地（侪于地主阶级之列），后者是比较富于弹性，所以能维持长久（农民中背叛阶级的人多）（窦建德……奴不得为主）。

1. 可能是由于天灾的频繁，食粮的供应常常紧张，所以地主阶级一向注意于粮食供应之保证，从而维持了实物地租。

此外由于小型经营的统治，一般农家经济趋向于自给自足，也就是农业生产与手工业生产的密切结合，这也加重了自然经济的成分。

地主阶级的政府显然基于同样的原因，向人民（农民）课征实物（农产品及手工业品），此外并兴办屯田，办理漕运，开办较大规模的手工业作坊、牧场等等，垄断一切盐铁采矿、种种特产（茶……）。

工业不得正常发展另有其他原因，从略。

在如此情况下，市场经济就不易发展。换言之，自然经济的统治是稳固的。

因此，货币经济在我国历史上是曲折前进的。但它的发展仍然是很可观的（飞钱、交子、纸币……）。

2. 地主经济下，农民只是事实上被束缚于土地之上。由于人口特多，地主并不忧虑劳动力的缺乏，恰好相反，佃农反而害怕撤佃。离开土地的农民成为流民，进一步即发展成为起义者。作为地主阶级总代表的皇帝愿意农民固着于土地。

3. 地主经济下，农民的身份一直没有正式的法律的规定（只有大清律上提到地主与佃户在宴会时不能序齿），但事实上佃户是低下的（服杂役、送礼……）。

在旧社会，财产的大小对一个人的社会地位起主导的决定作用。

从地主阶级作为阶级掌握政权的观点来说，全国被统治阶层（主要是农民），显然是处于低下的地位。

纳税之外，主要表现在徭役（历史上经过多次的地丁合一，然力役始终存在）。

农民作为阶级对于统治阶级（地主）确是有人身隶属的关系（主要表现在无限制的力役征发）。

4. 由于农业经营基本上是小型的，小农经济以糊口为主，只能勉强维持单纯的再生产，所以技术不易革新，工具也不易改进。

总起来说，自秦汉以后，我国即进入专制的封建社会，这种情况（中间虽经过波折）一直延续到十九世纪，主要原因应是作为这种社会制度的物质基础的地主经济基本上并没有变，同时历代的统治者更逐渐把这种基础巩固起来。

专制封建统治者为了维持其统治，必须拥有庞大的官僚机构和兵力。

随了专制封建制的发展，官吏和部队的人数越来越多。

为此，又必须掌握着供应这样机构和兵力的物质条件，主要是粮食。

所以政府要直接掌握大量土地（黄梨洲谓，明时"州县之内，官田又居十分之三"。此官田当非尽可耕之地，只以屯田而论，黄氏称："天下屯田现额六十四万余顷，以万历六年实在土田七百余万顷律之，几为其十分之一。"清雍正二年，全国垦田六百八十余万顷，而屯田三十九万余顷，也约为十七分之一），同时以屯田办法，"寓兵于农"。

此外，又办理大规模的漕运。

更给予地主阶级以种种正式或非正式的特权，使其效忠于已。

此外更利用先秦以来通行的多子继承制，使过于集中的土地随时又分化，如此就使取得做地主机会的人数大大增多，同时也就是防止了或减少了造成威胁专制统治的过大地主的可能。

同时维持土地的自由买卖制度，原则上使人人都有做地主的机会，也就是在一定程度上漫散了贫苦农民的阶级斗争的情绪。

又在"重农"的招牌之下，抑制了工商业的发展，从而稽延了资产阶级的形成。

与欧洲专制统治者依赖第三阶级相反，中国的专制统治者一直阻碍了资产阶级的产生（十三行由政府控制），从而也就是防止了这个足以促进社会经济向新的阶段转变的因素的形成。

就是这样，专制封建的统治就得以十分巩固，它不但有效地控制了汉族的农业社会，并且征服了许多其他民族，建立起来一个农业帝国。

这个农业帝国受到当时西方各国的崇敬，但最后终于被社会发展的主流所冲毁。

由于国内的资产阶级没有强大起来，负不起资本主义革命的使命，所以继专制封建阶段之后的不是一个真正的资本主义社会，而是一个半封建半殖民地的社会。

总 结 语

1. 从我国农业史上可以认识到，社会发展的规律性。通过历史的学习，更加坚定对今后农业发展方向的信心。

2. 内容丰富的我国农业史上，有许多可引以自豪的事实（生产力的发展），也有许多不光彩的现象（生产关系的停滞），后者应由地主阶级负责，前者应归功于劳动农民阶级。

3. 我国农民有惊人的耐苦的德性和创造的乐观的精神，同时也富有斗争的魄力（向自然、向统治阶级）。凭了这种德性、精神和魄力，他们改变了山河的面貌，也颠覆了多少个王朝。对历史的发展起了推进的作用（瓦德西的预言）。

4. 古代的农民和出身于农民阶级的（或接近农民的）知识分子通过

长期的实践发展起来一种中国传统的农学。这种农学以农时和耕作为其首要部分，并充分体现了向自然争取的精神，也充分阐明了密切结合实际的真理。

5. 农业史上的许多重要问题，仍然是当前农业生产上的重要问题。过去由于生产关系的原因不得实现，现在可以实现了。

* * * * * * * *

本部分原稿系钢笔书于竖格稿纸，约撰于 20 世纪 50 年代初期（另有繁简体混合油印打字目次稿）。

中国农业经济史大纲

第一章　中国农业之起源

（周以前）

一、封建时期以前之农业

中国的农业大约很早就开始了，但不能确切地说定。

古籍中关于神农等等的记载，当然不能视为信史。

根据晚近的考古发现，可以推知，远在石器时代，黄河流域已有农业。

民国十年，发现了辽宁锦西县沙锅屯及河南渑池县仰韶村之石器时代的遗迹；民国十二、民国十三年在甘肃宁定之齐家坪；民国十五年在山西夏县之西阴村等地，亦有同样之发现，学者统称为仰韶文化。所发现之遗物中，有石杵、石锄之类，可以证明其时已有农业。

从甲骨文字中，更可窥知殷代时之农业已发达到相当的程度。

清光绪二十四、五年间，河南彰德殷墟之发掘，使甲骨文之研究开始。甲骨文中有田、畴、疆、甽、井、圃、稻、米、稷、禾、穑、黍、粟、麦等字，又有马、牛、羊、鸡、犬、豚、圈等字，可知其时之作物及家畜已有甚多种类。此外卜词中更有求黍、求禾、求年、登麦等语，也是当时的人重视农作的证明。

至迟到了盘庚在位的时候，农业应当是已经脱离开游耕的阶段了。

依历史派经济学者 K. Buecher 的说法，农、工、商业之开始，均系流动的，其后始渐进为定驻的状态。

就农业发展之一般的历程来说，最初地广人稀，农具拙敝而又不知施肥，地力极易消蚀（即所谓掠夺式的经营方式），故耕者不定着于一处，名为"游耕"。以后始渐趋于定居，行休耕制，再以后更进而行轮种法。

据《商书·盘庚》篇，盘庚想迁都，他的臣民极力反对，可知其时农人已习于安土重迁，自然是早已放弃游耕的方法了。

关于当时的农业技术，土地制度以及农民生活等等，因为资料缺乏，都不能作相当详细的臆测。

土地之使用，可能是受握有统治权者之支配。

《孟子》上所谓"殷七十而助"，意为殷代的人受田七十亩，而有出力帮助公家耕种之义务。孟子的话有何根据，已是不得而知。但当时土地为公家所有，私人只有使用权，而以供给劳力为代价，这在当时的情状之下，则是极可能的。

所使用的农具，自然是很简敝的。

当时农具，似乎以耒耜为主。耒为曲本，其下端缀以平尖面，用以刺土者，名曰耜。耜在最初也是木质的，后来改为金属（铜或青铜），效力亦因而增加。耒与耜二者合称耒耜，乃是石器时代以后主要的农具（《齐民要术》引《世本》，谓倕作耒耜；倕为神农之臣。此自系出于古代之传说。）。

耕种所需之动力，大约只限于人力。

《山海经》称，后稷之孙叔均始作牛耕，其言自不足信。《易·系辞》称，黄帝尧舜"服牛乘马，引重致远，以利天下"而不言以之耕田。又史称周武王灭殷之后，放牛于桃林之野，放马于华山之阳，亦不复用，这种传说也透露出来，当时农耕方面是不用畜力的。

耕种方法也自然是极其粗放，所谓烧田法（火耕）似乎是很普遍的。

甲骨文中多有"贞焚""卜焚"等字样。

村落形状。

城乡关系。

二、地理条件之影响

中国经济之发展，自始即受两种地理情状之支配：一是我们的海岸状态不宜于发展海上贸易，一是我们的祖先最初的活动区域是一个广大的黄土地带。

欧洲历史一开卷就说的是海，以后也始终是以沿海地带为发展之主体。而中国则适与相反。

中国之海岸，在沿岸居民的文化尚极幼稚时，甚不利于发展。

一因海岸本身比较少曲折。

山东半岛及其以北，沿海除极少数地点外，每年有数月被冰封冻；山东半岛以南到长江口，则系沙岸；长江口以南情形较好，但有台风之威胁。

面对海岸不甚远处，甚少较大的岛屿，也没有大陆，向海上发展，缺乏踏脚石。（台湾与大陆交通，尚远较迟于南洋及西洋各地。求其原因，一则如《宋史·琉球传》所称"无他奇货，商贾不通"，再则由于台湾海峡中之"落漈"，亦即海洋学上之所谓"海渠"，为古代航海技术所不能克服之阻难。）

此外沿岸之土地相当肥沃，在当地人口尚不甚稠密时，向海上冒险之需要甚小。

反之，大陆腹地北部为黄土地带，土质肥沃，极适于农业之发展，因此遂成为初期中国人活动之中心。

中国古代文化之发生，何以不在气候较为温和之南方，关于此一问题，此处不能详细论及（古代中国南北的气候，似乎与现在不同。北方较现在为温暖，竹之繁殖可以为证。反之，南方"卑湿"，甚多沮洳地带，草木丛茂，多有虫蛇，不宜人居）。

当中国有史之初期，现在的中国版图，大体上可分为三大区：一为最北方及西北方草原地带之畜牧区，一为河济流域黄土地带之农业区，一为长江流域及其以南地带之森林沼泽区。初期历史之发展，主要是以农业区为限。

地理条件一方面限制了海上贸易之发展，另一方面供给了极宜于农业之广大的空间，因而自始即决定了中国为一农业国。

与欧洲相比较，中国文化为内陆文化、农业文化，欧洲文化则为海洋文化、商业文化。

第二章　典型的封建时期之农业及农民

（西周时期）

一、关于当时农业知识与技术之臆测

周民族的发祥地是渭水及其支流的河谷地带，那正是黄土地带的中心，所以农业很早就发达起来。

周字，甲骨文作▦，金文作▦，像谷生田中。

周族以后稷为其始祖，亦示其早即有农业的传统。

《无逸》：天子亲农！

周民族之战胜文化程度较高之殷民族，其原因之一，似即其农业知识及经营技术之较为优越。

两族之根据地虽同为黄土区，惟关中之黄土层更较深厚，地下水面极低，迫使周族人特别致力于水利之兴建，而对于水利之讲求，又实为黄土地带农业发展之枢纽（关于此点，详见下章。）。传说的井田制度，即系以一种一定的灌溉制度为基础。

夏历建寅（以阴历正月为岁首），殷历建丑，周历建子（即冬至点，廿四节气即以冬至点算起，廿四节气为阳历的一部分，"二至""二分"在春秋时即已知道。）。

当时的农业经营，应已进于休耕制的阶段。

古代传说，王者授田与民，有一易，再易，三易之分，似亦休耕之意。

所应注意者，各地所达到之发展阶段，极可能不会完全相同。

关于农业经营，当时的人知道的很多。

《诗·大雅·公刘》篇中有"既溥既长，既景乃冈，相其阴阳，观其流泉，其军三单，庶其隰原，……"之语，所说的还是周朝开国以前的事，足以证明当时的人对于农作已是很考究的了。

三农。

农具也越来越完备了。

耒耜而外，《诗》中更有钱、镈、铚……都是金属田器。据《考工记》，此等农具以铜二锡一之比例制成，按青铜在含锡 31.8% 时最硬。

但畜力似乎还没有被使用，至少是并不太普遍。

《诗经》上说到农耕的地方很多，但并没有关于使用畜力的消息。

二、周民族之东殖及农业文明之发展

殷周之际，中国大体上是一个华戎杂居的局面，换言之，当时的农业区域并不太广，而且是不集中的。

当时华族（诸夏）和戎狄的区别，主要是在生产或文化形态上面。前者是"耕稼之民""城郭文化"；后者则是"游牧之民""畜牧文化"。两者之间并没有一个明显的地理上的界限。大抵只有比较适于耕种的平原河谷地区，才发展起来农业文明，而比较更广大的山岳地带和荒原，则为游牧部族盘据着。

以农立国的周民族征服了殷族统治者以后，就以推展农业为手段，企求巩固其在新征服区之统治权。

周武王灭殷，只在名义上取得天下共主的称号，实际的统治势力，只是稍有伸展；等到周公东征以后，在东方的控制力量才显著地增加了。不过淮水和汉水流域，仍然是有问题的。宣王以后，淮汉之间一带始被征服，郭沫若称《诗·大雅》的《崧高》《烝民》《韩奕》《江汉》《常武》诸篇，都是宣王向四方征伐的诗，所谓开疆辟土，就是推广自己的农业。

其具体的方略则是一种屯田式的殖民。

周族统治者选择若干比较宜于农业而同时具有战略价值的地区建立起来据点，将本族的人移殖了去，除了担负武装警卫的任务而外，主要是以其比较进步的生产方法经营农业，逐渐向外推展，以期最后使一切据点的控制面都衔接起来，将整个东方化为农业文明的区域。这是一种有计划、有组织、有武装配备的、大规模的殖民运动，而就每个据点的情形来说，则类似后世的屯田。

这种方略是由封建制度体现出来。

每个据点封建一个侯国（其中大部是周族统治者的宗亲）。这些诸侯也就是武装殖民政策之执行者。因此可以说，周初的向东方殖民和封建制度乃是一个政策的两面[1]。

在这种殖民政策推进的过程中，自然充满了冲突与斗争。

周代的封建诸侯是逐渐向东方推进的。

定居的农人在与行动飘忽的部族发生冲突时，不易占得上风。他们除了凭藉城郭自卫而外，还必须讲求军事组织。传说的井田制度是与兵制以及赋役制度相联系的，这显示出来殖民政策中农业与军事二者之密切关系。事实上当时是生活条件（农业生产）与战斗条件（军事组织）二者相合的一种体制[2]。战国时各国尤其秦国之农战政策亦师此意。

经过颇长时期的、不断的奋斗，诸夏的农业文明在所谓中原一带才获得了压倒性的胜利。

主要原因是这一带的自然比较宜于农业的发展。但在此区界以内的若干山岳地带，仍然残留着游牧部族的根据地。抵抗戎狄的斗争一直是没有停止。五伯的使命（攘夷）。

但在东南及南方，则颇遭受挫折。

周民族向东伸张势力，以两条路线为主：一条是正东，沿了河水

---

[1][2]　此处原文应有注释，佚失。下同。

和济水及其支流（包括汾水）；另一条是东南，沿了汉水前进，从汉水中游又转趋淮水流域。前一条路线是主力，成就较大，后一条则经营稍后，用力也似乎稍小，而所遇到的阻力也较强。东南方的徐夷、淮夷，虽然遭受过周公父子的打击，但依然根深蒂固；而南方江汉流域的蛮族，尤为顽强，并没有感受到周民族方面的多少压迫。史书所说的昭王南征不返，可能就是一次大的军事挫败。西周末期宣王中兴，在这方面也只是击败了淮夷，对于蛮夷，并没有显赫的武功。相反的，周王封建到汉水流域许多宗姓侯国，却逐渐被蛮族的楚国一一吞并了①。

挫折的原因，主要应是农业发展的条件比较不利。

周民族的初期根据地是一个缺乏森林的黄土地带，而他们所擅长的是开发平原的水利。但在南方，则遍地多是原始的森林，夹杂着山岳和沼泽地区，周族的殖民者既不能展其所长，也缺乏垦辟这种地域的经验，因而很难将据点巩固起来，一旦周族统治者的权威发生动摇，他们也就被强大的土著部落所消灭了。

不过一般说来，经过西周四百年的统治时期，所谓中原区域以内农业文明的空间，确是大大地开展了。

郭沫若谓，周族当时对北取守势，对南取攻势，盖因北地苦寒，南方则宜于农业（但郭以为当时中原的农业已发展到地无寸隙，实属过甚其辞）。

三、周代之土地制度及井田之传说

西周一代为封建时期，而封建制度则以一种一定的土地制度为其基础。

土地是固定的，封建制度之本质也是凝滞的，所以二者有极密切

---

① 此处原文应有注释，佚失。下同。

的关系（日尔曼之封建制！）。

在一个农业区域中，土地自然是最主要的生产因素，因此，土地分配的方式，决定了政治社会的组织与形态。

封建社会的构成是金字塔形的，土地制度也是以自上而下逐层分配为原则。

在理论上，所有土地都属于政治社会的最高首长——天子。

即所谓"溥天之下，莫非王土"。

天子为贵族之领袖，其下则有诸侯、大夫及士三大阶级，都是贵族。只有贵族才有资格领有土地。

天子分土以建诸侯，诸侯各以其土地分配与其大夫，每个大夫复分配其领地与属下诸士。

诸侯以下，每一级贵族当中，均又分为若干阶层，而其所领有之土地，也就各有比例的限度。

每个贵族除将所领有的土地之大部分分配与属下的较低的贵族而外，自己保留一部分，作为直接经营的农场。

古籍中的"国""野""都""鄙""邑"……大约就是这种情状之下的称谓。

贵族直接经营之农田，称为"公田"（《诗·大田》："雨我公田，遂及我私。"）。

直接执行田间工作的，主要是所谓"庶人"。他们都是没有资格领有土地的。

"庶人"是贵族下面的一个阶层，似乎就是一般的农人。《国语·晋语》有云："公食贡，大夫食邑，士食田，庶人食力，工商食官，皂隶食职……"所谓"食力"，是说以提供劳力换取生活之所需，而其人又非工商皂隶，自然就是农人了。《左传》襄九年，楚令尹子囊称："当今吾不能与晋争……其庶人力于农稿，商工皂隶不知迁业……"更明言庶人是耕作者（庶字训众，庶人亦即众人或民众。当时社会上绝大多数人为农人，故称为庶人。）。郭沫若谓庶人即奴隶（《古代社会研究》一〇五页），非！奴隶可被赐予，农奴亦可被赐予！

"士"是基层贵族，换言之，土地之绝大部分是为这一阶层贵族所领有，他们与农人的关系最为密切，他们是真正的"地主"。

前引《国语》之"士食田"，其意即谓，这一阶层人的收入来源，主要是其所领有的土地（《左传》哀二年，晋赵简子誓师辞有云："克敌者，上大夫受县，下大夫受郡，士田十万，……"亦表示士占田之直接的关系。）。

周金中，多有赐田若干田之文，似田为土地的面积单位。

古来传说的井田制，大约即是根据上述的情形而设想出来的。

关于古代是否曾有过井田制一问题，历来多有讨论，现代学者大多数是持否定的态度的。郭沫若最近又主张井田制曾存在。

言井田者，所据不外《孟子》《周礼》《公羊解诂》《韩诗外传》等书。周金中无井田制的痕迹。《周礼》之为伪书，已成定论；《解诂》与《外传》亦均西汉时人所作；只有《孟子》就时代言为最早，大约是井田说之根源。惟《孟子》上面并未言井田。滕文公"使毕战问井地"，此之"井"字，可作动词解，井地者，乃整理经界之意，其目的在于分田制禄，故孟子答辞有"仁政必自经界始"之言（《国语·齐语》中，管子对桓公有"陆阜陵墐井，田畴均，则民不憾"之语；《左传》襄二十五年，楚令尹子木使司马芳掩治赋，中有"井衍沃"一项；此两"井"字均是整理之意。）。

井田是古代儒家者流所设计的一种理想化的图案，他们在这样设想的土地制度之上，更设计出来一套"上层建筑"，以求恢复其所企慕的宗法封建社会。

这是传统的儒家之政治理想。他们昧于时势之变迁，而妄想复古，以致往往发迂阔之论；但他们知道，封建制度是要以一种一定的土地制度为其基础的，这一点却极有趣。井田的说法，是有一种政治幻想的背景的；有人名之为井田主义，倒是颇为恰当。

此外井田之"井"字，亦可释为水井之井。盖周民族兴于关中，其地黄土层极厚，往往穿地十数丈乃至数十丈始能见水，是以水之取给甚难。而水又为人生之所必需。当时或系以井为组织人民之手段，共用一井之人户合为一基层小组，井即为牢固之联系中心。《左传》襄三十年，记郑子产使其民"庐井有伍"，即是加强人民组织之一种办法。《国语·鲁语》称，季康子欲以田赋，孔子语冉有曰："先王制土，……其岁收，田一井出稯禾、秉刍、缶米，不是过也。……"是以井为课征赋税的单位。"井"字亦有秩序之意，荀子有"井井分其有条理也"之语，今人仍言"秩序井然""井井有条"（《通典·食货典·田制》篇称："黄帝经土设井，以塞争端；立步制亩，以防不足；使八家为井，井开四道而分八宅，凿井其中。"其说虽不可信，但言凿井其中，似亦意识到水井的关系。）。

要之，井为水源，与灌溉有关，灌溉又与农事有关，而井字字形又像田之经界，是很容易附会出来一种图案式的土地制度的。关于井田说与灌溉的关系，在下一章里面还要说道。

四、农人之生活

在典型的封建社会里，土地的授受同时决定了上下从属的关系。受地者视授地者为其主人，对之负责有种种义务。

义务之中，除去个人的效忠服役以外，平时须纳贡献，遇有战事，则要提供战具、粮秣以及充当士兵。

唯此等义务之实际的负担者，主要是各贵族属下之"庶人"。此等庶人，并非奴隶。

如果奴隶，是没有独立的人格，其命运完全由其主人所支配的人，则与周代之庶人，显然不同其身份。前引赵简子誓师词："克敌者，上大夫受县，下大夫受郡，士田十万，庶人工商遂，人臣围隶免。"人臣围隶均是奴隶的身份，故曰免，谓免除其奴隶之羁绊也。庶人工商之社会地位较高于奴隶，有其独立之人格，依杜注，遂是

"得遂进仕"，只是说他们原本没有做官的资格，身份则是自由的。

此种以庶人为主的劳动制度，与周族以征服者的资格所设计并推行的土地制度显然是相配合的。

周族征服东方以后，要凭借其比较进步的农业技术在被征服区内建立牢固的统治基础。他们的人数少，不能亲自耕种所有的土地，同时又由于殷族的一般文化水准较高，也不能将被征服的人民全数打入奴隶阶级，于是只夺去他们的土地占有权，而使他们以相当自由的身份替新的统治贵族们种田以及从事工商（那个时代的工商，是归官府，亦即贵族豢养的，即所谓"工商食官"。殷人文化较高，见闻较广，从事工商业是很合适的）。如此，被征服者即不至过于感到压迫，不但如此，而且感觉到是被解放了，而同时却供给了新的贵族在农业上所需要的大量的劳力。殷代的奴隶入周后，被解放为农奴是一大事，大大促进生产力之发展。

农人的生活诚然是艰苦的，但他们对自己和自己家人的生活，是由自己负责的。

《诗经》上面，充满描绘农人生活艰苦的辞章，不胜枚举。但详究辞义，只是说他们的困窘，而同时表示出来，他们是有"家"的，有他们的经济意义的家。他们不是同奴隶一样，不但不能自己有财产，甚至于妻子也都要归主人支配，而同时却不须为自己的生活操心，他们的主人负责养活他们的，有如养活一般家畜。郭沫若也承认，在农业社会中，奴隶在形式上和农奴相近，即有比较大的身体自由。

不过农人虽非奴隶，却也没有完全的自由。

严格地说来，封建社会中，任何人（包括贵族）都不是绝对自由的。

他们对于他们的主人负有种种的义务。

除了缴纳地租外，还有劳役、兵役、提供车辆和牲畜等等。

地租率似乎是不甚高。

孟子称："周百亩而彻。"彻是征取农田中收获的十分之一。古籍中多有言及什一之税者，似乎确是当时通行的租率。

由此可以推想到，当时地主之所重视者，不是地租，而是属下农人之劳役。（徭役地租形态！）

地主向属下农人身上打主意，主要有两种方式：或是向他们征收租税（自然物或货币的形式），或是使用他们的劳力，在自己的指挥之下从事生产。自然这两种方式或以同时并用，这在事实上也确是如此。不过地主总是要选择于他最有利的（亦即可以得到更大的收入的）一种办法的。

当时一般地主是比较重视劳役，可以从周族的人之拥有比较优越的农业经营方法与技术这一事实求得解释。

依地租形态发展的理论来说，最初为徭役形态，再进而为实物形态，更进而为货币形态。

如果将土地完全交与被征服者去耕种，而只收取地租，由于生产效率很低，即使租率定得很高，地主的收入也是有限的，因为对属下农人的榨取，是不能超过使他们不能维持最低生活的限度的。为了增多收入，拥有较优的经营方法和技术的地主，宁愿自己亲自指导经营，而着重于使用属下农人之劳力。

《书·无逸》篇算是周公替本族统治阶级的人作的家训，主要是使他们知道稼穑的艰难，这也许是周代贵族亲自经营农业的原因之一。

孟子虽然说，周代是行彻法，但他又有"虽周亦助"之言。"助者，藉也"。藉与借通，借民之力以助耕也。《谷梁传》宣十五年，有"古者什一，藉而不税"之语（《小戴记·王制》上面也说："古者公田藉而不税。"），也透露出来劳役之重要。

根据上面的假定，可以推想到，当时贵族所直接经营的农场，应当是有相当大的规模的。

依当时的生产方法，农业经营所需要的劳力，数量是很大的，农场的规模扩大，所需要的劳力也就必须按比例地增加。惟郭沫若谓当时有大规模的公田制，举"千耦其耘"（《载芟》）、"十千维耦"（《噫嘻》）、"乃岁取十千""乃求千斯仓，乃求万斯箱"（《甫田》）等为证，殊嫌过分。

贵族地主既然重视劳役，自然要注意劳力的来源，因此，对于属下农人之移动，显然是要加以限制的。不过是否有法律上的明文规定，则以缺乏证据，难做定论。

文王曾制定"有亡荒阅"的法律。

中国民族有不注重成文法的传统，据此推论，则当时对于农人的移动自由之限制，似乎不一定是有法律明文，而是事实上农人在那种情状之下原就不能自由移动的。

《孟子·滕文公》章有"死徙无出乡"之语，似乎只是一种希望，而这种希望是同儒家的政治社会理想相合的。《诗·魏风·硕鼠》篇有"适彼乐土""适彼乐国""适彼乐郊"的话，玩其语意，也像是当时的农人可以投奔另外的主人而实际上不能做到。

既然地主重视劳役，农人自己的经营自然就吃亏了。

《孟子·滕文公》章："方里而井，井九百亩，八家皆私百亩，同养公田；公事毕，然后敢治私事。"所说的虽然也是孟子个人的理想，但似乎与封建时代的事实相合。《诗经》上面多有这类"先公后私"的辞句的。

农业生产是最有时间性的。当田里正忙碌的时候，农人自己甚至全家有工作能力的人，或者还连同车辆与役畜，先到地主那里去服役，这应当是他们最感觉痛苦的一件事。

至于劳役的分量以及服役的期限是否有明文规定，也是不得而知。

根据前面所举的理由，这些也都像是没有法定的限制。更由于农事以外，还有种种其他性质的劳役，农人在这方面的负担是沉重的。这恐怕是使他们的生活困难之主要原因。

农奴的徭役负担，极可能是越后来越重（建国之初，统治者重视农人生产积极性之提高，故剥削的较轻。后来的统治者，则只顾及个人享受之增进，于是剥削逐渐加重。）。

这种事实上没有完全自由的农人，大约同于欧洲历史上之农奴（Serf）。

农奴之别于奴隶者，即在其保有独立的人格，虽受种种束缚，但其与地主仍为互有权利义务之对手。

此种"农奴"以外，似乎还有从事农耕之真正的"奴隶"。

《国语·晋语》郭偃议献公之立骊姬曰："吾观君夫人也，若为乱，其犹隶农也，虽获沃田而勤易之，将弗克飨，为人而已。"此所谓隶农，似乎是奴隶的身份。当时的社会是阶级社会，贵族和自由人以外自然还有奴隶，占有奴隶的贵族使用奴隶从事于农业生产，也是很自然的。

这种奴隶的生活比起农奴来，当然是更不如了。

结　　语

殷周之际公认为历史上之一大转变，此应理解为生产关系的大改变（由奴隶制转为封建制）。

封建制之进取的性质（斗争条件与生活条件相合）。

井田、亚细亚……灌溉……

庶人即农奴。

第三章　小农社会之成立及其发展

（春秋时期到东汉末）

一、土地私有制及多子继承制之成立

社会生产力之改进，促使典型的封建社会趋于瓦解。

典型的封建社会特重礼法，因而本质上是极其保守的。这样社会当中的生产关系也是如此，因而最不宜于生产力之改进。

这表现在形式上，就是封建礼法之废弛。

在典型的封建社会中，礼法支配着一切；如今决定一切的因素，渐渐改为个人的实力。

封建的土地制度自然也归于破坏。首先是各国的贵族各凭实力争夺土地。

"溥天之下，莫非王土"的观念随了王室的权威之失堕而渐渐消失了。对于土地之占有，原来只是上层赋予下属的使用权，如今则是既成事实之下的所有权。这是占有观念方面的一大改变。在一般侯国当中，国君对于属下贵族的控制力也逐渐薄弱了。既然一般贵族不肯再受礼法的约束，他们在生活的各方面都表现"僭越"，肆无忌惮，于是自然也要扩大其财富，这主要就是土地的占有。一部《左传》当中，充满了贵族争夺土地的故事。有些国君也参加了这种争夺，这十足表示封建的土地制度之败坏。

大约到了春秋末期，渐渐一般不是贵族身份的人也可以占有土地了。

到了典型的封建制度之后期，一般说来，贵族们的贪欲日益增强，对于下属的剥削也越加甚，但同时却由于注意力之趋向于物质生活的享受，对于财产的经营遂漠不关心，《无逸》的祖训已被忘却。关于土地之经理，一以委之平民甚至奴隶身份的家臣或"田畯"。这般人针对了主人的弱点，运用种种手段，渐渐取得大量土地的所有权，这是很自然的（①英国之例）。一般贵族既然破坏了封建的礼法，自然也无法以此礼法再约束平民。于是一般勤奋的平民也渐渐占有土地了。尤其是荒地之开垦，显然也是非贵族身份的人取得土地所有权的一个主要的机会（晋国在春秋时期之扩大领土，完全是向北方游牧区域推进。）。据《史记》上面记载，弃官远隐的范蠡到了齐国之后，就是以垦荒而致富的。②他当时的身份，自然是平民。当时的国君或贵族为了一时的收入之增加，很可能是听任（甚至奖励）一般平民开辟原来的荒地，承认其所有权，而向之征收租赋。

土地既然可以归私人所有，自然也就可以自由买卖。

所有权的观念当中，就包含了支配或处理自由的意义在内。

土地自由买卖始于何时，史无明文。《韩非子》当中记载着，晋国赵衰子时，有买卖住宅园圃的事，那是在春秋末期。依理推论，地产所有权之自由转移，确应于其时开始。

入战国后，这种私人所有权显然才正式有了法律的根据。

先有了既成事实，再取得法律上的承认，这是一切社会制度更替的通则。

战国时期的国家组织，与春秋及其以前时期的有原则上的差异。这些新型的国家是由国君真正专制的集权国家，国君为了抑制一般企求保持种种特权的贵族，就极力拉拢平民阶级（包括已被解放了的奴隶）；这也是由典型的封建制度向专制制度（也就是封建时期的后一阶段）发展过程中应有之义。统治者需要平民阶级的支持，而后者所企求的，恰是对若干事物事实上占有（但为封建的礼法所不许的）之法律上的根据，而特别是对于土地之占有。同时这种在法律上承认私

---

①② 此处原文应有注释，佚失。下同。

人所有权的措施，在一般早已习惯于僭越的贵族方面也是不会引起反对的。

在"变法"的洪流中，各国都致力于富国强兵，为了鼓励国民增产，尤其是开垦荒地，政府自然要保障私人的产权。

当时变法的并不只秦国一国，并且也并不始于秦国。实际上在当时国际局势之下，不变法是不足以图存的。而所谓变法，要变的正是典型的封建社会之法。因为事实上许多的法已经是变了，如今就是正式承认既成事实；其他尚未变而客观上需要变的，如今就用法令加以改变。战国时期虽说在思想方面是百家争鸣，但就现实政治方面来说，则始终是"法家"一家的天下。法家的最大原则是在法的前面一切平等，不分贵贱，不承认特权。推翻寄生的贵族对于广漠的土地的垄断，鼓励私人垦荒，乃各国所推行的"农战政策"的主要内容。生产力获得解放，正是这种政策所以成功之原因。

苏秦、王翦之例……

但同时多子继承制也成立了。

周代的封建制度，分别大宗小宗；从天子以至各阶层的贵族，都是以嫡长子为法定的继承者；关于土地之继承，也是依此原则（欧洲及日本之例！）。到了后来礼法渐坏，兄弟之间以至嫡庶之间，常常发生争夺继承权的纷争，原来的继承原则不再受到应有的尊重。这样进一步发展下去，就是继承权之分散；至少这种分散不是绝对的不可以的。再就平民阶级一方面来说，也许根本就没有独子继承的规定。此外当时的人，一大部分原是殷族的后裔；而殷族是行的兄终弟及的继承法的，这虽然与多子继承并不相同，但在观念上显然包含着弟兄享有同等权利的成分。这种传统的观念，也许在许多地方留存着。到了春秋末年，墨子大倡平等之说，这对于许多平民，似乎并不是十分的陌生。总之，春秋战国之际，由于生产力之要求解放而冲毁了原来的生产关系，社会上层的各方面都发生巨大的变化，无论贵族或平民阶级当中不肯"安分"的份子，都是不愿承认原来的规制；都是要尽量发挥自己的本领，创造自己的命运；在这种意识支配之下，他们同样的要求平等，这表现在继承权上面，很自然地就成了多子继承制了。这对于土地制度的发展是影响很大的。

多子继承制在战国时期是否普遍的实行，不能断言，也许曾经存在过类似欧洲近代的 Fideicommis[①] 制度，但无论如何，在秦代以后，多子继承似乎已经是成为一定不移之制（陆贾分财与诸子之例！）。由于这种继承制的存在，一方面固然发生了不断减弱土地集中的趋势，但同时也阻碍了大型经营的农场之形成，如此促进了后来中国以尽管地权集中而经营始终分散为特征的小农经济组织。

二、农业生产力之进步

大约到了西周的后期，关于农业的知识和经营技术方面都由于多年的经验以及其他原因而开始有重要的进步。进入典型的封建时代的后期，亦即春秋时期，这些改进就都确实可考了。

首先是农具方面的进步。后世耕种主要工具之犁，至迟应当在那个时期已经普遍地使用。

犁是耒耜之改进的形式，形制较大，为了避免倾斜，由二人相并换扶而耕，谓之耦耕。《论语》有"长沮桀溺耦而耕"之语，大概是当时普通的耕法，今日国内边区及经济文化比较落后的地带，尚用此法。

农具之改进，因铁之应用而得以发挥更大之效用。

中国之铁器时代始于何时，迄今尚未有定论，大约至晚到春秋时期即知用铁，至战国之世而大行。铁制之农具，其效率自优于青铜制成者，尤其是铁之出产较多而且也较普遍，自然加速了铁犁之推广。加以铁冶术日益精进，农具之制造自必亦愈趋精良。

---

① 此处原文应有注释，佚失。下同。

同时在人力之外，畜力已渐用于农耕上面。

《国语·晋语》载窦犨对赵简子曰："夫范中行氏不恤庶难，欲擅晋国，今其子孙将耕于齐，宗庙之牺，为畎亩之勤，人之化也，何日之有？"原注："纯色为牺，喻二子皆名族之后，当为祭主于宗庙，今反放逐畎亩之中，是亦人之化也。"按：寻其语意，亦似以牛为喻；意谓纯色之牛，本堪供宗庙之牺，而竟至在田中挽犁也。据此可知，至春秋后期，用牛挽犁已然通行，然则牛耕之开始，应当更早。

徐中舒文载犁馆（犁冠），断为先秦物，其形制甚大，非人力可胜任，可推知必系用牛拽引。

惟史载李悝克尽地力之教，不是改良农具，亦不言用牛，这表示出来，小农用以提高生产效率的方式，主要是劳动集约！

田中施肥之开始，应当不更晚于春秋后期。

孟子说过："凶年，粪其田而不足，则必取盈焉。"（《孟子·滕文公》章）又说："一夫百亩，百亩之粪，上农夫食九人，……"据此则施肥在战国初期已然通行。

中国之农业，肇始于黄土地带；黄土的土质肥沃，最需要的是水，在粗耕阶段上，肥料是不甚需要的。

由于肥料之使用，可以推想到，休耕制就要终止，而渐渐向轮种法的阶段发展。

战国初期，魏国之李悝"作尽地力之教"，史惟言其成效，而未述及所用的经营方法。依当时农耕方面种种改进的事实来推想，李悝之"尽地力"，显然是已经放弃休耕制。如果这个推论不错，则这应当是中国农业史上的一次重大的进步。在前面所说的种种改进逐一实现之后，休耕制自然随着渐趋结束，李悝不过是认识到这种变迁的重要性，并且运用政治的力量来加以促进而已。

至于放弃休耕制以后，是否随即开始轮种法，关于此点，以史料阙如，无从确知。不过依农业经营方法之一般演进历程来说，应当进入轮种的阶段，或者在完全实行轮种法之前，先经过一个所谓"平地"谷草式（Feldgras‐od. koppelwritschaft［Conacre]）即在一块田内接连数年种植不同的作物以后，又接连数年使之生长牧草的阶段。欧洲直到十九世纪初，才知道轮种法！

战国之世，各国均以农战为务，致力于足食足兵，依理推度，当时关于农业经营之方法与技术，必均极为讲求。

秦始皇销毁了六国的史籍，故战国时期之史实多不传；惟关于当时各国之均努力增加农产，则无可置疑。除了李悝的业绩而外，《商君书》和《管子》两书里面，都透露了很多的消息。

先秦诸子百家当中有农家，据《汉书·艺文志》著录，其注明出于先秦人之手者，有《神农》及《野老》两种，其书均已失传。《吕氏春秋》一书成于战国末期，里面包含着先秦各家的学说（号为杂家）；其中《士容论》之《上农》《任地》《辩土》《审时》诸篇，关于农业知识以及耕种技术，均有颇为详尽之论述，似乎是当时农家者流的著述之摘录。

《尚书·禹贡》一篇，大约也是战国时人所作，其中分别天下九州的土壤，也是当时农业知识水准相当高的一个证明。

秦始皇极力推行愚民政策，但对于有关农业的学术，则并未加禁锢。

《史记·始皇本纪》载，三十四年，下令烧书，"所不去者，医药、卜筮、种树之书"。始皇意在统治思想，对于纯粹技术性质的文字，是不禁人阅读的。

惟秦末及楚汉纷争时期，农村遭受剧烈之破坏，由于农业生产力之削弱，生产方法显然有退化的可能。

经过七八年剧烈而普遍的战乱，人口锐减[1]，丁壮阶层之死亡率比较大，直接减削了农业劳动力之供给。对于武器的需要之巨大，必致大量农具被销毁改铸。而耕牛在战乱期间之损失，亦必不在小。凡此均将影响到农业生产力之削弱。战国时期虽然很长，但国际间的军

---

① 此处原文应有注释，佚失。下同。

事冲突，是以阵地战的方式为主，直接受到蹂躏的地带终是有限的。反之，楚汉之际，是普遍的野战，农村经济是被彻底破坏了。而在此生产条件劣化的情形之下，生产方法自然是要退步的。一般地说来，经营是趋向于更粗放了。

西汉初期，政府采行放任的经济政策，经过数十年的休养生息，整个社会经济才逐渐复元，而农业经营也才慢慢恢复原来的水准。

据《汉书·食货志》，在李悝的时代，田中收获是每年每亩一石半。按汉以前百步为亩，汉代则二百四十步为一亩，以汉代之亩来计算，李悝时代之收获率即为三石六斗。又据《淮南子·主术训》，"中田之获，卒岁之收，不过亩四石"。这个数目字可视为西汉初期之普通的农田生产率。如此看来，自战国初期至西汉初期，每年每一亩田（汉亩）的平均生产量是在三石到四石之间（《史记·河渠书》载，郑国渠成，所溉之田，收皆亩一钟，亦即六石四斗，此正以见水利之功效，其生产率自然是在一般水准以上。又汉文帝时，晁错上书，言及农人生产，则称"百亩之收，不过百石"，即是一亩田一岁之收，只是一石。不过晁错上书的用意，是在主张重农，所以亟言农人入不敷出之困难情形，自不免过甚其辞，也许所指的是下劣的土地之生产率，再则汉改亩制是在武帝朝，晁错所说之亩，仍是古亩。总之，是同样不能视为一般的水准。）。我们可以假想，农田的生产率，在秦末汉初时期，曾因战乱而降低，到了西汉文景时期，就又恢复了战国时代的水准了。

汉武帝的末期，搜粟都尉赵过创代田之法，生产率又提高了很多。

《汉书·食货志》载："过能为代田，一亩三甽，岁代处，故曰代田。"就字面来看，代田很容易被解释为"三圃法"（The Three - Field - system），而实则不然。原书称："广尺深尺曰甽，长终亩，一亩三甽，一夫三百甽，而播种于三甽中。苗生叶以上，稍耨陇草，因隤其土以附苗根，……比盛暑，陇尽而根深，能风与旱，故儗儗而盛也。"翁元圻注王应麟《困学纪闻》引程瑶田云："……甽垄相间，三百甽亦三百垄。代田者，更易播种之名；甽播则垄休，岁岁易之，以甽处垄，以垄处甽，故曰岁代处也。"这个解释很对。但也不能因此而认代田为"二圃法"（The Two‐Field‐system）。二圃法是一块田分为两半，更替休闲，与"三圃法"同属休耕制。至于代田之"岁代处"，只是使甽与垄逐年更替，田的全部则系连年使用，永不休闲。在任何非行休耕制的田中，总是要有垄的；如今不使垄常为垄，而甽常为甽，乃是在不行休耕制的状态之下，而采用休耕制的优点（即休息地力）；代田之所以为更优良的耕种方法，而值得史家大书特书的，其故在此。《汉志》虽有"古法也"之语，那只是受当时"托古改制"的潮流的影响，殊不足信。依理而论，武帝时的农业经营方法既已恢复战国初期的水准，而战国初期的农业经营，又已脱离了休耕制的阶段，然则被公认为进步的代田法，绝不应当是早经放弃的休耕制的。

关于代田法的耕种方式，却有两种不同的记述：据《汉志》是"用耦犁，二牛三人"。而后汉崔寔的《政论》上面则又说："武帝以赵过为搜粟都尉，教民耕殖。其法，三犁共一牛，一人将之，下种挽耧，皆取备焉"。两说相差很大。或许《汉志》所记的，是原来的情形，而崔寔所说的，乃后来改良过的方式，也未可知；因为犁的数目增多，而人和牛都节省了，当然是更进步的。

至于代田法的效率，《汉志》称："一岁之收，常过缦田亩一斛以上，善者倍之。"如果普通的生产率是四石，则采用代田法的收获就是五石或六石，也就是提高了百分之二五到百分之五○。这确是很可观的（汉武帝时，改定二百四十步为亩，假定旧亩"百步"年产四石，新亩即为九石六斗，代田多产一石至两石，即增产百分之十一至十二。）。

赵过可能为农民出身。

代田法之为更集约的经营方法，乃是因为使用更多的劳力与资本。

《汉志》记代田之效率，是与"缦田"相比较。据颜师古注，"缦田谓不为甽者也"。按，缯之无文者曰缦，缦田就是不分行列耕种的田，看来犹如没有纹的丝织品。不分行列，也就是随意播种，乃是一种比较粗放的经营方式（如今美国之种稻），所使用的劳力，自然比分成行列要少的。这种缦田在代田法实行以前大概是很普遍的。依此推论，则就劳力之使用方面来说，代田法是更集约的。

再就资料的使用方面来说，《汉志》称："其耕耘下种田器皆有便巧。"又说："大农置工巧奴与从事，为作田器。"可知当时采用代田法的农户，是要置备新的农具，也就是要拿出更多的资本来的。耕牛的准备，也是需要资本，因为采行代田法是须用牛的。只因许多农家没有耕牛，才出来个故平都令光，"教过以人挽犁。过奏光以为丞，教民相与庸挽犁"，即是集众家之劳力，分别为每一家耕种，用合作的方式解决动力不足的问题①。类今之互助小组（变工），资本集约度之欠缺，由劳力集约度之提高而补足了。

此种进步的耕种方法，经政府认真推广，虽未必普及全国，但当时的农业中心地带似乎是采行了。

据《汉志》，首都所在的关中首被划为实验区；实验成功之后，就命令各地的地方官派遣属吏、乡村基层行政人员以及"父老善田者"学习使用新的农具和耕种方法。这自然是要他们再向民间传习推广。不过要使全国农人都接受新的方法，事实上也并不很容易。政府方面的推广工作，也很难说做得彻底。史书上载明实行代田法的区域，除了关中之外，还有河东、弘农两郡（今山西西南部及河南西部）以及边区一带，大约是当时的屯田地区②。这都是中央直接控制的地方，同时大部也是当时农业的中心。

从氾胜之的著述当中，可以知道，西汉末期时，农业经营方法和技术，确是达到了极高的水准。

《汉书·艺文志》农家当中，注明属于汉代者，计有董安国十六篇，蔡癸一篇，氾胜之十八篇，共三种。前二者早佚。氾胜之是成帝时的一个议郎，颜师古注引刘向《别录》云："使教田三辅，有好田

---

① ② 此处原文应有注释，佚失。下同。

者师之，徙为御史。"其书《旧唐书·经藉志》尚见著录，王应麟《玉海》称："汉时农书有数家，氾胜为上。"元以后遂佚，仅赖《齐民要术》之征引，保存其一部分。氾氏确系一个学识精纯的农业专家，对于种子处理、施肥以及防治病虫害，均有极精密的研究[①]。

区田法（区种法）。

另据《汉书·召信臣传》，当时并且已有温室栽培之法[②]。那虽然只是限于供应皇家或者还有一些高等富贵人家的享用，但就农业经营学识的发展的观点来说，确实值得一提的。

当时所达到的水准，似乎即是中国历史上的最高峰。

关于水利的设施，不在此限。

日本学者西山武一即作此说，详见所著《中国农书考》。

德人威特非格尔（K. A. Wittfogel）认为，当时中国农业所达到的程度，为印度直迄近世之所不及，工业发达以前之欧洲更远较为逊色（见所著 *Wirtschaft und Gesellschaft Chinas*）。

在此期间，农作物及园艺作物之品种也颇有增加。

早期之农作物，主要是黍、稷、菽、麦、稻，号为五谷。此外则麻为一般人衣着之主要原料，种植亦极普遍，其他经济园艺作物则有桑、漆、柑橘等。

张骞通西域后，有不少的西方作物传入中国。主要的是苜蓿、蒲桃、胡麻、蒜等等。

茶在南方似已开始为人饮用[③]。

西汉后期以后，至东汉之末，大体上保持着已经达到的水准。

东汉后期的崔寔，著有《四民月令》，书中关于农业经营技术方面，并没有新的东西。

到了汉帝国的末期，也许有些方面显出退步的样子了。

仲长统《昌言·损益》篇有云："今通肥饶之率，计稼穑之入，

---

①②③　此处原文应有注释，佚失。下同。

令亩收三斛。"这个生产率，比起西汉前期来，还稍差些；如果所指的是使用代田法的地方，则显然是比以前降低了。

汉帝国末期之农业生产率降低，不是不可能的。一则由于土地兼并的剧烈（详见本章之末节），无田者对于收获不甚感觉兴趣；同时地主惟致力于领地之扩大与对佃农雇农之榨取，坐享其成，而不留意于经营方法与技术。再则北方的胡人进入内地者，为数颇多，往往受雇从事耕种；其人之农耕知识与技术自然较差，生产率自然要减低了。不过以上只是就一般情形而论，实际上全国各地相互间的差异往往是很大的。

例如代田法似乎始终不曾推行於全国。崔寔在其《政论》中只说"至今三辅犹赖其利"，可见直到东汉后期，使用这种进步的方法的，主要还只是关中。

崔寔又在同书中说过代田法的效率是"三犁共一牛，一人将之，下种、挽耧，皆取备焉，日种一顷"以后，下面又说："今辽东耕犁，辕长四尺，回转相妨；既用两牛，两人牵之，一个将耕，一人下种，二人挽耧，凡用两牛六人，一日才种二十五亩，其悬绝如此。"可知直到汉帝国的末期，有的边远地带，尚用远较落伍之犁。

此外有的地方，还不知道牛耕。东汉初年，九真和庐江二郡即是如此，经地方官任延和王景的倡导才行起来的[①]。九真郡当今之越南北部，地处边陲，文化落后，还有可说；庐江郡应当不至如此，恐怕是方经王莽之乱，牛畜极为缺乏的缘故。不过由此可见，各地的情形是有很大的差别。

三、水利事业之建设及其作用

这里所说的水利，是广义的，包括积极性的灌溉事业和消极性的防备

---

① 此处原文应有注释，佚失。下同。

水灾而言。

中国古代之农业是在一个广大的黄土地带发展起来的，而黄土是天然不易储蓄水分的，所以关于水利之讲求，显然开始得很早。

除此而外，黄土也是天然不宜于树木的滋长，所以黄土地带非常缺少森林，从而森林调节雨量的作用也就无从发挥，这样就更增加了对于水的需要。

同时中国古代农业文明之摇篮，在空间上是以那百害闻名的黄河及其支流为骨干的，所以关于防治水患，也是很早就有了深刻的认识。

大禹治水的传说是尽人皆知的。

淮济流域古多薮泽，似为史前时期黄河泛滥所致——古人对于薮泽之认识。

由于环境的影响，中国人很早就学会了如何应付、支配和利用水。

事实上防治水患和兴建水利二者，往往是联结起来的；换言之，对于天然的水流，一方面设法防其泛滥，同时更设法利用其水以灌溉农田（以治洪水著名的大禹，据孟子说，他还"致力乎沟洫"；虽然都是传说，但也可窥知，防治水患和兴修水利二者是一件事情的两面）。

殷代及其以前之情形，无从知悉。周族的统治开始之后，水利的建设似乎就普遍地展开。

传说的井田制，即是以一种灌溉制度为基础；如果井田的传说是基于封建时代农业经营的现实，则水利在周族统治区域内的农业上之重要性，也就可想而知。

同欧洲的农业之开发来比较，中国人的祖先在砍伐森林上面并没有遇到多少困难，但为了解决水的问题，则耗费了无量的心血。韦伯（Max Weber）称西方的文化为森林文化，东方（包括中国）的文化为灌溉文化[①]，这就双方农业发展的观点来说，是很有道理的。

---

① 此处原文应有注释，佚失。下同。

从古籍中可以知道，古代的黄河流域是产稻的；从而可以推知，水利的设施是相当普遍的。

不过到了春秋时期，农田水利的设施渐形退化。

封建侯国间的战争和统治阶层的腐化，大约是水利事业渐趋衰退的主要原因。灌溉事业必须有相当大的规模，用水者共同遵守一定的约束，然后始能产生效果。到了封建的政治社会秩序已渐破坏，人自为谋，不相统属，于是灌溉的经营就没有方法维持了。齐桓公于葵丘之会，以霸主的资格宣布了五条禁约，其中一条是"勿雍泉"①（据《谷梁传》《公羊传》作"毋障谷"），《战国策》："东周欲为稻，西周不下水。"可知当时破坏灌溉秩序的行为是很普遍的。《左传》襄十年，郑国的执政子驷为了兴修田洫，引起了一场变乱②。二十年之后，他的继任人子产再度推行这个政策，也受到舆论的攻击（"子产为田洫，国人不悦"）。可知当时的贵族地主只注意所有土地的扩大，而对于水利的重要性则反失掉了认识（值得惊异的是，子产的沟洫政策被同时晋国的一个贤大夫叔向认作一种苛政③。叔向的本意，只是反对扰民，也是针对当时各国一般的情形而发，未可厚非；不过仅从他的善意的批评当中可以看出来，当时的贵族对于水利的认识确是大不如前了）。

战国之世，各国致力农战，讲求增加农产，除了经营方法和技术上面的改良而外，对于水利也是极为注意的。

由于史料缺乏，当时的情形，我们所知道的很少。史籍上流传下来的关于水利建设的记载，比较详细的，只有两项。其一是战国初期魏国西门豹所修的漳渠④，再就是末期秦国引泾水修凿的郑国渠⑤；两渠均极为成功，规模也都很大，可视为那一时期水利建设的代表。此外，还有战国初期魏惠王凿的鸿沟，乃当时中原的极重要的水利工程，魏国那时似乎非常讲求农田水利，其所以能称霸一时，这应当是

---

①②③④⑤　此处原文应有注释，佚失。下同。

原因之一。再就是楚国境内有汉川云梦间之渠，三江五湖间之渠，齐国境内有淄水济水间之渠，是比较有名的①。

《管子·度地》篇论五害，以水为首。

《荀子·王制》篇："修堤梁，通沟浍，行水潦，安水藏，以时决塞，岁虽凶败水旱，使民有所耕耘，司空之事也。"古代传说禹为司空。

但同时由于兵争，也确有不少人为的水患。

孟子有"以邻为壑"之语②，当时的贵族地主相互之间，大约也不免有此行径，惟主要还是国与国之间，常常利用天然的水流来作为攻伐的手段③。

秦始皇统一之后，结束了此种不合理的状态。

《史记·始皇本纪》，三十二年，登碣石，刻石自颂功德，其中有"决通川防，夷去险阻"之句。与战国时期来比较，始皇此举，确是造福于民匪浅。我们可以想象，当时大约一个通盘的计划，疏导水流，使之趋于自然与合理。因为邻近天然河道的地带，大都是引水比较方便，从而也就是发展农业比较有利的所在，所以全国性的有计划的"决通川防"对于农业是会产生促进的影响的。

只是他的积极性的水利建设事业是极有限的。

李冰父子在蜀郡所兴建的水利事业，兼具积极与消极的性质，堪称中华民族历史上的伟大事业之一④，但离堆之凿在于何年，其说不一。《史记·河渠书》惟言秦蜀守冰，《汉书·沟洫志》始冠以李氏，《风俗通》则谓系始皇统一前三十余年秦昭王时事，《通典》以为系秦平天下以后事，不悉所据。无论如何，始皇造成大一统之局以后，除了远略之外，诸如筑长城，修驰道，兴建大规模的宫殿离馆等等，物质建设事业很多很多，但关于积极的水利一方面，历史上并没有记载。由此可知，始皇对于这一方面是不甚重视的。李冰父子即使是始

---

①②③④　此处原文应有注释，佚失。下同。

皇时候的人，他们的事业也要算是例外了。

西汉前期，在政府的"与民休息"的政策之下，一切建设性的事业都极稀少，水利方面自然也不会例外。

《文献通考》引宋刘攽《七门庙记》称，庐州舒城之七门堰，乃汉初宗室羹颉侯刘信所创修①；事隔千年，难言确否。

晋常璩《华阳国志》载，汉文帝时，蜀郡太守文翁穿煎溲口，溉灌凡田千七百顷，似是就李冰遗业而加以扩展，也许只是已废毁的灌溉工程之重建。

水利建设是要在政权巩固的前提之下才能表现显著的成绩的，因此，西汉一代在这方面的成就，主要是在武帝在位的时期。

汉武帝在许多点上与秦始皇相似，只有在水利事业的建设上面，是大不相同。他对于这种事业是非常感觉兴趣的。据太史公说，当时"用事者争言水利"，好像有一种"水利狂"弥漫全国。在防治水患一方面，则有元封二年（公元前 109 年）之堵塞瓠子决口②。那一次，皇帝亲临监督，随从官员自将军以下都要帮同抬草。决口堵塞之后，黄河下游南方一带得以保持一个很长时期的安全。在灌溉事业方面，建设是非常多的。著名的计有渭渠、汾渠、洛渠、六辅渠、灵轵渠、成国渠、漳渠、白渠，大都是很成功的。就中洛渠的修筑颇为奇特，因为洛水流经的一段是沙土地，渠岸易于崩颓，于是发明了一种井渠，就渠道线上，并不凿通，而每隔一定的距离凿井一口，"深者四十余丈"，水在地下连通渠的前后两段，而中间一带的田所需之水，则就近由井中汲取。这确是一种巧妙的水利工程设计，今新疆吐鲁番一带尚有用之，名"卡儿水"。法国汉学家伯希和（P. Pelliot）以为系传自波斯。惟据王国维氏考证，中国通西域系在洛渠修建以后，井渠应为中国人之发明。反之，西域人之知穿井取水，据《史记·大宛列传》，尚系学自中国人者。当时中国经营西域，屯田鄯善、车师，

---

① ② 此处原文应有注释，佚失。下同。

其地均多沙土，可能即用井渠；自敦煌西抵白龙堆，为通西域之大道，其间亦系沙地，沿途似亦有井渠。此种工程似是由中国经西域而更传入波斯的[①]。

当时的灌溉建设，自是以帝都所在的关中一带为最，但其他地方的成就也都相当的可观。

据《史记》，当时全国各地的渠道，多至"不可胜言"。其比较规模大的，尚有北方边区的西河（今绥远鄂尔多斯部）及朔方（今绥远西北边境）两郡，乃屯田区域，引黄河水溉田。河西走廊的酒泉郡，也是屯田区，大约是利用祁连山上融化了的雪水。在东方则汝南、九江两郡的水利田是利用淮水，东海郡（今山东东南部）以钜定泽为水源，泰山附近地带，则引汶水穿渠。以上都是当时农业比较发达的地方，这显然是与水利建设有直接的关系。

武帝时期之水利建设，为汉代之最高峰，此后直迄东汉之亡，就没再有重大的表现。

小规模的灌溉工程大约随时都有的，值得史家记载的则极为有限。元帝时，召信臣在南阳造过钳卢陂[②]，东汉初年，王景在庐江修过芍陂，据说还是就原有的规模另以重修的[③]。顺帝时，会稽太守马臻筑塘周绕镜湖，节水灌田。这很少的几个记录，就空间来说，都是偏于南方，而且其引水方式都不是用渠道，而是利用湖陂的积水，加以调节，这两点都是值得注意的。

在防备水患方面，值得特别称述的，主要是对于黄河的斗争。

中国古代文化的中心是黄河流域，但这一带地方一直是被河患困扰着。自从汉武帝堵塞瓠子决口之役以后，河水泛滥的惨剧时常重演；而防备河患以及办理水灾善后也就成为政府的一项沉重的负担。就在对水患的斗争当中，人们学得了不少的治水的知识与技术，建立起来颇有价值的河工理论（贾让、张戎）[④]。

---

①②③④　此处原文应有注释，佚失。下同。

在这期间，黄河第二次迁徙了它的河道。

有史以来黄河最初的河道是自今河南荥阳北东北向，主流斜贯河北省，至今天津附近入海。周定王五年（公元前 602 年），第一次改道，自宿胥口（今河南省滑县西南）东流，再东北向，仍于天津入海。至王莽始建国三年（公元 11 年），河决魏郡，东北流，在今黄河口入海。这是第二次改道。

东汉初期的一次大规模的防河工程，收到了很大的功效。

明帝永平十二年（公元 69 年），由王景设计执行，自荥阳东至千乘海口千余里，依据地势修渠筑堤；征役数十万，历时经年，费以百亿计。从那时起，数百年间黄河为患不烈。

防治河患和兴修水利，往往是互有连带关系的。

四、农本主义

中国人一开始就有了重视农业的观念。

西洋史一开始就是海，中国史则否。

中国古代有农神的传说，但没有欧洲那种商神（Mercur）的传说。

进入农业文明的人，由于农业之直接供给生活必需品，而特别加以重视，这是很自然的。更由于农作物是地中所生，所以对于地和土也都表示崇敬。为了"求福报功"，于是奉祀土神和谷神；前者叫作社，后者叫作稷（稷为百谷之长，故以为作物之代表）。各国的首长在每年一定的季节都举行祭祀，而礼仪也是极庄重的。社和稷合起来成为国家的代名词，从而也可看出来，农业在整个国家以及国民生活当中所占的地位之重要。

周族是以农立国的，在他的领导之下，成立起来耕稼文明的集团，以与游牧文化及森林文化的势力对抗，并且逐渐扩展势力，同化异种文明的部落及国家，因此遂确定了中国文化之重农的传说。

中华民族似自始即非以血缘关系为自别的标准，而系以属于同一文化范畴而结合成的；其文化之特征即是城郭与耕稼①，此为古代诸夏系统的文化。此一系的文化，自然不是始于周族，但是由于周族之统治中夏而逐渐发展强大起来；特别是在当时一般人的意识当中，深深的印上了"华夏"与"夷狄"的分界。从那时起，华夏系统的文化成为中国的正统文化，属于这一系文化的人，就是中国人，就是中华民族的成员。所谓"夷狄入于中国，则中国之"，"入于中国"的意思，即是接受农业文明，接受了农业文明的人，就算是中华民族的份子了。

战国并争之世，各国均务于耕战，自然对于农业极为重视。

当时各国均行农战政策，而农和战二者是互相关联的。为了作战，自然需要农产增加；而农人之为最健全的后备军，这一事实，也是一般政治家所重视的。重农不只是为了充裕粮源，同时也是为了充裕兵源。

儒家学说传到了孟子，重农的色彩就增重了②。战国初期法家的代表李悝和商鞅，都是极为重视农业的。农家者流自然更不用说了。

同时一般统治者也认识到，农人是比较易于统治的，这也是促使重农思想发达的一个原因。

从春秋到战国，乃是由封建社会演化到集权的专制王国的一个时期；在这过渡期间，独立的工商业逐渐发达起来，各种自由职业也越趋于分化，同时自由的知识分子也渐渐增多了。企求集权的一般新型专制王国的统治者，由实际的统治经验里很容易地体认出来，比较驯良的农人，乃是同他们所企求的政体最相宜的被统治者。《吕氏春秋·士容论·上农》篇有云："古先圣王之所以导其民者，先务于农民。农，非徒为地利也，贵其志也。……民农则其产复，其产复则重徙，重徙则死其处而无二虑。民舍本而事末则不令，不令则不可以守，不可以战。民舍本而事末则其产约，其产约则轻迁徙，轻迁徙则

---

① ②　此处原文应有注释，佚失。下同。

国家有患皆有远志，无有居心……"话说得很透切。《吕氏春秋》号为杂家，其中包含先秦诸家的学说，《上农》等篇当是农家者流之言。

四民之分，盖始于战国，而农居第二。

秦始皇创立起来大陆性的帝国，同时也确立了重农政策。

郭沫若氏谓始皇重商，其说殊为牵强①。琅琊刻石上面，明明有"尚农抑末"之语。始皇虽曾优遇巴寡妇清和乌氏倮，但那似乎是为了招怀边区人民起见，而且那两人也并算不得真正的商人；尤其是乌氏倮，以畜牧起家，还算是个经营农业的人。此外那有名的"七科谪"中，据说第四种就是贾人。自入战国以后，秦国之趋于强盛，主要是由于境内土地的垦辟②；兼并巴蜀之后，更增加了谷仓；到了战国末期，更是直接得力于郑国渠的水利事业之成功。有这许多显著的事实，再加上新创的帝国之纯粹大陆的、亦即农业的性质，以始皇那样一个超群的现实政治家，并且是要维持专制政体，应当绝对不会改行重商政策的。恰好相反，为了维持绝对的统治权，他是极希望人民愚昧和驯顺（黔首），因此也就自然愿意绝大多数的人民甘于作农人的。

到了汉代，农本的思想主要则是儒家者流鼓吹起来的。

西汉初期，在政治上是道家的思想最占优势，连续执政的都是黄老的信徒。他们并非不重农，只是在经济政策上主张放任，事实上则便利了商人的发展。儒家的贾谊首先发出重农抑商的呼声③，使相信黄老的文帝立即接受了他的建议。另外一个儒家兼法家的晁错，提出同样而更具体的主张，更增加了农本思想的声势④。到了武帝亲政之后，儒家上了台，而且是永远成为政治思想的正统；在董仲舒手里，农本主义成为儒家学说当中的一个基本原则⑤。

汉代的统治者完全接受了这种政策，并且关于重农，有若干具体的表现。

_____

①②③④⑤　此处原文应有注释，佚失。下同。

首先是与农事有关的种种宗教意味的典礼。

皇帝之外，地方官也都要祭祀谷神。后来更由谷神而推延到蚕神。又因为农作物的生长是有赖于风雨，于是也兼祀"风伯"和"雨师"。武帝元鼎四年，又于河东汾阴立后土祠，其后皇帝常去祭祀，以祈丰年。此外连周族的始祖后稷，虽其后人所建的王朝早已绝灭，只因他本人当初教稼有功，到了汉朝仍得血食天下[①]。

皇帝为了表示重农，亲自率领百官推犁耕田，以为人民的表率。

文帝二年春正月诏曰："夫农，天下之本也。其开籍田，朕亲率耕，以给宗庙粢盛。"所谓籍田，据说是古代帝王亲自耕种的田。天子亲耕，"为天下先"，大约是周朝的定制[②]。定制的本意，一则是鼓励一般农人致力农功，再则是使作君主的勿忘稼穑之艰难。后来周天子的权威渐趋没落，这种典礼也就不再举行。汉文帝重又恢复起来，而且一直保持到最近帝制的终了时候为止，成为实行重农政策之最主要的象征[③]。皇帝亲耕是在首都一定的所在，但往往也行之于各地[④]。

因为衣食并重，所以于皇帝亲耕之外，皇后也亲蚕。文帝十三年诏曰："……朕亲率天下农耕，以供粢盛；皇后亲桑，以奉祭服，……"此后历代也都成为定制。

中央主掌财政的机关号为大农或大司农，明财赋之所自出。

除了这种形式以外，政府也还有若干实际的措施。

汉代选举法，有孝弟力田之科。经营农业有成绩（农村劳动英雄）也是仕进之一途（同时对于商人，不但不许进入仕途，而且更有不准乘马、衣帛等等禁令）。

政府往往派人直接教导农民以新的耕种方法。如武帝末年之赵过，成帝时之氾胜之，即是其例。许多农田水利事业都是政府所兴修。比较尽职的地方官也都致力于督导人民务农力耕，并因此而获美誉及褒奖。

①②③④　此处原文应有注释，佚失。下同。

劝农，成帝当田作时，令二千石勉劝农桑，出入阡陌，致劳来之，平帝元始元年置大司农部丞十三人赴各州郡，劝课农桑……地方官……

而最主要的则是田税课征率之低微。

古代田税，以什一为通率，即就田间收获课征百分之十。汉初改定税率为十五分之一，亦即百分之六点七弱，比古代通率为低。高祖末年，似曾一度增高，惟为时甚暂；惠帝刚一即位（公元前 195 年）立即复原。文帝十二年（公元前 168 年），又将税率减低一半，改为三十分之一，亦即百分之三点三强；到了第二年（公元前 167 年），更下令完全免除田税。这是历史上很少见的事例，也就是汉代政府推行重农政策的最高表现。这样全国普遍免除田税的实施连续延长了十二年之久，直到景帝元年（公元前 156 年），才恢复课征，税率仍旧是三十分之一。这个税率一直保持到汉帝国的崩溃，中间只有在东汉初年提高为十分之一，但于光武帝建武六年（公元 30 年）就又恢复了西汉时期的税率。因此，三十分之一（即百分之三点三强）可视为两汉之正常的田税税率。这个税率自然要算是很低的。

此外政府更以购储的方法来防制粮价剧跌，从而保障农家经济之安全。

由于自然条件的关系，中国，特别是北方，天灾极多，水、旱、虫害经常在威胁着农民的生存。此外在小农社会当中，粮食市场是有限的，一遇丰年，粮价必然暴跌，造成谷贱伤农的结果。李悝平籴，宣帝五凤中，大司农耿寿昌奏设常平仓。

这样种种措施，以后也都成为定制，历代不改。

五、农民之负担

进入春秋以后，由于各国之间和各国内贵族相互间的冲突之增多，以及贵族生活之日渐趋于奢靡，农民之负担遂亦逐渐加重。

春秋时期，各国税法多有更易。晋作"爰田"，有人解释为休耕法，似嫌勉强。《左传》原文以与作州兵并举，细寻其意，或系一种新的税法。杜注谓"分公田之税应入公者，爰之于所赏之众"，意即如此；惟杜氏认作减抑课税以取悦于民，则似不然。作爰田与作州兵二者应均系战败后的晋国统治者加重人民之赋税及兵役的义务，以为加速恢复国力之方策。

《左传》鲁昭公四年（公元前538年），郑子产作"丘赋"，亦系改行新的税制。税率若干，亦不得而知；旧注引据《周礼》，自不足信①。晋叔向目之为谤政，可见系较重于前。

鲁宣公十五年（公元前594年），"初税亩"，依旧注为"履亩而税"，显然是与土地私有之新的土地制度相适应的一种税法。依据新制，农民之负担是否增重，未能确言。后来到了哀公十二年（公元前483年），史又称"用田赋"，当然又是一次税法上的改变。在改制之前，鲁国的执政季康子曾征询孔子的意见，所得到的答复自然是反面的。孔子之所以表示异议，其原因之一应当是农人之负担将因此而增加。《论语》上面有一段是哀公同孔门弟子有若谈论如何解决财政上的困难②，大约就是这一回事。当时有若建议实行以什一为率的征法，哀公说："二，吾犹不足，若之何其彻也？"可知在此次改制之前，田税税率已经是"什二"了，改制以后，自然更是要提高的。

大约愈近春秋末期，各国的统治者对于农人之榨取也愈烈。《左传》鲁昭公三年（公元前539年），齐国的大臣晏婴和晋国大夫叔向互相告诉本国的危机，齐国的情形是"民三其力，二入于公"。恐怕别的国家的农民不会比较更舒服的。

实物形式的田税而外，农人尚有服劳役的义务。这项负担到了封建的规制开始败坏之后，显然也是越来越加沉重的。

1. 战国时期，在各国时时均致力于备战的情形之下，农民的负担自

---

①② 此处原文应有注释，佚失。下同。

然是不会减轻的。

为了充实国力，各国的统治者虽然也知道扶植农民，但事实上由于政府支出之浩繁，以及对于劳力需要之殷切，对于农民自然无法减少要求。孟子向时君之呼吁，即是证明。

《汉书·食货志》有李悝替当时的农家作的一篇预算，为了了解战国时期农民的生活是极重要的。原文具引如下："今一夫挟五口，治田百亩，岁收亩一石半，为粟百五十石。除十一之税十五石，余百三十五石。食，人月一石半，五人终岁为粟九十石，余有四十五石。石三十，为钱千三百五十。除社闾尝新、春秋之祠，用钱三百，余千五十。衣，人率用钱三百，五人终岁用千五百，不足四百五十。不幸疾病死丧之费，乃上赋敛，又未与比。此农夫所以常困，有不劝耕之心，而令籴至于甚贵者也。"这里所说的当系战国初期魏国的情形。当时的魏国最为强盛，魏文侯又是有名的贤君，所以田税之率仍然维持百分之十的古制，而农家经济已感入不敷出。此后战事越来越多，规模也越来越大，田税税率显然是有加无减，而额外的"赋敛"更是无限的；从而可以推知，农人的负担是与时俱进的，只是没有具体的资料流传后世而已。

2. 秦朝因袭战国时代的统治方式，又因为内外多事，所以农民的负担，达到不能忍受的程度。

秦朝的暴政，在历史上是著名的。但关于各种课征之详细情形，史文多阙。我们仅仅知道，农人的负担除了田税之外，尚有"刍稿之征"[1]；另外还有每个国民所要完纳的"口赋"，即人头税。惟税率则均不详。《汉书·食货志》上面只泛泛地说："收泰半之赋，发闾左之戍，男子力耕，不足粮饷，女子纺绩，不足衣服。"[2]

赋税本身已是很重，而输赋于官所需之代价，也大的惊人。《贾子新书·属远》篇称："一钱之赋，十钱之费弗能致。"因为当时是实

---

[1][2]　此处原文应有注释，佚失。下同。

行征实，加以交通困难，这话并不算是过于夸大。这样说来，农人的实际负担要多于政府所征收的多少倍了。

物质的课征之外，劳力的征发也许是更为沉重的一种负担。秦代的力役之征是骇人听闻的。在一个以劳力为主的生产制度当中，漫无限制的徭役是一定会破坏整个社会经济秩序的。

3. 汉代农人对于政府所应尽之义务，大致可考，约可分为赋税及徭役两项。

赋税计有田税、稿税、人头税、资产税等目。

关于田税，已详上节①。稿税，即秦代刍稿之征，税率不详，实亦无关宏旨。

人头税性质的课征有数种：一曰算赋，民年十五至五十六岁，每人年纳一百二十钱，是为一算；始于高祖四年（公元前203年），文帝时，一度减为四十钱，不久似即恢复原额。宣帝甘露二年（公元前52年）减为九十钱，成帝建始二年（公元前31年）又减为四十钱。一曰口赋，亦名口钱，民三岁以上至十四岁，年纳二十钱。一曰献费，高祖十一年（公元前196年）定制，每人年纳六十三钱，以充天下郡国王侯地方官对天子之贡献。

资产税，在汉曰訾算，据《史记》服虔注，资万钱，算百二十钱，课征率为千分之十二。

4. 力役之征有正卒、更卒、戍边等目，男子自20岁起，至56岁，有此义务。

正卒即兵役，二十三岁起，连续服役两年，一年在京师，一年在本乡。景帝至昭帝间，改为自二十至二十四岁，共五年。

更卒即工役，初制，每数年轮值一次，役期五个月，后改为每年一个月。其不愿或不能服役者，官家准代雇人顶替，官定代价为三百钱，名为"过更"。因通常求免役者多，又或遇官府少事，更拒绝人

---

① 此处原文应有注释，佚失。下同。

民服役，而强使过更，所以过更之代价实际上成为变相的一种人头税，当时法令上亦公然名之曰"更赋"（最初规定，有残疾者得免服役，后来也取消了）。

戍边亦名"徭戍"，每年三天。这种规定，实际上不会每个人都实践的，普遍是由若干人共同出钱雇用一个人前往，留戍一个相当长的期间。因此，这一项费用也同更赋是一样的性质，只是需费若干，则无从考定。

5. 以上是正常的义务，另外还有实行期间短暂的一些课征，也是同农民有关的。

如武帝时有马口钱，乃是为了补充军用马疋而设，课征率似乎是三钱；到昭帝时尚存，以后大约是废止了。后来成帝复算马牛羊，据《汉书》张晏注是千输二十，亦即百分之二。

东汉桓帝延熹八年（公元 165 年），令民每亩田另纳十钱；灵帝中平二年（公元 185 年），史书上又有一次同样的记载；大约都是一时的额外课税，乃汉国季年的乱政，殊不足道。

东汉之世，又增多了调一项负担。

调是课征布绢之类，始见于中元二年（公元 57 年），时为明帝即位之初；此后政府诏令，常常并言租调，当是东汉时期之正常课入。课征率不详，课征对象系以丁口抑系以户为单位，亦不可考。只是一般农家为主要负担者，则绝无问题。

由于资料不足，我们很难替汉代的农人估计出来一个家庭经济的收支预算。

有几个因素更增加了这样企图的困难：例如天灾是没有一定的，而被灾的农户往往丧失其一部分或全部收获。再则粮价之涨落极大，从而农家出售其产品所获之代价也有极大的出入，同时其用于完税之货币的支出则是比较固定的。还有农人纳税，虽有固定税率，但须自己将实物输运到官，更有吏胥的勒索。

两汉 400 年的攸长时期，有治有乱，自然不能一概而论。在比较安定的时期，一般农人的物质生活已是很苦，荒乱的年月，更不必说了。

晁错在其上文帝书中，力言农民生活之艰苦，因其意在说动皇帝重农贵粟，或不免过甚其辞。按其时上距秦末汉初大破坏时期不久，社会经济尚未复原，农民生活不够舒适，也是事实。

6. 文景之世，政府与民休息，农民的生活可能稍有改善。

《史记·平准书》中记述武帝初年民间家给人足之繁荣气象，乃太史公故意与日后的穷困情形相对比，以显示武帝之罪恶，其言显系失之于夸大，当时的董仲舒曾说到当时农人"衣牛马之衣，食猪狗之食"，即是反证。

7. 不过上面所说的，还只是中小自耕农。至于佃农，则更不可同日而语。

自秦以来，佃租率通常为百分之五十；当时都是以实物缴租，佃农只能收取收获之半数。向政府应纳的田税，由地主负担；因为税率很低，佃农所省有限。反之，其他种种对国家应尽的义务，则并不比一般自耕农为少。由此可知，佃农的经济情形是远较逊于自耕农的。

副业！

汉帝国是一个以农民为基础的国家，农民阶层之生活安定，造成了帝国之强盛与繁荣。但由于土地之渐趋集中，佃农亦随之而增多，农民阶层之生活，因之而逐渐劣化，终至促成帝国之衰弱与动摇。其间之因果关系，将于下节中论之。

六、土地问题之发展

紧随了土地私有制之确立，也就开始了土地兼并。这在初时显然就曾发生促进生产的作用。

《史记·商君列传》称商鞅："为田开阡陌封疆而赋税平。"（《秦记》为"为田开阡陌"。）后人泥于井田之说，而关于"开阡陌"之解释，则聚讼甚久。实则《史记·蔡泽列传》记泽之语曰："决裂阡陌，以静生民之业。"蔡泽去商鞅时不远，且为对秦国执政之言，自不会错；后世解"开"为"置"者，都是不对的。至于阡陌的训义，则无法确言，而且也不太需要详明的解释。只就大义来讲，阡陌应当是封建性的土地制度的限界；商鞅所行的是打破典型的封建制度的政策，所以这种封建性的田制的限界，自然是在除灭之列的。打破封建性的限界，也就是使人得以自由发展；这在土地制度方面，就是准许自由扩大土地的占有。朱熹《开阡陌辨》说："尽开阡陌，悉除禁限，而听民兼并买卖，以尽人力；垦开弃地，悉为田畴，不使有尺寸之遗，以尽地利，"是很对的。封建的土地生产关系表现出来是进步了的农业生产力的阻碍，打破这种生产关系即是生产力的解放，这意义是极明显的。这种变革是一种历史的使命，而商鞅则是完成这种使命的人。

还在商鞅以前，李悝在魏国就已做过"尽地力之教"。明人董说作《七国考》，引《水利拾遗》称："李悝以沟洫为墟，自谓过于周公。"《拾遗》之言，未知所本；谓李悝破坏沟洫之制，显然就是后世儒者为追念井田古法而发，自无足据。但李悝当时曾推行过改革土地生产关系的政策，是极可能的。李商二人都属于当时的法家，而战国时代的法家者流则是代表当时进步的力量的。然则李悝在魏和商鞅在秦所行的，都是解放进步了的农业生产力的政策，这是无可置疑的。但这种兼并很快地趋于恶化。政治上的权贵和成功的工商业者成为兼并的主角。

当时整个社会之封建的性质仍然很重，占有广大的土地仍是个人以及家族之尊贵的标识，因此土地就成为主要的投放资财的对象。当时贵族习尚养士，支出浩繁，兼并土地对于他们是必要的，因为土地的收入比较稳确些。一般经营工商业致富的人，也争买土地，不但是由于满足个人封建意味的要求，而且似乎也因为工商业方面的投资机会不能完全容纳他们所得到的利润。

《史记·廉蔺列传》记述赵括作了大将之后，拿国王所赐的金帛广买田宅，可算作权贵兼并土地的例子。至于富豪收买土地，因为史家很少记载平民的经济活动，所以没有显明的材料可资证实。不过《史记·货殖列传》中几个秦汉时代的富商，都同时兼为大地主，我们可以推想，战国时代的一般"新富"大概也是大的土地兼并者。

这种趋势在秦始皇的统治时期，也许稍受挫折。

秦始皇的理想，似乎要全国的老百姓都是中小产阶级，为的是他们易于接受统治。他极力打击豪强，消弥反侧，不但取消了贵族，而且不容许有特大的富豪存在。他对于乌氏倮和巴寡妇清的优待，似乎是笼络边远地带的人的一种权术。在他的举世侧目的淫威之下，土地兼并之风暂时减杀，是可以想像得到的。

到了西汉初期，在政府的放任政策之下，兼并的风气获得了空前的发展。而其主角则仍然是前面提到的那两个。

从汉初到武帝建元六年，前后七十余年之间，实际执政者几乎全是黄老之徒；他们所推行的经济政策，可以说是一种经济的自由主义。这种政策推行的结果，社会经济是恢复了，但私人资本也发展了起来。因为当时的政体是以官僚机构为基础的君主专制，在重农主义的空气中，一般大小官僚之收买土地以为个人财产的基础，原是很自然的。但在这方面他们的活动，似乎尚逊于富商。贾谊[①]和晁错[②]都曾亟言商人之恃财横行，兼并土地自然也包括在内。贵官和富豪自由扩大土地占有，地产集中愈演而愈烈，其严重的情形，则董仲舒"富者田连阡陌，贫者无立锥之地"二语可以尽之。

政府减免田税的措施，显然鼓励了兼并者。

三十分之一征实的税率，算是很轻的；这比起儒家所倡的十分税一的理想的古制来，还要低上两倍，所以一直获得历代史家及学者的颂扬。不过这里所说的，只是田主对国家应负的税课。在另一方面，佃别家的田直接耕种的农夫，要向田主缴纳收获的一半；换言之，佃

---

① ② 此处原文应有注释，佚失。下同。

租率是百分之五十。在这样条件之下，收购土地而以之出佃，收支相衡，是极有利的。汉代土地兼并之盛行，这应当是一个主要原因。

并且使一般地主比较乐于出佃土地，而不作大型的经营。

大型农场之不得发展，当然尚有其他的原因；但田税之轻征显然是主要因素促进了小佃耕制。佃农除了缴纳地租之外，还要自己负担国家的种种税课；而地主则坐享地租的收入，却没有关照其佃户的生活的义务，就这点来说，他们要比真正的封建贵族还更自在。

王莽攻击汉家的土地制度说，"汉氏减轻田租，三十而税一，而豪民侵凌，分田劫假，厥名三十，实什税五也"，所指的应是一般的情形。由此可知，土地所有权大量集中以后再分佃与多数资力微小的贫农使用，乃是当时通行的制度。

汉武帝也曾使用政治力量制裁富家，但其打击的对象主要是商人，并无意解决土地问题。

武帝痛抑商人，定制商人及其家属均不得占有田产。他借口商人漏税不报，根据他人的告密，没收了中等以上的商家的财产无数，其中一大部分是土地。商人所兼并的土地，确是又失去了很多。不过武帝是一个确实奠定官僚政治的传统的统治者，他要取得官僚们的支持，自然不能不加以优容。他所没收的商人的土地，并不曾分配给无田或少田的贫农，大概以后通过赏赐的形式陆续转到一般官吏的手里去了。

而且到了他的继承者昭帝以及再下一代的宣帝的统治时期，多少又实行了放任政策，土地兼并之风也就又很快地恢复，而且是愈演愈烈。

整个西汉后半期中，表面上政治是相当安定的，但社会经济则是在这安定的外罩下加速度地腐化，而其主要的表现就是土地之集中。国家的法令等于具文，学者的意见更无人重视。

董仲舒在武帝初年就提出了"限民名田"的建议。武帝元封五年（公元前106年），初置刺史；据《汉仪》，刺史周察郡国，以六条问事，其第一条即是强宗豪右田宅逾制。当时的一些"酷吏"也确曾严励地打击地方豪强。但此之所谓制，不知具体的数额是多少。无论如何，事实上以后的政府并不曾有过制裁兼并的记录。

到了西汉末期，土地问题已发展到了极端严重的程度。

各地不断有民变发生，证明民生之不安。当时全国上下流传着一种汉运将终，必须禅代的说法，而且一般学者公开地谈论，这反映整个社会之需要变。而首先需要变的，自然是土地分配的状态。

成帝绥和二年（公元前 7 年），政府也曾颁布了限田的法令。

成帝在位时，本人还到各地民间收购土地，所以那时也是土地兼并之风最盛的时期。他死去之后，年轻的哀帝方一即位，一些素有井田理想的辅政大臣就借机促成了限田的法令。创议的是师丹，主持的是丞相孔光、大司空何武。制定诸侯王以下至于平民，占田不得超过三十顷。

但实际上只是一纸空文。

创议者原只意在"救急"[①]，并没有根本解决土地问题的勇气。而皇帝就领头破坏法令，他一次赐予了宠臣董贤二千多顷田。

问题是非解决不可。王莽的改制就是这样激出来的。

王莽是一个执迷的儒家学说的教条主义者。他取得政权之后，致力于托古改制，以儒家的一部伪书《周礼》作为施政的蓝本，以传说的井田为理想的土地制度。他还在作汉朝的宰辅时，即曾"令天下公田口井"，却因对外用兵而作罢。作了皇帝之后（始建国元年即公元9年），立即下令，更名天下田曰"王田"，在理论上，一切土地均为国有，由政府分配使用，民间不得私自买卖。一家男子不到八口而田过一井者，要将多余的田分与九族乡党。违反法令的，最重到判死刑。这种完全不考虑到历史发展的现实的政策，其失败是必然的。当时所立即招致的结果是整个社会的混乱。王莽也渐渐认识到作法的不妥，三年之后，又下令准许买卖土地，但也拿不出正面的新的办法

---

① 此处原文应有注释，佚失。下同。

来。到了地皇三年（公元 22 年），终于被迫明令废止井田。

但由于王莽之教条主义的措施，连一般贫农都对于他的"革命"表示厌恶；他们反而甘受地主阶级利用，打倒了他的政权。

关于新莽一代的情形，只见于东汉官书《汉书》，极可能有许多歪曲事实的地方；不过当时确是民不聊生，可由各地民众起义之普遍来证明。东汉光武帝和他那班佐命功臣，则完全是出身于地主阶级。从西汉末期的"汉德告终"的想法很快地转变为"人心思汉"的情绪，因而使那应当革除的不合理的土地制度反而更加巩固起来，这完全是王莽的教条主义的过失所致。

经过几年的混战，人口锐减，帮助减杀了土地问题的严重性。新的统治阶级于旧土地制度恢复之后，立即开始兼并。

就整个汉帝国来说，东汉是衰老时期，尤其是自中期以后。衰老时期的特征，即是因循保守，缺乏解决问题的勇气和开发创造的精神，但却富于争取既成的事物之贪欲。这一时期的史籍中，充满了豪族兼并土地的记载，举不胜举。

在统一的秩序恢复不久，即曾一度激起普遍的民变。

光武帝建武十六年（公元 40 年），全国各地多有暴动，虽经武力打击，但乱者散而复集，势成燎原；政府使用了狡狠的办法，才镇压了下去。史书上不曾说明事变的原因。据赵翼的研究（"后汉书间有疏漏处"）①，应当是由于当时政府普查全国人口及田亩，而一般地方官优饶豪右，侵刻贫弱，过于不平而激起的。

和帝（公元 89 年即位）以后，政治每况愈下，阶级的分化也日益加深，农人暴动的次数也越多起来。

仅是见于正史记载的，从安帝到灵帝（公元 107 年至 168 年）六十二年之间，就有六七十次，平均每年都有一次，而且是全国各地普遍都发生过的。

---

① 此处原文应有注释，佚失。下同。

日趋严重的土地问题，统治者对之漠不关心，知识分子也不甚加以理会，零散的农民暴动也由于缺乏明确的领导而不能加以解决，这样最后只有促成整个社会秩序的大混乱，大屠杀，从而使问题获得一种极端残酷的"自然的解决"。

灵帝中平元年（公元 184 年）发动的所谓黄巾之乱，是一次全国规模的，有组织的农民暴动；这次大规模的起义，完全说明了土地问题已发展到非解决不可的程度。垂死的统治阶级还有力量用血腥的屠刀将它镇压下去，起义的领导机构被摧毁了，主力被消灭了，而统治者的气力也耗尽了。陷于迷惘和疯狂状态的贫民在政治上无政府状态之下，走上了原始的混战之途。结果原来土地争夺已达白热化的情形，竟尔变成了遍地荒草，千里无烟的局面。土地问题就这样自然地解决了。

七、汉代之屯田

屯田是使用军队的劳力在接近用兵的地带从事耕种，以为持久之计，同时减免由后方供应粮秣的负担。这是大陆性国家所特有的一种制度。

大陆国家的运输以陆路为主，代价本即较昂，尤以在道路不治，交通工具拙陋的条件之下为然。例如西汉时经营西南夷，需要由后方运粮供军，"率数十钟而致一石"（见《史记·平准书》）。

这种制度在汉朝以前似乎已经有雏形。

前面（二章之二）曾说到，西周初年的封建，本质上就是一种屯田式的武装殖民。春秋时楚国围宋，筑室反耕（《左传》）[1]，似即后世屯田的雏形。战国时期，各国均以农战为务，极可能也有由政府组织军民从事农垦的事实，只是于文献无征而已。本来后世的屯田所使用的劳力，并不只限于军队；此外如罪犯，俘虏以及灾民、贫民等，

---

[1] 此处原文应有注释，佚失。下同。

也都是劳力供给者。秦始皇掠取北边的河南地及南边的陆梁地，建置郡县，移徙大批的罪人、赘婿、贾人等到新征服地，显然是使之开发其地之农业；当时似乎不会是完全没有组织的。虽然史书上明言远征所需军粮是由后方供应，那或许是新的敌前垦殖区成立不久，尚无余粮可以供军的缘故。

汉文帝时，晁错建议实边[①]，主要点在于就地筹粮，正是屯田的意思。真正大规模实行屯田政策的是汉武帝。

武帝积极开边，初期经营西南夷（公元前130年）及河西四郡地（公元前121年），军粮尚是由后方供给；但取得河西地之后，立即徙关东贫民约七十万于河南新秦中（即陇西、北地、西河、上郡地，今陕北、陕绥宁甘边区及陇东西一带）。并且使人分部护理，自然是有相当的组织和计划。不过这还只是移民实边，算不得是真正的屯田。元鼎六年（公元前111年）击退了西羌，为了确实地截断匈奴和西羌双方的联络，就确立了屯田的办法。因为只有沿了黄河的北岸一带长期驻兵，才能制止两个敌人的结合；而又只有能够就地解决军粮的供应，长期的屯驻才成为可能。当时除了继续向西北边区移民而外，又在黄河的北岸，东北起朔方（今宁夏北部），西到令居（今甘肃永登西北），就可能耕垦的地方修筑渠道，驻兵五六万，大兴屯田。这是真正使用部队的劳力垦田，当时称为"田卒"。屯田的成功，保证了中国在这一方的统治权。太初二年（公元前104年），据史书记载，筑五原塞外列城，西北至卢朐（今绥远五原西北），同时在今宁夏西北居延海附近水草地建筑居延城，作为进攻匈奴的据点。居延附近也设置屯田，不但史有明文，而且近年发现的居延汉简上面，也有相当详细的记录。从居延的例子可以推想到，五原方面或许也有屯田的。那时正是武帝用兵的全盛时期，也正在经营西域。早在元封四年（公元前107年）同乌孙国和亲之后，就在该国北边（即今新疆伊宁以

---

① 此处原文应有注释，佚失。下同。

北）推行过屯田，不过规模大概是不大的。太初四年（公元前 102 年）击破大宛，为了在西域站稳了脚，并且供应出使西域各国的使者，就选择了轮台（或称仑头，今新疆轮台地）和渠犁（今轮台西南地）作为屯田的据点，因为那一带是傍了塔里木河，农垦条件比较是最好的。屯田的规模不算太大，两地都只有田卒数百人，但在政治和军事上都发生了很大的作用。这一地带屯田的成败，直接决定着汉帝国在西域的统治之命运。轮台屯田设置以后，汉军远征即不甚得手，大概那一处的屯田中断了几年。到了征和四年（公元前 89 年）桑弘羊等建议恢复并且扩大西域屯田，但被那年衰而心情大变的皇帝拒绝了。

以后几代的统治者始终继续这个政策。并且由于匈奴的衰败，屯田重心是在西域。

昭帝继位（公元前 86 年）之后，桑弘羊的计划终得实现。并且从那时起，西域屯田才得发生应有的作用，即成为经营西域的总据点。匈奴也曾用屯田的方法与汉争夺在西域的霸权，但最后是失败了；失败的原因显然是他们在经营技术上不及汉人。宣帝神爵三年（公元前 59 年），置西域都护，治乌垒城，正是在轮台渠犁屯田区内。各地屯田区也有增加，都设有屯田校尉，连同后来元帝初元元年（公元前 48 年）设置的戊已校尉，统归都护统辖。就是凭了屯田，汉人在西域的统治能够维持了两个多世纪之久。

西域之外，值得提及的，还有湟水区的屯田。

宣帝神爵元年（公元前 61 年），赵充国击先零羌，即在湟水流域的临羌浩亹，即今青海西宁一带屯田，以为持久之计，因而阻制着了羌人的内侵。

东汉初年（原稿下阙）

第四章　所谓均田时期

（三国至唐中叶，二世纪末至八世纪中）

汉帝国时期日趋严重的土地问题，终于是自然地解决了。由火炽的兼并忽然化为人散土荒的局面。土地问题的中心不复是比较合理的分配，而是尽可能的利用（生产）。均田制是在这种条件之下产生的。在黄河流域，由于普遍的混战和异族的征服，造成了各地方各阶层的实力派，从而加重了社会的封建性。在江南一带，大量从北方流亡去的难民则以经营殖民地的姿态取得特殊的地位，从而也促成了与北方类似的局势。农业在北方是退化了，但在南方却由于北方殖民者的努力而进步很快，到了全国恢复统一时，南北的农业已是达到同一的水平。同时精耕区域也比两汉时期扩大了。更由于南方的天然条件比较优越，此后农业生产的重心由古代的黄河流域转移到江南。这是中国农业经济史上一大变局。

一、黄河流域之胡化

早在东汉时期，黄河流域的北部即已有少数民族杂居。不过他们大都逐渐华化，而且也接受了农耕的生活及生产方式。

黄巾之乱以后，社会秩序遭到彻底破坏，人口大量死亡，自古以来的文化中心区域，忽然化为千里无烟的荒原。

在这一次的普遍性的大混乱中，不但真正的华夏人士散亡殆尽，就连原已华化的胡人显然也有大量的减耗。

新兴的统治者实力比较薄弱，而且又须致力于内战，于是邻近西北边界的种种游牧部族乘虚而入在各地定居下来。

关中及其以西地带，在东汉中期以后，随了帝国势力的退却，即已渗入畜牧经济的成分。曹魏在河东的统治权只达到汾河的中游。

在长期战乱中，不但丁壮遽减，同时耕畜和农具也都大量地损耗。这种种生产条件之劣化，自然促使农产趋于粗放。

农业生产因为是需要相当长的周转时期，所以特别以社会秩序安定为前提。大乱之中，人人朝不保夕，也自然习于苟且，生产也遂趋于粗放。汉末三国之际，有的地方几乎恢复到采集经济状态。由于魏吴两国连年交兵，江淮之间不居者数百里。魏明帝时，洛阳附近有方圆千里的猎苑。西晋时期，中原一带多有规模相当大的马牧。这一切都显示原来的精耕区域之退化。

种种游牧部族连续统治北方几乎三个世纪之久，使已然发生显著变化的景观更进一步呈现半农半牧的色彩。

出自游牧文化的征服者进入中原以后，虽然也知道注重农业，但是究竟有限，而且实际上还只是为了安抚和剥削被征服者。他们并不放弃畜牧经济，而往往是将所占取的大量农地改作牧场。例如后魏孝文帝时，河内很大一块地方就是牧场。那里原来是中国最早的农业区，在当时也就在首都洛阳的隔岸，已然如此，其他地带可以想见。这种情形大约直到隋朝建立之后才渐渐转变。

讲求水利是中国农业的特点，但在少数民族统治时期，史书上绝少关于兴修水利的记载。反之，隋朝建立之后，这种记载立刻就多起来。这可算一种显著的证明。

（原稿下佚）

* * * * * * * *

注：原稿系毛笔书于竖格稿纸，文中提及"平原省"，当撰于20世纪40年代末期。因手稿自第四章一节后佚失，故原稿书末注文均不存。

中国近代农业经济史讲义

导　言

研究农业经济科学的目的，在于解决农业经济方面的问题。为了解决农业经济问题，是需要许多方面的知识的。历史方面的知识也是其中之一。历史是记载前人的思想和行事的。从历史上可以总结出来许多的经验教训，供我们在考虑和处理现实问题时参考借鉴。

历史是不间断的，现在是过去的连续。现在的一切事物的根源，都要追溯到过去的时代。学习了历史，就能够更清楚地理解、分析当前的问题，更了然于当前事物的来龙去脉。这只有掌握了事物的历史根源，才能把问题认识得更正确，处理得更妥当。因此，研究农业经济的人，也应当对于过去时期的农业经济有足够的了解。关于过去的农业经济发展情况的系统的叙述，就是农业经济史。它是属于农业经济科学知识领域之内的。

作为农业经济科学的一个组成部分的农业经济史，它的对象应当也同整个农业经济科学一样，限于农业生产关系方面。所谓关于过去的农业经济发展情况的系统的叙述，也就是要从具体的发展过程中找出来农业生产关系发展变化的线索，或者说，它的规律性。

中国近代农业经济史作为一门独立的课程，它在空间上和时间上都是具体限定了的。它的对象就是中国历史上的近代时期农业经济的具体发展情况。主要是要从中找出来这一时期中国农业生产关系发展变化的规律性。这一时期的中国，是处于半殖民地半封建状态之下的；当时的农业生产关系，也同整个中国社会生产关系一样，是一种特殊的半殖民地半封建的性质。这种性质的生产关系，是从原来纯粹封建的生产关系转变来的，但却又不是比较封建生产关系更为进步的一种完全新型的生产关系，实际上它只能说是纯粹封建的生产关系的一个变种。这样一种特殊的生产关系，维持了大约一个世纪之久。这一时期中国农业经济的发展情况是相当复杂的，变化是比较快，也比较多的。因为半殖民地半封建的生产关系并不是一种更进步的，所以它也并没有像一种真正的新的生产关系的形成那样，一上来就对生产发生促进的作用。恰恰相反，它从一开始给中国农业和中国农民带来的就只是灾难、祸害。同一切事物一样，它也是在不断地发展的。在它的作用之下，中国的农业经济连同整个中国国民经济，越来越披上了殖民地的色彩。农业经济中的剥削关系复杂化了，外国资本对中国农民的掠夺，中外反对派在压榨中国农民上面相互之间的关系，国内反动统治阶级在配合外国经济侵略上面所起的作用，中国农业生产的结构和性质，中国农村的阶级形势，中国广大农民的生活以及其反抗中外反动势力的斗争方式，如此等等，所有这些方面，都有其曲折而复杂的演变过程。在这样的演变过程中，是存在着一定的规律性的；换言之，也就是，所有这些方面的演变都是有其客观的必然性。所有这一切一切，以及各个不同时期的有关的意识形态方面的表现，统统都是同农业生产关系方面的变化互相关联着的，因而也都属于中国近代农业经济史的对象范围之内。

学习农业经济史的目的是在于能够更好地解决当前的农业经济问题，根据这种理解也就确定了这门课程的任务。它的任务首先就是提供给我们以必要的历史方面的参考资料和经验教训。尤其近代史是距离目前最近的一个时期的历史，近代史上的一切事实，同当前的各种问题有着千丝万缕的直接关系，因而也就有更大的参考价值。除此之外，这门课程还必须是要为现实政治服务，它要使我们更具体地认识到旧社会的丑恶、中外反动派的凶残，从而提高阶级意识，增强对新社会的热爱以及对建设社会主义的决心和信心。通过这门课程的学习，也使我们对毛泽东思想能有更为深刻的领会，对马克思列宁主义理论与中国革命实际的结合能有更切实的了解。例如关于中国革命以农民为主力军，农民问题是中国革命的根本问题，土地问题是民主革命的中心，封建地主阶级是帝国主义统治中国的主要社会基础等等问题，都可以在这里得到具体的证明。对于中国民主革命的艰苦性和长期性，必须坚持工农联盟，在农村中建立革命根据地以及中国农民运动必须由无产阶级政党来领导等等问题，也都会因此而得到更为亲切的体会。通过这门课程的学习，可以使我们对于中国传统的小农经济能有一个更为明确的认识，对于这种落后的农业经济的改造的必要性，也会得到更为具体的理解。在这种认识和理解的基础上，也就能够更正确地探寻进行改造的具体途径。

具体的历史内容是十分复杂的，重要的是从这种复杂的事变中辨识出来历史发展的实质。为了认识中国近百年来农业经济历史的真相，必须是要在掌握足够的资料的前提之下，运用阶级分析的方法，对半殖民地半封建的农业生产关系的全部演变过程中阶级矛盾形势的变化进行具体的、实事求是的研究，发现其中的规律性。同时在每个发展阶段上必须正确地认清农业生产关系对农业生产力所发生的作用。或者说，这两者相互之间的辩证的影响，找出当时各个有关阶级对于整个发展形势的思想意识方面的反映，还要阐明前后阶段递嬗的必然关系。这样的方法是历史唯物论的方法，也是研究历史的唯一正确的方法。

从鸦片战争开始的中国的近代时期，是一个半殖民地半封建时期，因此，如果替这一时期的农业经济史划分阶段的话，分期的标准就应当从具体的半殖民地半封建的农业生产关系的发展变化当中去找。所谓半殖民地半封建的生产关系，是一种带上了殖民地性质的封建农业生产关系。封建农业生产关系的基础是封建的土地关系，封建的农业生产关系中剥削关系的中心是地租剥削；因此就要依封建剥削方式，主要是地租剥削方式，以及参与剥削的各方面对剥削物的具体瓜分情况的发展变化来划分不同的阶段。根据同样的考虑，中国近代农业经济史也就不是叙述到反动政权被摧毁，全国性的人民政权建立起来的 1949 年为止，而是要延展到根除封建的土地制度，也就是土地改革在全国范围内基本上彻底完成的 1952 年。

从 1840 年到 1949（1952）年，分为四个阶段：

一、1840—1870 年（从第一次鸦片战争到全国农民大起义基本上结束）

这是一个农民大起义的时期。中国传统的封建农业经济开始受到资本主义侵略势力的影响，但是还没有发生显著的变化。农业经济中的基本矛盾仍然是封建地主阶级与农民阶级之间的对立，剥削关系依然如故；全国普遍的农民起义，正是这种基本矛盾的反映。在这期间，中外反动势力在镇压农民起义上面开始勾结起来，中国传统的封建的农业经济开始披上了殖民地的色彩。这是半殖民地半封建的农业生产关系的萌芽时期。

二、1870—1900 年（从洋务派得势到义和团运动）

中国农民的革命斗争被镇压下去以后，资本主义国家迅速地展开了对中国农民的殖民地性的掠夺。传统的自给自足的小农经济逐渐发生动摇，中国反动统治阶级越来越投入侵略者的怀抱。广大农民越来越感受到来自外国的剥削。这是半殖民地半封建农业生产关系的形成时期。农业经济中的主要矛盾的双方，一方是中国的广大农民，另一方面是反动的封建地主阶级和外国侵略者。这种以外国资本主义侵略的迅速加剧为主的剥削关系的发展，引起了 1900 年的义和团起义。

三、1900—1927 年（从八国联军之役到第一次国内革命战争）

从进入二十世纪后到 1927 年第一次国内革命战争，是半殖民地半封建的农业生产关系的发展时期。辛丑条约的签订，标志着中国反动的封建统治阶级向进入帝国主义阶段的外国侵略者势力彻底投降，外国的垄断资本对中国农民除了通过不等价交换加紧掠夺之外，更重要的是假手在其控制操纵之下的中国反动统治者来进行敲剥。因此，这一时期内比较突出的是反动的割据军阀对农民的直接剥削的加剧。中外剥削者日益加甚的压榨，是实质上以农民为主体的革命战争的基本原因。

四、1927—1949（1952）年（从十年土地革命开始到反动统治者的摧毁和土地改革的完成）

在带着高度买办性的国民党反动派的统治之下，中国农民的苦难达到了空前深重的地步。半殖民地半封建的农业生产关系发展到了极峰，部分地区还出现了对农业经济的完全殖民地性质的掠夺。在这同时，广大农民在党的领导下开始了有组织的反帝反封建的武装斗争。在革命斗争的发展过程中，主要矛盾方面逐渐由反革命的一方转移到了革命的一方。随了革命斗争胜利的扩大，作为半殖民地半封建农业生产关系的基础的封建土地制度越来越在更广大的地区内被推翻了，并终于在反动政权覆灭之后，在党和人民政权的领导下，经过大规模的土地改革斗争而被彻底肃清。半殖民地半封建的农业生产关系的崩溃和彻底消灭，也就是中国近代农业经济史的最后一个时期的内容。

总起来说，整个中国近代时期是一个民主主义革命时期。从旧民主主义革命到新民主主义革命，都是以农业经济的发展情况为革命的基调，也都是以农民为革命的主力。中国的民主主义革命经过了多少曲折，最后是由伟大的中国无产阶级政党中国共产党引向胜利道路的。

第一章　中国封建社会的农业经济

一、中国封建土地制度

　　毛泽东同志曾指出中国封建时期的经济制度和政治制度的特点："一、自给自足的自然经济占主要的地位，农民不但生产自己需要的农产品，而且生产自己需要的大部分手工业品。地主和贵族对于从农民剥削来的地租，也主要地是自己享用，而不是用于交换。那时虽有交换的发展，但是在整个的经济中不起决定的作用。二、封建的统治阶级——地主、贵族和皇帝拥有最大部分的土地，而农民则很少土地，或者完全没有土地。农民用自己的工具去耕种地主、贵族和皇帝的土地，并将收获的四成、五成、六成、七成甚至八成以上奉献给地主、贵族和皇帝享用。这种农民实际上还是农奴。三、不但地主、贵族和皇室依靠剥削农民的地租过活，而且地主阶级的国家又强迫农民缴纳贡税，并强迫农民从事无偿的劳役，去养活一大群的国家官吏和主要地是为了镇压农民之用的军队。四、保护这种封建剥削制度的权力机关，是地主阶级的封建国家。如果说，秦以前的一个时代是诸侯割据称雄的封建国家，那么，自秦始皇统一中国以后，就建立了专制主义的中央集权的封建国家；同时在某种程度上仍旧保留着封建割据的状态。在封建国家中，皇帝有至高无上的权力，在各地方分设官职，以掌兵、刑、钱、谷等事，并依靠地主绅士作为全部封建统治的基础。"毛泽东同志的这个指示，是我们正确地了解中国整个封建社会历史的基础，同时也是我们研究中国封建社会农业经济的总的依据。

　　封建社会的经济基础是农业，而农业生产中最主要的就是土地。因此，为了认识中国封建时期的农业经济，首先要研究一下这一时期的土地制度。

马克思和恩格斯两位大师曾指出，没有土地私有制的存在，可以说是整个东方世界的关键。所谓没有土地私有制的存在，应当理解为，在我们这里，自由的土地私有权的法律观念是缺乏的。从表面上来看，中国封建社会里，不但贵族占有土地，而且连一切不具有贵族身份的人同样也可以占有土地。这些地主不但可以占有土地，而且可以自由地买卖土地。从一定意义上来说，不但是存在着土地私有制，而且土地占有者对于自己的土地比起西方的典型的封建领主来讲还拥有更广泛的支配权。这确也是事实。不过这只是全部事实的一个方面。在另一方面，中国的封建国家却有一个至高无上的专制君主。在这个拥有无限权力的最高统治者面前，任何人对于土地的占有权都不是绝对的，没有法律上的绝对保障。根据"普天之下，莫非王土"的封建理论，专制皇帝是全国一切土地的所有者，也就是说，他是全国土地的总地主，或者说是太上地主。他当然并不是，也不可能直接掌握这样大的土地；事实上他只是占有其中很有限的一部分，其余的绝大部分，可以说是在他的默许之下，由他的一些臣民所分有。而这些一般的土地占有者，虽然在一定程度上能够自由地支配其土地，能够通过出佃来对佃耕者进行地租剥削，可是他们仅仅算是二级的土地所有者，因为他们不但还要向他们上面的那个总地主以"田赋"的形式缴纳地租，而且那个总地主还可以随时通过非经济的方式夺走他们手中的土地。这种没有绝对的明确法律保证的、非领主性的、可以自由买卖的土地私有制，正是中国封建土地制度的一个主要特点。

这种情况显然使土地占有状态不能够经常地稳定下来。这种不稳定性更由于一直通行的多子继承制的传统而增大。土地所有权的转移是非常频繁的，大量的土地常常是很快地集中起来，在这同时，却又经常看到较大地产的割裂、分散。本来在封建制度下，土地的分配是非常不合理的，大部分土地被极少数的人所占有，而真正从事生产的农民却没有或者只占有很小量的土地，这种占有状态已然是极不利于生产发展的了。而在中国的封建社会里，除了这个基本的不利条件之外，又加上土地所有权极不稳定这样一个同样不利的条件。说它同样不利，这是因为产权的不稳定虽然丝毫不意味着土地转到农民手中的更大的可能性，但却必然连带着引起对土地使用权的不稳定。农业经营常常会是由于土地所有权的转移和改变而遭到破坏。这显然是对于农业生产极为有害的。

这还只是一般地就土地占有的不稳定对土地使用的影响而言。在中国封建社会里，地主通常是把所占有的土地分佃给少地或无地的贫苦农民耕种的，这样就形成了一种租佃制度。它在中国封建农业经济中占着主要的地位。地主与农民之间的这种租佃关系，表面上（形式上）是基于自由契约，实际上却只是保证了地主单方面的撤佃、换佃的自由。至于佃农一方面，他们虽然不像真正的农奴那样被束缚于土地之上，但是对于他们来说，更重要的并不是形式上的"自由的"身份，而是对那块租佃来的土地持久使用的可能性。正是这种可能性经常地受到威胁。这就是说，这些直接生产者的经营不但是常常由于土地所有权的变换而受到不利的影响，此外在产权不发生变化的时期也是难得稳定的。这样就是把不稳定性扩大到了农业经营的方面。

在这种高度不稳定性的影响之下，比较大型的农业经营单位显然是很难维持的。因此，无论土地的集中达到了怎样的高度，一般的农业经营单位总是很小的。从而就形成了土地占有非常集中，而同时农业经营又非常分散的这样极其严重的局面。形式上"自由的"小佃户以及同样形式上"自由的"小自耕农普遍地存在，这就构成了中国传统的封建小农经济。历史证明，这种小农经济的命运是十分悲惨的。

二、以地租为中心的封建剥削制度

中国封建时期的农民，绝大部分是缺乏土地或者完全没有土地的。他们只有向封建地主手里去佃地耕种。由于这样需要佃种土地的贫苦农民为数极多，所以租佃条件非常苛酷。在形式上自由的租佃关系中，实际上却包含着严重的超经济的强制。正如毛泽东同志所说的："这种农民实际上还是农奴。"佃农对于地主，在一定程度上是处于人身依附关系之下的。但是这种人身依附关系却又不像西方典型封建社会那样的固定，地主可以任意把佃给农民的土地收回，而对于佃农的生活则没有任何责任。这是一种单方面的依附关系。这种情况对于农民当然是极其不利的。这也正是中国封建地主对农民剥削特别残酷的基本原因。

中国封建地主对农民的剥削，也是以地租为主。自从很早的时期以来，地租的主要形式就是实物地租。但是在这同时，劳役地租仍然以不完全的形式在许多地方残存着，作为实物地租剥削的补充。除此之外，由于货币经济早已有了一定程度的发展，所以用货币来缴纳地租的现象也并不很稀罕。不过认真说起来，这也并不能算是真正的货币地租。事实上地租额一般地还是按实物数量来定的，只是依照该实物的时价折算成货币缴纳，实际上是"折租"的性质。它显然是由实物地租转化为货币地租的过程中的一个过渡形式。这种情况是同中国悠长的封建时期基本上是自然经济统治着而同时货币经济又有一定程度的发展这样的社会经济形态直接相关的。

在封建制度之下，地租率是非常高的；两千多年以来，一直是占去收获量的一大半。更重要的是，中国农村的封建剥削并不只限于地租一项而已，地主通常于正规的租额之外，还对农民进行种种格外的榨取。例如"批写"租契要另外收费，逢年过节要佃农送礼，每年年初就预交当年的地租等等。此外在收纳租谷时用大斗大秤，更是极为普遍。所有这一切都是变相地增加了租额。这种格外的剥削还并不限于农民的劳动产品，连佃农的劳动力也成为地主格外剥夺的对象。佃农常常是被强制役使，从事地主家里的各种杂务，而得不到任何报酬，或者只能拿到极少的代价。而且这样役使的往往还包括了佃农的家属在内。这里可以清楚地看到佃农对地主事实上的人身依附的性质。以上这种种额外剥削，都还是通过租佃关系的。在这以外，中国封建地主还从其他方面来对农民进行敲剥，而且这种敲剥的对象并不限于佃农，而是包括了几乎全部农村居民。一般贫农以及不少的中农常常是需要借钱或借粮来维持生活的，地主就向他们放债。借期一般都是很短促的，利率却高得惊人，而且常常是用复利来计算，目的在于使债户根本无法归还。农民名之为"阎王账"，其剥削之苛可想而知。这种借贷多半须有抵押品，过期如果不能清偿，抵押品就被没收。贫农所仅有的极少量的土地，是他们所能提供的主要抵押品，对这种土地的没收，一直是地主兼并土地的途径之一。农民更常常拿了零星物品到"当铺"去借钱，而农村中这种吃人的当铺也大都是地主们开的。封建地主还不满足于这样的盘剥。他们还开设种种商店，多方利用农民的困难的经济处境，一方面压价收购农民的各种农业和手工业产品，另方面又尽量抬高农民日常必需的各种商品的价格，这样反复地来进行剥削。这种高利贷和商业资本的剥削，又经常是同地租剥削相互结合起来的。一般的情况是：地主通过地租以及各种附加地租的剥削，使农民不得不向他们手里举债，从而受到高利贷的剥削。为了还债，农民于收获之后，迫不得已要把缴租以后剩下来的本已不够吃用的产品低价卖一部分给地主所开设的商店，然后再在青黄不接的时候用高价从商店买进食粮。结果是农民必然越来越穷困，因而就越需要举债，因而也就越逃脱不掉地主的商业资本的剥削。封建地主通过这种办法能够最有保证地从农民身上剥夺到所能剥夺的一切东西。农民就是这样地越来越被缠入地主所密布的剥削网里，永世难得翻身。

农民所生产出来的全部产品，大部分作为剩余劳动产品通过种种方式被地主占夺了去，并且是不再回到生产上来的。地主常常是不只攫取去农民的全部剩余劳动产品，而且还吞掉一部分必要劳动产品，因此，农民虽然是尽可能地节衣缩食，还是常常不能保证维持着单纯的再生产。不能保证维持着单纯的再生产，这是中国封建剥削制度所招致的必然结果。这也正是中国封建时期农业生产发展迟滞，农村经济难得繁荣的基本原因。

在封建地主方面，他们从各方面剥夺农民所取得的大量财富；虽然他们当中有的也自己从事农业生产的经营，但是很少认真地把财力用到改良或扩大再生产，如改良土地，改善农具，兴修水利等等农田基本建设的上面去。一般的是用大部的剥削收入去继续收购土地，放债和经商。这样营运的结果自然是土地越来越集中，广大农民越来越贫困，农村经济越来越向两极分化，整个农业经济越来越走向危机，最后引出农民的起义和农民战争。

三、封建政权对农民的直接剥削

中国封建时期的农民不但受地主的残酷的剥削，而且还受封建地主的政权的直接剥削。传统的专制君主是全国的总地主，同时根据"率土之滨，莫非王臣"这样另一条封建理论，他同时又是全国的总农奴主。凭了这样的资格，他强使全国的农民向他缴纳贡税和提供无偿的劳动。这种直接剥削也同一般封建地主对农民的剥削一样，包括了农民所能提供的一切，具体地说就是农业产品、手工业产品以及农民的劳动力。也如同农村一般封建制剥削以地租为主是一样，封建政权的直接剥削的中心也是地租剥削；手工业品和劳动力的剥削，一般是同地租剥削联系起来的，在过去统名之为"赋役"。苏联历史学家称封建时期的税课为"集中的封建地租"，就是这个意思。

专制的统治者向农民课征赋役作为封建国家的收入。封建政权有它的一套财政制度。封建政权具有浓厚的私人经济的性质，它的理财原则是"量入为出"；因此，封建君主作为政权的持有者总是尽可能地设法增加收入，多多益善，而增多收入的主要办法就是课税。封建政权的这个理财原则同中国传统的专制统治者的权力的无限性结合了起来，这就使得中国封建时期的直接剥削发展到极其严重的趋势。封建政权向所有占有土地的人课征"田赋"，向所有的农村居民科派差徭，此外还普遍地索取地方特产，主要是农民的手工业产品。必须指出，地主阶级凭借了法律上的和事实上的特权，总是会避免各种的义务，或者至少是能够把负担转嫁给别人的。因此，全部的赋役剥削基本上是由中下层的农民来承当。这就是说，一般贫苦农民不但是除了受地主的种种封建剥削之外，还要受封建政权的直接剥削，而且是在直接剥削这方面，他们除了自己应尽的义务之外，还要把地主阶级所应尽的部分担负起来。尤其需要指出的还有一点，这就是徭役负担特别沉重。对农民的劳动力的征发实际上是没有限制的，而且常常是对于农业生产造成极其不利的影响。正是为了这个缘故，过度残酷的徭役，在中国历史上常常是引起农民大起义的直接的主要原因。

除了赋役的课征之外，封建政权还通过对于某些普遍消费品的垄断来进行剥削，这里想特别指出的是盐。这种本来生产成本非常有限的生活必需品，由于统治者实行专卖制度而常常售价很高，以致很多的贫农不得不长年淡食，并且经常有许多从事制造和贩运盐斤的农民犯罪被刑。这一事实突出地表现了封建政权的直接剥削的残酷。

这样的直接剥削已经是非常沉重了，可是在中国传统的封建财政制度之下，农民在这方面的实际负担比官方的定额要大得多多。这是因为中国的专制封建统治在形式上是高度集权的，但事实上又存在着割据的状态。这个特点直接反映在封建财政上面，专制的封建政权中央虽然有一套好像是明确的课税制度以及固定的税目和税率，但实际执行起来，封建中央只是责成各地方政府上缴一个大约固定的额数；至于地方怎样以及按什么标准去征收或征发，中央并不认真过问。这就是说各地方政府所实际征收和征发的数额，可以超过，而且常常是大大超过必须上缴的数额。换句话说，封建中央是默许地方政府额外进行榨取。等而下之，每一较低级的地方首长和他的直接上级首长之间的情况也都是如此。这样的财政或税收制度，实际上是一种"等级包税制"。就在这从上而下逐层摊派的过程中，照例是层层加码，多出来的部分，自然是落入经手官员的贪囊。在这里可以清楚地看到封建财政或税收制度的割据性。每一级的地方首长在自己的统辖范围之内都可以巧立名目，尽情榨取。在这方面，所谓"乡绅"也充分发挥了帮凶的作用。由于专制封建政权的权威远较一般地主为大，所以这种赋役剥削给农民经济造成的威胁，也常常是超过一般的地租剥削。因此，中国历史上无数次的农民起义，就常常是从"抗粮""抗捐"开始，而"官逼民反"常常是起义的农民所提出的口号。

最后还要提到，封建政权的直接剥削的一个不容忽视的作用，就是它对于中层农民，亦即所谓小自耕农的摧残。这种小土地占有者阶层虽然也不能摆脱一般地主的封建剥削，但是给他们带来更大的威胁的还是特别苛重的赋役负担。因为他们没有什么特权，所以面对着这种剥削，既无法逃避，又无法转嫁，结果只有听任敲剥，经常是因此而逐渐失去土地，下降为贫农、佃农。这也就是说，封建政权通过直接剥削也促进了土地的兼并。

四、小农业生产与手工业生产的密切结合

在中国的封建社会里，自给自足的自然经济占着统治的地位。这种自给自足性的基础就是构成中国封建社会主体的广大小农经济中农业生产与手工业生产二者的密切结合，农民从事农业生产劳动的直接目的主要是满足自己的生活需要。生活上最必需的是吃饭穿衣，因此，"男耕女织"就成为中国封建小农经济的典型的标识。布匹以外生活上所必需的各种制造品，也都是尽可能自己来生产，从而手工业就成为一般农家生产活动的必不可少的一个组成部分。一般说来，每一个农民同时又是一个手工业者，而且是多方面的手工业者。就连许多生产上使用的工具，也都靠农民自己来制造；而制造这些用具所需要的原材料，主要也是自己的农业劳动的产品。正是这种小型的农业生产和同样小型的手工业生产的密切结合，使得经常处于风雨飘摇之中的一般小农户有可能勉强地维持下去。一般小农户不但是没有什么多余的东西可以出售，从而也就没有多大的购买力，而且是如果被迫同市场发生关系，对他们来说，也就意味着要受封建性的商业资本的剥削。因此，尽量争取自给自足，也就是尽量少受剥削，而减少一分受剥削的机会，也就是增加一分挣扎存在的能力。

当然，这并不是说中国封建时期交换经济的发展是微不足道的。上面所说的只是基本情况。事实上在中国古代封建社会里，交换还是相当发达的，这可由货币从很早时期以来就普遍通行这一事实得到说明。一般封建

小农户究竟是不能做到完全地自给自足地。无论是生活上还是生产上所必不可少的物品，总有一部分是农民自己生产不来的。最明显的是食盐和铁质农具。为了买进就必然要卖出。因此他们不得不卖掉一部分农产品或手工业品，并且常常还要出卖自己的劳动力，这样来换取足够的货币。这也就是说，农民的劳动产品当中，至少有一部分是要变为商品的；农民的劳动力也在一定程度上具有商品的性质。虽然是这样，这里却不存在真正的商品化。这是因为农民同市场的关系并不是经常的，而在很大程度上是在迫不得已的情况下发生的。农民的劳动产品一般说来不是一上来就作为商品来生产的，农民的卖出只是为了一时的买进，因此，这样的卖出在很大程度上是具有偶然的性质。而这种本质上不是为市场而生产的"商品"从供应方面来说也自然有它一定的局限性。这种偶然性以及局限性都是不符合正常的商品化的。也如同农民在出卖劳动力的场合下要受着封建性质的剥削一样，在农村中操纵这种"商品"的是那些封建的地主商人。这种商人尽量通过不等价交换的方式来谋取暴利。他们营业的发达不是依靠社会购买力的普遍稳定，而是建筑在广大农民的贫困上面。因此，这样的"商品经济"仍然是封建的性质。同样，配合这种封建性的商品生产发展起来的货币经济，也是封建的性质。它是服务于封建地主阶级的，因为它助长了农村中高利贷和商业资本的剥削。它的作用不是在于促使封建的农业经济没落，而是恰恰相反，农村中的封建剥削正是需要它的支持。它的发展并不像资本主义萌芽时期那样可以视为封建的农业经济趋向消灭的标记。

就是在这种情况下，中国传统的封建小农经济长时期地保留了下来。在异常残酷的封建剥削之下，一般小农户不敢指望发展的前途，而是消极地依靠尽可能地自给自足以求自保。经过长时期的、异常艰苦的磨炼，一般小农学会了极其有效的结合农业生产与手工业生产于一个小型经济单位的办法，使这样一个微小的经济单位里面的劳动力、劳动产品以及一切生产条件都得到最充分的利用，从而使它的自给自足性得以维持在很高的程度上。这种基于农业与手工业密切结合的小农经济，形成了抵制社会工业发展的极其坚固的堡垒。

五、鸦片战争前夕中国农业经济的基本情况

大约在鸦片战争以前一个世纪，开始了清王朝统治的所谓"全盛时期"。据说那时期"海内殷富，素封之家比户相望"（昭梿《啸亭读录》）。当时社会财富增加，确是事实；那是清王朝统治者从明末农民大起义取得了教训，在一定程度上减轻了对农民的剥削的结果。不过应当指出，社会总的财富的增加，并不就意味着广大人民群众的物质生活水平普遍地提高。事实上在"素封之家比户相望"的对面，却是大批的农民的破产和贫困化。就在那"全盛时期"的初期，就有人提到"近日田之归于富户者，大约十之五六，旧时有田之人，今俱为佃耕之户，每岁所入，难敷一年口食"（杨锡绂《陈明米贵之由疏》）。这种趋势，后来显然是继续了下去。也有人考虑到土地不断集中的情势严重，向皇帝提出了"限田"的建议，每户占田不得超过 30 顷。从而可知，那时全国占有 3 000 亩以上的耕地的大户是很多的。就拿 3 000 亩来说，假定那时全国平均每户可以分到 15 亩地，那就是一个大户占有了 200 个普通户的土地。这不能不说是相当高度的集中！根据不同的记载，在那个时代里，特大的地主是所在多有。非常明显，所谓"全盛"，自然完全是站在地主阶级的立场说话的。

地租的剥削一直是很重，一般的是，农民要把劳动产品的大部分给地主。此外许多地区还推行了以预防欠租为名的"押租"的办法。例如 19 世纪初，浙江诸暨县的 1 个农民租了仅仅 1 亩田，地主却要他先交出 16 000 文现钱作压租。按当时 1 300 文折合白银 1 两来计算，那就是 1 次要交纳 12 两现银。很难想象，那个仅仅能够租田 1 亩的贫农手里会有 12 两银子的积蓄。他除了向高利贷者去摘借之外，便无其他办法。那时高利贷者的猖獗，由典当业的发达可以推知，而后者的证据就是"当税"居然成为王朝常年财政收入的一个相当重要的项目了。

亟力争取自给自足的农民越是走向贫困，也就越被迫同市场发生关系。畸形的农产品商品化，引出来农村商业活动的畸形发展。据 19 世纪

初期时人的记载，山西省农村的粮商，还有玩弄买空卖空的把戏的。"买者不必出钱，卖者不必有米，谓之'空敛'"（祁寯藻《马首农言》）。像这样高度投机性的、赌博性的商业活动，竟尔出现在落后的封建农村市场，这就很容易使人想象到当时农村中的商业资本剥削已然发展到了怎样惊人的程度。

残酷的封建压榨，再加上封建政权方面由于本身迅速地腐化而越来越苛重的赋役剥削，直接促进了农村中阶级普遍地向两极的分化。包括少数民族区在内的全国广大农村的普遍的动荡不安和各地农民的不断起义，有力地说明了情势的严重。特别是18世纪末接近爆发并且延续了10年左右的苗民大起义和白莲教起义的波澜壮阔的群众斗争，结束了地主统治阶级的所谓"全盛时期"的无耻宣传，同时也彻底拆穿了貌似强大的反动统治这个纸老虎。反动政权和地方地主武装的灭绝人性的血腥镇压，并没有使生活越来越苦而人数越来越多的贫苦农民群众安定下来，恰恰相反，不同规模的暴动和起义，接二连三地在全国各地发生了。事实非常明显，封建的剥削制度必须消除，封建的土地关系必须改革，只有这样，农业生产力方可能提高，农业经济才可能正常地向前发展。可是腐朽透顶的、反动的封建地主统治阶级就是死也不肯稍稍放弃他们的特权。封建社会的主要矛盾发展到了极度紧张的程度，全国规模的农民大起义爆发的条件已然再一次成熟了。

第二章　西方资本主义对中国封建农业经济的初步影响

（1840—1870 年）

一、鸦片战争直接增加了农民的负担

鸦片战争的前夜，中国还停滞在封建阶段的时候，欧美各国已从封建社会进入到资本主义社会。19 世纪 30 年代，世界资本主义正处在上升阶段，它们想打开中国的大门，这种要求一天天迫切起来。资本主义生产的特点是在使用机器。机器具有较大的生产能力，这样国内市场就不能满足资本家发财致富的欲望，他们就想法向外掠夺市场。在资本主义制度下，一天天贫困起来的人民，购买力逐渐下降，国内市场因之缩小。另一方面，资本主义的生产一定要走向资本集中与集积的过程，扩大了社会生产力，这使夺取国外市场的必要更为迫切。在这种情况下，中国就成为欧美列强所必争的一个肥美市场。

在鸦片战争前，英国是世界上第一个资本主义强国。它有广大的海外殖民地。在 18 世纪末叶，英国首先有了使用蒸汽机的新式纺织工厂，随后这种蒸汽机又用在其他工业生产上边。进入 19 世纪后，英国的工业便迅速发展起来。例如在棉花的加工量上，1771—1775 年仅有 500 万磅，到 1841 年提高到 3 000 万磅；生铁的产量在 1796 年为 12 万 5 千吨，到 1840 年提高到 139 万吨。蒸汽机应用于生产，是机器工业发展的突出标志之一。到 19 世纪 30 年代，在英国的纺织业中，蒸汽机已完全代替水力来开动机器，使棉织品数量又提高了。30 年代也是英国交通运输方面发生巨大变革的时期，铁路和轮船的利用日益普遍起来。英国出口总值也由

20 年代初期的每年 30 余万磅，到 30 年代的后期每年 5 000 余万磅，其中棉花和棉织品输出，占全部出口总值的 2/5 以上，因而开辟新的商品市场，便成了英国资本家极其强烈的要求。英国交通运输业的发展，特别是海上运输，为英国资本主义经济向外扩张提供了有利条件。

法国是次于英国的资本主义国家。在 1825 年英国取消机器输出的禁令之后，法国在工业上迅速发展起来。首先在棉织业上采用蒸汽机。1830 年法国在应用蒸汽机的数量上为 650 架，到 1839 年增到 2 450 架。在 1825 年铁的产量为 20 万吨，到 1840 年上升到 35 万吨。1788 年毛织品出口量的总值为 2 400 万法郎，到 1838 年增加到 8 000 万法郎；从 1815—1840 年棉织品的产量也增加了 3 倍。虽然法国较英国的工业基础薄弱，但是它也同样有寻求海外市场的要求。

再来看看美国的情况。进入 19 世纪后，美国在经济上逐渐摆脱了对英国的依赖，资本主义经济获得进一步发展。1814 年美国出现了新式棉纺织厂，从 19 世纪 30 年代起，工厂开始广泛应用蒸汽机。当时美国在工业上落后于英法两国。在 30 年代棉织品是美国唯一能输出的工业品，只是数量不大。

在 1840 年以前，资本主义在当时的三个主要国家中发展的基本情况，大概就是这样的。

正当 19 世纪 30 年代世界资本主义迅速发展的时候，中国还是一个古老的封建国家，在经济发展上是很缓慢的。清朝统治者为了维护封建的剥削制度，在鸦片战争以前，严格对外采取闭关政策，规定出中外贸易的限制。贸易港口也限制在广州。这种严格的闭关政策，对于要求和中国通商的各个资本主义国家—特别是英国—是一个障碍。英国采用各种手段——外交的、武力的、走私偷运的，企图打开中国的门户，结果是增加了清政府的疑虑，反而更进一步强化了闭关政策。

不过处在资本主义迅速发展时期，中国不可能长期孤立起来。清政府的统治者要使中国脱离世界与世界隔绝的办法，显然是行不通的。列宁在论到资本主义市场问题时指出："资本主义如果不经常扩大其统治范围，如果不把新国家殖民地化并把非资本主义的古老国家卷入世界经济旋涡之中，它就不能存在和发展。"他又说："资本主义在广度上的发展，即资本主义统治范围之推广到新的领土之内。"（列宁《俄国资本主义的发展》）这里说明了资本主义发展的特点，有无限扩张的倾向。为了推销商品，它必然要这样。以英国为首的资本主义国家毫不例外地要把中国拖入世界市场。中国古老的封建大门，由世界上第一个资本主义强国首先来打开，也绝不是偶然的。

腐败无能的清政府和英国侵略者签订了出卖民族利益的不平等条约，即 1842 年的《南京条约》。在这个条约上规定了，要赔偿鸦片价值 600 万元，商欠 300 万元，军费 1 200 万元，共计 2 100 万元。这笔赔款项数额，等于清政府一年收入的 44%，要分 3 年还清，当年要交付 600 万元。这一额外负担自然要落在中国人民身上，主要加在劳动农民身上。他们的生活水平本来很低下，因此更加贫困。当时清政府借口无钱，向南京人民勒索一百数十万两；"其不敷之处，暂于江、浙、安徽藩、运各库（即省库和盐运使库）通融借款，统于捐输项下还款。"为了对外国人屈服和补偿军费的支出，道光皇帝对各省督抚命令说："国家经费有常，必应量入为出，现在军务紧要，费巨用繁，尤须要为筹酬。在外筹划一费，即在内省拨一项。着各省督抚熟筹良法，即行条议具奏，至应征一切新旧正杂钱粮，按款依限征收，毋使短绌。"这就是要向广大农民进行额外征收，农民原负担的苛捐重税不许短欠。督抚们的办法，就是向农民勒索新的苛捐杂税。农民除交纳旧税之外，还要负担起苛重的新税。自鸦片战争以后，1841—1849 年不到 10 年的时间，只地丁税一项，一般来说就增加了 1/10，有的要大大超过这个数字。例如在 1843 年时江苏农民由于捐款，每石米田的钱粮要实交 3 石。这样逼得农民放弃土地，流离失所，卖儿卖女，过着悲惨的生活。这就是鸦片战争带来的后果。

二、银价高涨农民实际收入减低

白银在中国的经济上占据非常重要的地位。白银在中国取得正式货币的资格，可以说是从 15 世纪开始的，在此以前作为流通手段还不占主要地位。1436 年明朝政府正式允许农民拿实物折合白银交纳田赋。这样，白银开始在法律上和习惯上成为人民所公认的货币。在清朝统治时期，国家财政收支完全以银两为标准。不过白银在清代是一种主要的货币，却不是唯一的货币。另一种货币是制钱（铜钱），由统治政府鼓铸，大量发行。政府规定以银两为收支标准和支付手段，农民在交赋税时，按比价以制钱抵交，经收纳机关代为兑买白银上交。清政府在交付各项开支中也常搭配制钱发放。虽然在清代以白银为主要货币，但就实际的货币制度来说，是银、钱并行。而一般农民是使用制钱的。在使用的过程中，银和钱之间未有主、铺币的法定比率，两者之间的比值也就不能固定，而白银在两种货币之间是居于领导地位的。

直到 19 世纪初，中国和欧美的海上贸易，一直维持着出超的局面，在这 300 多年中，白银不断内流。最后由于英国海盗冒险家大量走私鸦片，才扭转了白银的流向。自此而后，由入超变为出超了。早在 1699 年，英商就有偷运白银的现象，这种活动在 18 世纪不断进行着，而且数量不断增加，到 30 年代，几乎每艘英商船回去时都带有白银。白银出口，清政府在法律上是不允许的，因而英国常常采用非法手段进行偷运，盗走中国的大量银子。在鸦片贸易之后，毒贩们开始获得较大量的白银偷运出口。因此在 1797 年以前和以后，在广州发生银荒的现象。尽管在 1815—1818 年间屡次明令严禁白银出口，而白银的外流仍逐年递增至每年一百数十万两。在 1817—1818 年的两年中，由英国走漏的白银价值已达 700 万元。再加上其他国家偷运，总值要值 1 000 万元。在 1821 年鸦片走私激增，银荒不仅在沿海各省，而且要延到全国各地，白银还是源源不断走漏出口。根据英国公布的记录，1823—1831 年间，英国偷运出口的白银，平均每年价值 4 324 339 元，1831—1834 年间增加到平均每年价值在 5 560 212 元，总计 11 年间共有价值 52 207 371 元的白银流向英国。

在 11 年中流出白银 5 000 多万元，这在当时就中国来说是一个惊人的数字。这还只是就广东一地流往英国一个国家而言，如果加上福建、浙江、山东、天津等地的外流，以及其他国家偷运的数量，那个数字更是令人骇异的了。而事实上白银外流的数量一直在逐年增加，1834—1838年，在这5年中，据当时的估计，仅在广东一处每年就流出四五百万元的白银，再加上其他各地每年走漏的数字，共达900万元之多。

20年中向外流出的白银，有人按最低的估计，价值也在一亿元以上，这个数字等于当时银币流通总额的1/5；平均每年则流出500万元以上的白银，等于当时清政府全年收入的1/10。

白银外流直接受害者是劳动农民。白银长期外流加重了农民的负担，影响了广大人民的经济生活，国家财政困难也一年比一年明显，中国社会生产力也遭受到极大影响。这是因为外流数量增加，国内银币不敷需要，就引起银价上涨。在18世纪末，制钱七八百文就可兑换纹银一两。在19世纪初期，银价逐渐增高，每两还不过1 000文，在20年代的后数年中则开始涨到一千二三百文，到40年代时，兑换纹银一两就需要制钱1 600文。30年间由于白银外流，银价上涨了一倍。银价腾贵钱价低落，影响最直接的是人民，特别是劳动农民。在农村市场上，农民生产出来的农业产品和手工业品，是用制钱作价的，农民劳动的产品不涨价，可是农民交纳的赋税要按银两计算。在银价稳定时，一两税款折合七、八百文，一石谷价值五、六百文，农民出卖石半谷可以缴上一两税款。在这时银价上涨了60%，而谷的价格只上涨了10%到15%，每石谷只卖700文，那么交税款一两要折合谷二石多，这对农民来说，等于是增加了赋税负担。同时由于银价不稳定，地方官吏借口预防银价上涨的亏累乘机向农民进行搜刮，征收时在正税以外加征若干，一两税银加至五、六分不等，有的加至八、九分。这又是对农民剥削的一层。银价不稳定，又使商业资本扩大了活动的范围，用白银作投机的对象。在旧捐新税的压榨下，大部分农民已处在破产的境地，被迫不得不向高利贷者借款，再背上一副重担，再次遭到剥削。这样商业资本和高利贷资本在农村中对农民的榨取因而加深。

农民负担加重，同时实际收入降低，这是由于银价上涨引起的，而银价上涨是白银外流的结果，白银流入外国是由不法奸商进行鸦片走私造成，因此中国人民必须坚决反对鸦片偷运进口和白银出口。

三、外国棉织品的进口对中国自然经济的打击

经过第一次鸦片战争，外国侵略者从清政府手里获得了一系列的特权。中国几千里地的海岸线被打开，按照外国侵略者的意愿，在东南沿海出入最方便的地方开辟了商埠。进出口税率的制定和变动也要受外国人的支配。外国在中国所取得的特权，商埠开放设有利于外国商品输入的各项规定，对外国，特别是英国资本家向中国输入商品是一个很大的鼓舞。南京条约的签订，英国人公开表示给他们开辟了一个广大的商品出售市场，即便开动兰开夏的全部纺织厂，也不能供应中国一个省的需要。外国侵略用大炮打开了中国的市场，他们把大量的工业品，几乎未有限制地向中国大量抛售。在南京条约订立后的头几年内，不但英国资本家贩运到中国大批纺织品，同时美国也向中国输入了更多的布疋。

五口通商门户开放前，中国社会基本上是小农业和家庭手工业紧密结合的自给自足的自然经济，在家庭手工业中，手工纺纱和手工织布业占主要地位。外国商品输入以后，出现两方面情况：一方面，外国商品进口，加速了中国封建经济的解体，加速摧毁小农业和家庭手工业的结合体，加速破坏了作为家庭手工业中的手工纺纱和手工织布，使机制纺织品的输入量能够连续不断地扩大。另一方面，中国自给自足的自然经济，对外来的资本主义纺织品，继续进行着极其顽强的抵抗。外来机制纺织品，在销售量上有一定的限度，想在短时期内超过这种限度，也是不那么容易的。就后一种情况来看，中国自然经济是很牢固的，它有着长久的历史。这样就规定了，这种自然经济的分解，也必然要进行得很缓慢。有些外国人也认清了这一点。1852年香港总督府秘书曾经这样说过：如果考虑到1843年中国开放时，它是世界上最大的手工纺织业国家这样一个事实，那么英国纺织品在中国的任何进展必然非常缓慢，也就不足为奇了。因此在中国每

消费英国白棉布 40 码，必然正好是英国白布代替了同样数量的中国土布，问题就是这样。

马克思曾经指出，英国纺织品摧毁印度手工纺织业的过程，经历过三个不同的阶段，即"首先是把印度的棉纺品排挤出了欧洲市场，然后就实行向印度输入棉纱，最后则以自己的棉织品来充斥这个棉织品的祖国"。（《马克思恩格斯文选》）中国和印度有许多共同点：中国和印度都是东方土地广大，人口众多的国家，手工纺织业都具有悠久的历史，他们的手工业产品，曾经销售到世界各国。但中国和印度不同的地方是，在鸦片战争以前中国是一个独立的封建国家，鸦片战争以后，逐渐变为半殖民地国家。外国对中国自然经济的破坏，也经过了不同的几个阶段。英美机制纺织品破坏中国织业，首先就是把中国的手工业品从欧美的纺织业的市场上驱逐出去，使中国的纺织品不能出口。我们知道，中国的手工业品是闻名世界各国的。在 1840 年以前，手工棉织业已有悠久的历史，它是普遍全国农村中的家庭副业，到 19 世纪的初年，中国还是一个输出棉织品的主要国家，有大量的棉织品出口。在美国新式纺织工业还未发达和建成，英国纺织工业还未有进一步发展起来的条件下，中国手工织成的布，结实耐用，行销欧美市场，受到普遍欢迎。通常被称为"南京布"的中国土布，在 1820 年以前，每年源源不断地从广州出口。从下边的材料完全可以说明这问题。例如在 1809 年，美国商人从中国运出的土布有 376 万疋，1819 年有 313 万疋。1810 年美船"珍珠号"从广州采购共值 26 万多美元的中国出口货物中，各式各样的土布则占了 152 000 多美元，占全部货物总值 1/2 以上。美国从中国买到的土布，一部分在本国销售，一部分则运到南美洲、澳洲各国及其他地方出卖，除美商贩运中国土布之外，英国东印度公司和一部分散商，也从中国的广州运往外国。英国散商从中国运出土布，在 1817—1827 年间，每年要运出 80 多万疋，少则达 20 多万疋，经常每年在四五十万疋。东印度公司在 1820 年以前，每年输出量也都在 20 万疋以上。自 19 世纪 20 年代起，美国东北部纺织业中心逐步建立起来，英国纺织业也有了进一步发展，中国土布出口数量就急剧减退，在

1823 年后，美商从中国运出每年不到百万疋，1832 年甚至跌到 6 万多疋。东印度公司在 1823 年以后每年只购几千疋。这些情况完全说明了中国土布在国外市场上受到了愈来愈大的排挤。英美机制纺织品，完成了摧毁中国手工纺织业的第一步，将中国土布从欧美市场上驱逐出来。

英美资本主义国家在本国的市场上排挤了中国土布，并不即此为止，同时愈来愈多地向中国输入毛织品、棉布、棉纱、棉花，每年都在增加。英商输入中国的印度棉花，以 1780—1784 年为 100％，到 1790—1794 年则为 722.3％，到 1820—1824 年则为 1 267.2％，到 1830—1833 年则为 1 757.8％。东印度公司向中国输入的毛织品，1780—1784 年为 100％，到 1790—1794 年则为 419％，到 1820—1824 年则为 539.2％，到 1830—1833 年则为 418.5％。从东印度公司运往中国的棉纱来看，1820 年 5 040 磅，1831 年激增到 955 000 磅，到 1842 年达到 621 万磅，先后 20 多年，棉纱输入量增加到 1 200 倍。

中国曾经是一个输出棉织品的重要国家，在 19 世纪 30 年代，这种情况逐渐颠倒过来了。在 20 年代从英国进口的工业品中，毛织品占了 90％以上，棉织品的数量则很小。从 1834 年起的 5 年中，棉织品占全部进口工业总值的 32％，在 1840 年后几乎达到 2/3，1853 年达到了 81％。1830 年东印度公司和英国散商，输入白棉布 60 万码，到 1835 年已超过 1 000 万码，而在 1845 年竟增至 11 200 万码。十五六年中，英国白布的输入量增加了近 200 倍。

除英国之外，美国是对中国输出棉布量最多的第二个国家。从 19 世纪 20 年代起，不但向中国采购土布的数量越来越少，而且从 30 年代开始，越来越多地向中国市场输入棉布。到 40 年代，英国也承认，美国的粗棉布在中国市场居于很大的优势，成为英国粗棉布的劲敌。美国对华输入的工业品中，棉织品处于头等地位，几乎占了它全部输华工业品中的 9/10。中国市场上就容纳了美国出口棉织品总量的 1/3。很显然，中国成了美国棉布最重要的国外市场。

资本主义国家向中国输入大量的棉花、棉纱、棉布，对中国手工纺织业起了破坏的作用。先是在沿海的通商口岸附近地区，然后扩大到沿海各省的农村中。棉纱进口，早于 1820 年后已显示出对中国农民的手工业起了破坏作用。1831 年在广州附近的农村从事家庭手工业的农民，对外国棉纱进行抵抗，就是因为洋纱的输入，严重地影响了当地织女的生活，她们是依靠纺纱绩线过活的。织工们表示不用进口棉纱织布，要求把进入到他们农村的棉纱烧掉。这一行动完全说明了广州作为中国最早的通商口岸，在 30 年代初就已经受到外来资本主义商品的猛烈冲击。

纺织业作为家庭副业，普遍在中国农村。外来的机织品是不可能一下子摧毁中国农村纺织业的。进口纺织品对中国手工业的破坏，是由港口的城市到乡村，由沿海到内地。特别对沿海地区的手工纺织业的破坏是非常惊人的。在 1843 年，英国到厦门开市后的一年半中，外国棉布对厦门附近地区土布出口的打击是相当严重的。原来江浙的棉布运销福建很多，这时也受到严重的阻碍。洋布对闽南、江浙土布的影响，绝不是个别的。我们知道江苏松江手工业纺织业从 13 世纪（元朝初）就很有名的，"松（江）太（仓）所产为天下用"，而上海的棉织业又是"甲于松太"。上海的棉布在明代就销行广东、广西、湖南、江西、陕西等地，有很大的内销市场。上海开放为商埠以后，英国棉布大量倾销，使当地手工织布受到严重的打击。当时有人记述松太手工纺织业的情形是："木棉梭布，东南杼轴之利甲天下。""今则洋布盛行，价当梭布而宽则三倍，是以布市消灭，商贾不行，生计路绌。""松太利在棉花梭布，近日洋布大行，价才当梭布三分之一。吾村专以纺织为业，近闻已无纱可纺。松太布帛，消减大半。"上海开放不到三年的时间，手工业劳动者已无纱可纺，无纱织布。价格低廉式样美观的进口洋布夺去了松太土布一半以上的内销市场。中国台湾的情形也是这样，台湾本地不产棉花，人们用的布疋、棉线都靠外地供应。在五口通商之前，台湾所消费的布疋、棉线都由沿海各地供应。泉州的白布、福州的绿布、宁波的紫花布运销于台湾各地。五口通商之后，有人这样描述台湾的实况："海通以来，洋布大销，呢羽之类其来无穷，而花布大盛，色样翻新，妇女多喜用之。"中国出产的各式各样的土布，只有在农村中还可以找到出路。土布市场日益缩小，造成了福建、江苏、浙江等地手工纺织业者大批破产，破坏了中国的自然经济。

马克思明白地指出："资本主义商品生产愈是发展，那些主要以本人直接需要为目的、只把多余的生产物转为商品的一切旧生产形态，就是愈不免受到破坏和解体的影响。资本主义生产，是以生产物的售卖为主要动机，在开始的时候，似乎对于生产方式本身无何等影响。资本主义世界贸易对于中国、印度、阿拉伯那样的国家的最初影响，就是如此。但是它立稳足跟的地方，它就会把一切以生产者自己的劳动为基础，或只把多余生产物当作商品出卖的商品形态，尽行破坏。"（马克思《资本论》第二卷）在鸦片战争以前，英美等资本主义国家用机器制造的棉纺品，将中国的土布驱出了欧美市场。在鸦片战争后的 10 年里，资本主义国家对中国进行的贸易，从棉织品上来说，它已开始威胁中国的生产方法，破坏手纺车和手织布机，摧毁纺织工业。这种破坏的过程虽还是刚开始，但已经对中国的自然经济起了破坏作用。这种影响继续扩大，最后普遍到全中国。

第三章　太平天国的土地制度

（1850—1864 年）

一、太平天国运动的起因和特点

太平天国运动，是中国历史上反对封建主义，反对外国侵略者的伟大的农民革命运动。1851 年爆发以后，革命运动很快遍及中国十几个省份，占领了 600 多个城市，革命政权坚持了 14 年。在中国近代史上，这是一次规模宏大、影响深远的农民革命运动。太平天国革命的发生绝不是偶然的，有它的历史和社会的根源。

太平天国革命的前夕，土地集中的情况是相当严重的，确实是"富者田连阡陌，贫者无立锥之地"。贫富的悬殊越来越尖锐。根据河北、陕西、山东、江西、福建、广东、广西等省的情况来看，全国的土地大约 40％至 80％集中在 10％到 30％的少数地主手中。大约有 60％到 90％的广大农民没有土地。地主拥有大量的土地，拥有 30 顷以上的地主相当普遍。地主利用土地对少有土地或完全没有土地的农民进行压迫和剥削。农民的劳动果实以劳役地租、实物地租或货币地租，尤其是实物地租无偿地交给地主享受。在广西省，地主兼并土地表现得更为突出，有些地主占了当地耕地面积的 8/10 至 9/10。地主以高额的地租向农民索取了大量的粮食。农民播种 100 斤的田地，就要向地主交纳 1 000 斤的粮食。不光是这样，同时地主通过高利贷的盘剥以及各种掠夺的方法，对农民进行敲骨吸髓的榨取。同时城市商人也通过典当、抵押等方式对广大农民进行剥削。

封建官僚、地主、高利贷者、商人，形成了对人民共同统治的阶级。

他们不管广大农民的生与死。农民堕入饥寒交迫的深渊之中，无力预防水、旱、风、虫的灾害。由于封建政权的腐败，官僚的贪私舞弊，不能修堤浚河，即便搞一点水利设施，也是敷衍了事，因而就起不到防涝防旱的效果。这样怎么能不加重自然灾害的严重性呢？根据不完全的材料来看，在1821—1850年这近30年间里，发生较大的水灾和旱灾有13次，每两年多就有一次较大的灾害，小的自然灾害是年年常有的。在太平天国以前的1849年4月，在江苏、浙江、安徽、湖南等南方诸省，大雨连绵，河水骤涨，河堤决口，田地被水淹没很多，是当时百年来没有过的大水灾。在这自然灾害之中丧失了很多贫苦农民的生命，农民损失的财产不计其数。虽然受到了自然灾害，地主对农民的剥削并未减轻。有的统治政权减免一点田赋，地主要收的地租却不肯减免。在这种情况下，地主对农民的剥削更加残酷。这样必然要引起广大农民对封建政权和地主阶级进行反抗。

19世纪40年代以后，资本主义国家对中国输入的商品日益增多，商品的种类也一再增加，除鸦片之外还有棉织品、毛织品、五金等等，使中国的手工业逐渐被资本主义国家的机器工业品代替。不仅如此，中国封建买办阶级和外国资本家相互结合起来，对中国广大农民进行压迫和剥削。清政府为了保持封建统治地位，各种捐税年年在增加，只"地丁银"一项，1841年是29 431 765两，1842年是29 575 722两，1845年是30 213 800两，1849年是32 813 340两，这样，就直接加重了对农民的剥削。

由上面事实我们可以看出，由于外部因素（外国资本主义的侵入），特别是内部因素（政权、官吏、地主、商人、高利贷者等的压迫和剥削）的作用，使广大的农民陷于饥寒、失业、破产，在死亡线上挣扎。农民为了生活下去，摆脱贫困和压迫，不得不起来和封建统治阶级进行斗争。太平天国革命的前夜，中国广大农村中，各式各样的农民斗争不断兴起，一步步走向高潮。参加革命运动的都是贫苦农民和手工业工人。这些农民战争的暴发促进了太平天国革命运动的形成。当时有这样的记载："当此大乱之前，已有无数之内乱，广西东北有乱民，广西南部及海南岛叛徒蜂起，广东韶州有重大之纷乱；贵州有乱；江苏有乱；湖北有叛乱；山西骤然不静；台湾有乱；四川骚动。"这是各地农民运动爆发的一般情况。在南方诸省的农民运动更为活跃，特别是广西的农民反抗统治者的运动更为激烈。"是年（1849年）广西大饥，饥民千百成群，向富户借贷钱米"，富户办"团练"借口保生命，对农民进行镇压，但饥寒交迫的农民仍然起来和地主进行斗争。参加运动的农民在"官逼民变""天灭满清""朱明再起""杀富济贫"等旗号下，攻克城市，杀戮官吏，声势浩大。广西起义的农民已达到数十万，每部分有数百人到数千人之多。这一运动逐渐发展到广西、湖南、贵州的边境地区。广西一省是这样，中国各地农民起义也都正在爆发或将要爆发。总计在这八、九年的时间，农民运动不下100多次，在各地已达到相当大的规模，这就是太平天国革命运动的前奏曲。在这样成熟的条件下，1851年初便在广西桂平的金田村爆发了轰轰烈烈的太平天国革命运动。太平天国革命运动很快发展到全国各地。

二、太平天国的土地制度

土地在不同的历史阶段有不同的意义。在私有经济条件下，土地变为私有物，是神圣不可侵犯的东西。农民没有土地或少有土地，他们需要土地就得起来革命，从大土地所有者手中夺回来。太平天国的土地制度，就体现了农民对土地的要求，这种土地制度具体表现在"天朝田亩制度"上面。现在我们来研究一下天朝田亩制度的内容。天朝田亩制度是在1853年太平天国建都南京以后颁发的。这个制度的内容是很丰富的，是多方面的。首先就是废除不合理的封建土地制度。土地是重要的生产资料，它被看成不是每一个人占有，而被看成为上帝的财产。"盖天下皆是天父上主皇上帝一大家，天下人人不受私，物物归上主"。而"凡天下田，天下人同耕，此处不足，则移彼处，彼处不足，则迁此处。凡天下田，丰荒相通，此处荒则移彼丰处，以赈此荒处；彼处荒则移此丰处，以赈彼荒处"。

实际就是将土地、财富都视为上帝所有，因而废除私有制度；每人在上帝的面前又是一律平等，不受任何人剥削，人人平等享用。太平天国就用这种农民平分土地的制度来代替封建地主土地占有制，按每亩耕地每年收获量的多少将土地分成九等，"其田一亩，早晚二季可出一千二百斤者为尚尚（即上上）田，可出八百斤者为中中田，可出七百斤者为中下田，可出六百斤者为下尚田，可出五百者为下中田，可出四百斤者为下下田"。在分配时，这九等土地是依照产量进行折合，"尚尚田一亩当尚中田一亩一分，当尚下田一亩二分，当中尚田一亩三分五厘，当中中田一亩五分，当中下田一亩七分五厘，当下尚田二亩，当下中田二亩四分，当下下田三亩。"根据九等土地好坏不同，每家在分配时，好坏进行搭配。分配田地标准有二种：一种是按人口进行分配，"凡分田照人口，不论男妇，算其家口多寡，人多则多分，人寡则分寡，杂以九等，如一家六口人，分三人好田，分三人丑田，好丑各一半"。另一种是按年龄分配，"凡男妇各一人，自十六岁以尚*，受田多逾十五岁以下一半。如十五岁以尚，分尚尚田一亩，则十五岁以下减其半，分尚尚田五分。又如十六岁以尚，分下下田三亩，则十五岁以下减其半，分下下田一亩五分"。

天朝田亩制度除了规定农民平分土地以外，同时关于农村中的政治、经济、文化等方面都有具体的规定。一方面按照军事组织建立地方政权，"每一万三千一百五十六家先设一军帅，次设军帅所统五师帅；次设师帅所统五旅帅，共二十五旅帅；次设二十五旅帅各所统五卒长，共一百二十五卒长；次设一百二十五卒长各所统四两司马，共五百两司马；次设五百两司马各所统五伍长，共二千五百伍长；次设二千五百伍长各所统四伍卒，共一万伍卒。通一军人数共一万三千一百五十六人"。从军帅到伍长由人民选举本地人担任，所以又叫乡官。在军帅以上直接领导乡官的有总制和监军，总制和监军直接由中央任命，这叫作土官。太平天国占领后的地区（省、府、县）也设立了郡县，如某府即立某郡总制，县即立某县监

---

* 现写作"上"，下同。

军。城乡居民以 12 500 户为一军，立一军帅；其次设有师帅、旅帅、卒长、两司马、伍长的名目，都由当地人来担任。太平天国的地方政权就这样建立起来了。另一方面在农村生活中，统帅 25 家的两司马实际上有组织生产、管理财政、教育、司法、选举等方面的责任，是农村生活中的组织者和领导者。两司马所在的地方，设立一个国库，一个礼拜堂。在收成的时候，"除足其二十五家每人所食可接新谷外，余则归国库。凡麦、豆、苎麻、布帛、鸡、犬各物及银钱亦然"。这 25 家中婚娶吉庆等事，由两司马根据规定从国库内支付。各家的孩子们每天都要到礼拜堂去，听两司马教读圣书；到礼拜日，成年男女也到礼拜堂去听两司马讲道。在 25 家中的陶冶、木、石等匠则"用伍长及伍卒为之，农隙治事"。规定每人都参加农业劳动，在 25 家里边，劳动好者有奖赏，劳动不好者要给以惩罚。再一方面，天朝田亩制度还包含着一种"寓兵于农"的思想，"凡天下每一夫有妻子女约三、四口到五、六、七、八、九口则出一人为兵""每军每家设一人为伍长，有警则首领统之为兵，杀敌捕贼；无事则首领督之为农，耕田奉尚"。此外，在社会福利事业方面，在这里也得到重视，"鳏寡孤独废疾免役，皆颁国库以养"。

由上面的条款我们可以知道，"天朝田亩制度"实际包括两个主要内容，一方面彻底废除封建的土地占有制度，而建立一种农民平分土地的制度。另一方面，是建立地方农村政权，组织农民生活。在这个制度当中贯穿一个基本精神，大家处处要平均，人人饱暖，这是一种平均主义的思想。这种平均主义思想反映了当时在封建统治下千百万无地和少地的贫苦农民的要求和理想，这样可以充分动员和鼓舞广大农民来进行革命斗争。

天朝田亩制度体现了一种空想的农业社会主义，描绘出了太平天国的乌托邦。它是一个平均主义的图案，以 25 家作为一个社会基本单位，建立国库、礼拜堂各有一所，由两司马主持管理。在这个基本单位里边"有田同耕，有饭同吃，用钱同使"。国库管理村中的公共财产，农民除了留用自食粮食之外，剩余的农产品，都必须交到国库，农民所需要的费用都由国库供给。但是就当时社会条件来说，这种要求是不可实现的。所谓"大家处处平均""无处不均匀""普天之下皆一式"，这种要求是从农民狭隘眼光出发，是一种绝对平均主义，是不符合历史发展规律的。列宁曾经指出："农民的平均主义思想，从社会主义观点看来是反动的和空想的，从资产阶级民主主义革命的观点看来则是革命的。"又指出："这种乌托邦虽然对于重分土地应有（将有）何种经济结果的问题是一种幻想，但它同时又是农民群众广阔伟大民主运动高涨的伴侣和征候。"（《列宁文选》两卷集第一卷，人民出版社版第 814 页）这种空想的农业社会主义包括了推翻不合理的封建土地制度，使每人都在平等的地位上，过着自食其力的平均的生活。这种思想的另一方面充分表现出了中国广大农民反抗封建压迫的斗争意志，同时也充分表现出了基于以家为单位的，小农生产的，非常落后的平均主义思想。

太平天国的天朝田亩制度所规定的平分土地的办法，可以肯定未曾实行过。这种平均土地是一种空想的农业社会主义，是脱离了当时历史发展的条件。未有根据历史发展规律，脱离了当时生产力发展的水平，企图在自然经济基础上建立起像天朝田亩制度所规定的那样的一个新社会是不可能的。那样的土地制度是无法实现的，只能在纸面上规划出来而已。这种制度不能实现的另一个原因是太平天国革命政权经常处于战争状态，西征北战连续不绝，全面系统的进行土地革命是有困难的。

三、太平天国实行的土地政策

天朝田亩制度表现了一种农业社会主义思想，它是空想的，所以是不能实现的。太平天国未有根据天朝田亩制度里边所规定的废除私有制度那样去做，而是根据中国当时的实际情况，从解决农民的实际问题着想，采取了类似耕者有其田的政策。1853 年 12 月，一个地主阶级知识分子王士铎在逃离天京时，在离天京有 30 里路的陈墟桥蔡村所看到的情况，就是当地的佃农已经不向地主进行交租，把租种地主的土地变成了农民自己的土地，他们过着有衣有食的生活。在苏南一带，太平天国革命军占领苏州之后，李秀成就下令"禁止业户收租"。常熟实行的办法是由"旅帅卒长造花名册"，以"实种作准，业户不得挂名收租"，这说明是重新编造粮册，田是谁耕就属于谁有，地主不得再行剥削。现在保存下来的有太平天国一些地区颁发的"田凭"。农民领到田凭之后，租田概作自产，所有权受到保护，这就是把耕地固定下来。有人记载无锡、金匮的情况时说："各佃户认真租田当自产，故不输租，各业户也无法想。"农民不交租，将土地归为已有，只向革命政府交纳钱粮，这是在当时条件下可能实现的一种土地政策，这应当是太平天国统治地区比较普遍的情况。

参加太平天国的农民反对地主阶级的土地占有制度和剥削的斗争是强烈的，体现了他们要求解放的愿望。当时有人作诗说，革命军到浙江乐清县等地之后，"地符庄账付焚如，官牒私牒总扫除"，就是说，将封建统治者的地契、借券、钱账以及衙门的收租册子完全焚毁，表现了贫苦农民对地主及地方政权的怨恨，剪除束缚农民的锁链，连统治者们的狗腿子也要铲除。在革命浪潮之下，压在农民头上的地主、商人、劣绅四处逃跑。

太平天国革命的后期，将土地固定给农民的土地政策发生了困难，太平天国为了保证税收，在有些地区不得不改为允许地主收租，只是仍实行了减轻地租的政策。但是有些地区还是继续实行将土地固定给农民的政策，也有一些地区允许地主收租。为什么有这种矛盾现象发生呢？这是反映了太平天国运动有着历史的局限性；当时政令不统一，内部不团结，不可能制定出非常明确的土地政策来，所以在禁止地主收租的同时，又在另外一些地区开禁。

太平天国在初期向农民宣传过："不要钱漕，但百姓之田皆系天父之田，每年所得米粒全行归于天父收去，每月大口给米一石，小口减半，以作养生之资。"这是一种不现实的空想，自然是行不通的办法。天国建都天京之后，地区不断扩大，革命军队不断增加，军队所用的粮食款项都会增多，必须来自于民。太平天国未坚持那种空想，根据现实情况执行了适当的措施，"照旧交粮纳税"，来满足革命战争的需要。天国的征粮征税，在形式上采用了清政府那一套办法，分为征粮和征钱，但没有其他杂役。实际征收的税额比清朝政府的税额要轻得多。有些地区自五亩以上的土地开始征税，五亩以下免税。从这个办法来看，征收农业税的对象只是五亩以上的农民；五亩以下的农民是最贫苦的，则免予征收。

四、太平天国革命时期的农业生产

太平天国革命军，在占领一个地区，首先采取必要的措施来恢复生产，发展生产，稳定农民的生活，指导农民适时耕地，按时播种，不误农时，向农民传授农业生产知识，改进作物栽培技术，提高产量。同时革命的军政人员组织农民兴修水利，扩大土地灌溉面积。太平天国占领的地区，气候良好，土地肥沃，又是中国出产丝茶的地区。太平军鼓励农民进一步发展我国的丝茶生产，增加对外贸易。对饲养蚕的农民积极加以领导和支持。在1863年春天，英国怡和洋行的商人曾经这样说："关于丝产的消息仍旧非常好，已有大量蚕籽孵化出来，桑茶也茂盛，所以大量产丝的可能性很大。叛党（指太平天国革命军）正在为一切努力，鼓励蚕户。"又说："蚕是很美的，各种现象表示将有一天大丰收。乡村垦种面积极高。叛党是最急于鼓励商务的。"在太平天国区域内，生丝的发展是相当快的，茶叶的生产情况也是好的。这从出口的数字上（哈唎：《太平天国》的材料）可以看出（表3-1、表3-2、表3-3）：

表 3-1 太平天国运动前的茶、丝出口情况

出口时间（年）	茶叶数量（磅）	生丝数量（包）
1845—1846	57 580 000	18 600
1846—1847	53 360 000	19 000
1847—1848	47 690 000	21 377
1848—1849	47 240 000	17 228
1849—1850	53 960 000	16 134

表 3-2　太平军向长江流域进发时茶、丝出口情况

出口时间（年）	茶叶数量（磅）	生丝数量（包）
1850—1851	64 020 000	22 143
1851—1852	65 130 000	23 040
1852—1853	72 900 000	25 571

表 3-3　太平天国建都天京后三年中茶、丝情况

出口时间（年）	茶叶数量（磅）	生丝数量（包）
1853—1854	77 210 000	61 984
1854—1855	86 500 000	51 486
1855—1856	91 330 000	50 489

从上面茶叶、生丝的出口数字我们可以看出，茶、丝的出口一年比一年增长，特别是在太平天国建都天京后，出口的数字增长得更快（里边有一部分来自天国地区之外的，但也要经过革命区才能外运）。这说明了新的生产关系促进了农业生产力的向前发展，这样给农民带来了很大好处，使他们的生活得到改善。从另一方面来看，出口数量的增长也说明了，太平天国时期对外贸易是兴盛的。

第四章 半殖民地半封建形成
时期的土地关系

（1870—1900 年）

一、土地的加速集中

1840 年以后中国便一步步地走上半殖民地半封建经济的道路，土地关系也一步步向半殖民地半封建的土地关系转化。太平天国革命失败之后，外国资本主义和中国的封建势力，相互联合在一起，对中国农民进行压迫和剥削。地主、官僚、军阀、买办商人、高利贷者及不法的教堂教士，一齐来占夺土地，使土地迅速集中起来。这是中国半殖民地半封建农业经济形成过程中的很重要的一个特点。

中国封建军阀官僚在政治上军事上有很大势力，他们凭借特权，对土地进行大规模的兼并。重要的是封建官僚对土地的兼并不是为了发展农业生产力，而只是简单地扩大剥削收入。大官僚李鸿章兄弟 6 人，在其本乡安徽合肥地区霸占土地 60 多万亩，平均每人就要占到 10 万亩以上。李鸿章所占有的土地约为当时全乡土地的 2/3。他将这些土地出租给农民耕种，每年向农民勒索的租粮至少有 50 000 担稻谷。四川省万县有一个军阀地主占有土地 18 000 多亩，这些土地每年就要从农民身上盘剥 70 000 两银子的租入，像这样例子，举不胜举，各地官僚地主占有土地情况见表 4-1。

表 4-1 各地官僚地主占有土地情况表

地　区	地主姓名	职　务	土地面积或租额
江苏省清河县	张汝梅	右江道	10 000 亩
六河县	徐永祖	候补道	1 700 亩

（续）

地　区	地主姓名	职　务	土地面积或租额
浙江省秀水县	王荪綦	都转	数千亩
山阴县	许某	不详	1 000 亩
山阴县	周某	不详	4 000 亩
慈谿县	密某	直隶候补道	1 300 亩
安徽省凤台县	徐善登	提督	3 000 亩
宿州	周田畴	不详	4 187 亩
合肥县	周盛傅	提督	2 000～5 000 石（系每家所收租额）
合肥县	刘傅铭	巡抚	2 000～5 000 石（系每家所收租额）
合肥县	唐殿奎	提督	2 000～5 000 石（系每家所收租额）
合肥县	张树声	总督	2 000～5 000 石（系每家所收租额）
湖南省长沙	聂尔康	知府	7 000 石（系租额）
直隶顺天府	王海	候选道	17 900 亩
天津	张建勋	道台	30 000 亩

表 4-1 的材料虽然是部分地区的情况，但可以明显看出，当时的文武官员掠夺了大量土地。他们占有这些土地是从各方面霸占的。首先把各种官田、公产，例如学田、旗田、荒地和流亡的农民所遗留下的土地攫为己有，其次官僚们在军队中尅扣军饷，贪私舞弊，同时敲诈勒索，搜刮民财，以非法所得的金钱，用廉价强迫收买贫苦农民的土地。这就是说，他们的大地产的形成，主要是经由非经济的途经。这种情况过去是一直存在的，但在这一时期更严重了。

不仅军阀官僚对农村土地进行兼并，而且商人、高利贷者也在农村中兼并土地，但兼并的方式方法不同，实质上都是掠夺农民的土地。直隶（河北省）滦县有个刘姓地主，兼营商业。该户在 1880 年以前并没有多少土地，从那以后，买进的土地便逐年多起来。

现在来分析一下刘姓家的土地历年增长的情况，刘姓兼并土地情况见表 4-2：

表 4-2　刘姓兼并土地情况表

年代（年）	历年兼并额（亩）	历年累计额（亩）
1880	55 990	55 990
1881—1885	482 059	538 049
1886—1890	279 755	817 804
1891—1895	940 565	1 758 369
1896—1900	139 076	1 897 445

从这些数字我们可以看出，土地每年都在增加，从 1880 年到 1900 年，在这 20 年当中，土地就增加了 300 多倍，这个数字是相当惊人的。再看一下山东临清一个例子。临清河运方便，在当时是南北方货物交流的城镇，粮船不断，市面繁荣。在这个镇上，单是兑换元宝、碎银、放款出帖（银票），大小银钱号，就有七八十家。其中最大的有 3 家，即"际元""聚兴""永亨增"，分布在临清的各个街道，当时人们流传着有一句俗语："南际元，北聚兴，中间夹着永亨增。"这三家银号各有各的联号，际元、际昌、际泰山的"际字号"，都是碾子巷大地主"徐大头"的产业；聚兴、宝兴、玉兴……叫"兴字号"，这些联号在乡下拥有 30 顷的土地；永亨增的联号叫"永字号"，在乡下据有很多土地，业主外号叫"孙百顷"。他们将剥夺的钱财拿到乡村购买土地，又以土地对农民进行剥削，这样形成了一种连锁反应的剥削形式。再来看一看陕西米脂县马家地主是如何兴起的。他们放债收利，逼使欠债者以地抵还债款。他们又将地佃出收租，这样使利息、地租辗转增殖。剥削最严厉的是高利贷，农民借钱时最低月利三分，高达五分。也有借一元一年还两元的，当地叫作"一年滚"。借粮普通借三还四。农民在借钱时不论借钱多少，都必须以自己的土地作抵押，期满不能还时，将地变为典当，但典当地到期又无法赎回时，就不得不将土地出卖给地主。如遇到灾荒更是高利贷者剥削的好机会，用最苛刻的条件将农民的大批土地套买进来，然后再租给农民耕种，就这样，马家成为陕北最大的地主了。从上边的各地材料来看，商业的榨取和高利贷的盘剥，这是摧残农民的两把利刀，也是加速土地集中的杠杆。商人、高利

贷者将剥削来的金钱，同样不用在农业生产上，而是用来收买土地，逐渐使土地集中到少数人手里。

现在来分析一下19世纪末期中国地主占有土地的情况。地主阶级掌握着大量的土地，每户地主有几千或万亩以上的土地，这样的地主还是很多的。在太平天国运动以后，土地兼并相当盛行，形成了很多大地主。从《中国近代农业史资料》的材料来看，土地集中是相当严重的，各省大地主的户数及占地面积见表4-3。

表4-3　各省大地主的户数及占地面积（1888年）

地　区	占地亩数	地主户数
江苏北部偏北	40万亩	1户
	30万亩	1户
	40万～70万亩	多户
兴华县泰州	1～1万亩	不详
镇江金山寺庙产	3 000亩	—
句容县华山寺庙产	5 000亩	—
浙江仁和县	1 000亩	不详
绍兴	数千亩	不详
杭州	5 000亩以上	不详
福建福州	1 000亩	1户
直隶武清县	10万亩	1～2户
	1万亩	占总户数10%
山东莱州	10万亩	1～2户
	1万亩	占总户数10%
益都县	1 000亩	1～2户
	500～600亩	8～10户
山西太原府	1 000亩以上	不详
平阳府	500亩	不详

1856—1860年，英国和法国对中国发动侵略战争以后，资本主义势力进一步深入到中国农村。外国不法天主教徒，不仅在中国得到了传教的自由，借此机会在中国广大的农村中进行不法活动，"购买"霸占中国农民的土地，直接剥夺农民的生产资料。这种情况在江苏、江西、湖北、四

川、山东、直隶、山西、陕西、河南、奉天、广东等省都不断发生。外国教堂、教士霸占田地的方法是多种多样的。有的是直接霸占，或以保证赔款为借口，指定农民的土地为抵押，有的是用强制的方法将农民的土地买进，再改用所谓"送""让""献""换"等名称占取土地。看看事实，英国教士在福州乌石山直接圈占土地。在宁夏磴口以北，三望宫一带有数百里的地方，被外国教士占有，为天主教所管理，对农民直接剥削。西洋人在这块肥美的土地上，每年要获得40万元的剥削利益，农民的血汗白白被外国人拿走。天主教在山西长治一地，从1859年后就霸占了168处田产。外国教士们霸占了中国农民很多土地，不仅直接对农民进行剥削，同时不交或少交纳田赋，即便是他们所要交纳的部分，又转嫁在贫苦农民的身上。从长治天主教堂的田产来看，就有90％以上的土地不交纳田赋；即是要交纳的那一部分的土地的税额亦尽量少交，或找出种种借口常常不交。

除外国教士之外，外国的行政势力和商人也直接或间接对中国农民的土地进行掠夺。外国官员在南方的上海、江苏的镇江、浦县，江西的兴国、德化，湖北的汉口、武昌等地，东北奉天的牛庄，鸭绿江下游的安东和黑龙江的少数地区，西北的新疆，华北的山东等地，都有直接对土地进行侵占的情况。例如在东北的铁路两旁外国人占了民地在十六万垧*以上，在上海附近美国人圈占土地在万亩以上。另外外国商人以廉价的土地价格购买中国农民的土地为数也很多。俄国商人在黑龙江省、德国商人在山东省都收买了大量民地，其他资本主义国家商人也有同样情况。

中国的封建势力直接帮助了外国侵略者的侵占，本来就缺少土地的中国劳动农民，因此而感到生计困难。他们深切地知道，这是外国资本主义势力侵入中国后给他们带来的祸害。

土地兼并使土地集中在少数人手里，从另一面来看，无地化的农民越来越多，他们为了生活下去，不得不以高额的地租从地主手里租进一点儿土地去耕种。1871—1888年从各地的材料来看可以说明这个问题。江苏

---

* 垧：旧时计算土地面积的单位，各地不同，在东北地区1垧等于15亩。

金山县农民占总户数的 80%～90%，其中佃农则占 50%～60%；江阴县农家占总户数的 80%～90%，其中佃农则占 50%～60%；苏州佃农占总户数的 80%～90%。江西新城县农户占总户数的 90%，其中无地者占70%。浙江杭州佃农占总户数的 50%～60%。湖南巴陵县在农民当中有60% 是佃农。广东澄海县汕头鼓夏村，全村约有 300 户，无田户则占70%。直隶武清县佃农占总农户的 30%。由这些材料我们可以看出，一半以上的农民失掉土地沦为佃农。农民失去土地不得不依附于地主，成为不自由的人，农民耕种土地获得的产物，将一半或一半以上无代价地交给地主享用。这种不合理的土地关系日渐恶化起来，这也是必然的。

土地兼并造成土地集中。其后果，以地主阶级为代表的站在剥削者的一方面，而广大贫苦农民站在被剥削者的另一方面，使这两种阶级的对立进一步加深。农民对剥削阶级的斗争和反抗继续不断，地主压迫剥削越厉害，农民的反抗越加激烈，最后的结果必然要引起革命的斗争。

二、农业经济中封建剥削关系的恶化

外国资本主义势力侵入中国之后，清政府更加腐败，为保持其封建统治，对农民的剥削就步步加深。现在就来分析一下赋税增加、捐税加派的情况。江西南昌在 1873 年每丁征银 1 两 4 钱 9 分，每两折合 1 800 文，计征钱 2 682 文。漕粮 1 石征银 1 两 9 钱，计征钱 3 420 文。到 1897 年，丁银每两提高了 7 分。漕粮每石提高了 1 钱。到 1898 年，丁、漕又各提了 4 分。由这一典型材料看来，赋税年年在增加。劳动农民在交赋税时，不是按照应征额数去交纳，还要经受一层剥削，即经过当地胥吏之手还要增加超过税额的多倍。例如四川省的农民名义上交纳地丁税 1 两，实际要交出 5 两到 10 两，即比原税额增加 5 至 10 倍。在该省还有一种情况，即是同一种名目的赋税每年征收两三次也是常有的。从1854 年到 1879 年中国南方的几省中来看看田赋加派情况，各省田赋加派示例见表 4-4：

表 4-4 各省田赋加派示例

年代（年）	地区	加派名目	加派标准	加征额数	
				单位	金额
1854	江苏扬州通州	厘金亩捐	地每亩	钱、文	20～80
1855	安徽霍山县	国防及军费	租每石	谷、石	0.2
1861	江苏松江府	团练费	地每亩	钱、文	360
1863	安徽	亩捐	地每亩	钱、文	400
1879	江苏青蒲县	修建费	漕粮每石	钱、文	200
	青浦县		地丁银每两	钱、文	100
1875 以后	福建	赔款随粮捐	地丁银每两	钱、文	400
			粮每石		400

从上边地区的情况，我们完全可以看出，农民除了交纳正常的税额之外，还要担负名目繁多的捐税。这些加派的名目多在地亩上追加。土地生产能力未有增加，农民的实际支出却加大了很多。

厘金是统治阶级收捐的一种名称，按货物价值抽若干厘，称为厘捐。对货物收税的机关叫作局，局下设卡。1864—1888 年在全国各地普遍设立局卡。课征对象不限于商人的货物，对农民出卖的农产品也一样抽税。农民生产出的烟草、茶叶、粮食拿到市场上出卖时，买户抽几文，卖户也抽几文，买者卖者都要纳捐。农民将自己的农产品运到离本乡远的地方去出卖时，更是要每经过五里、十里就要纳税一次。货物的内外运销，从此处已纳厘金，到彼处也不能减免，这样厘金的数额往往超过原物价的两三倍不止。

食盐在广大人民生活中是不可缺少的消费品，国家统治机关对盐有专卖的权力，任意提高盐价，盐在纳税时按引（一引等于 300 斤或 400 斤不等，由历次加斤之后每引不止 400 斤）课税，或听"引课"。盐税是清政府一项很大的税收。为增加统治者的收入，盐税逐年增加。在 1870 年以前每引征银二两左右，到 1870 年以后每引提高到六七两，每引增加了四、五两。其实每斤盐的成本不过两三文，农民私自贩运到内地，每斤售价不过八九文，但官盐出售时每斤 30 文左右。官盐和私盐价格相差很大。因此封建统治者严禁私盐运销，同时凭借专卖权尽情剥削广大农民。例如在1892年在湖南、广东、江西、安徽等地，农民吃的都是淮盐，在市场出卖只有六七十文钱一斤，但在出卖给农民时，压秤减斤，伴合泥水，农民实际得到的盐每斤不过六七两，但每斤的价格却在七八十文。质差价贵，这又是统治阶级榨取农民的一种方式。

封建经济特点之一是超经济的强制。拥有封建特权的地主绅士，不但利用这种特权对农民进行压榨，而且还经常得到反动封建政权的支持。遇到灾荒或别种原因，收获物减少时，农民也要照常交租。农民如果欠租，就被送到衙门，以刑法制裁，逼令完交。从19世纪60年代开始，长江下游农村阶级斗争特别惨烈地区的地方政权下面，还普遍设立了催租"机关"（催租局、收租局、租栈），直接替私人地主向佃农收租。欠租的农民，横被捆送，拘押和拷打，绝无幸免。每逢交租的季节，地方政府的监牢里面总是充满了遍体血淋淋的贫苦佃农。如1886年江苏的苏州，农产歉收，农民无法交租，被苏城的追租局拘捕拷打的农民就有数百起之多。这个事实完全说明，地主阶级对于农民是越来越蛮横了，同时反动政权越来越露骨地替地主阶级服务。广大农民和反动的封建地主统治阶级之间的矛盾越来越尖锐了。

三、永佃制的发展

太平天国运动失败之后，长江以南的某些地区出现了一种永佃制。1870年以后，永佃制更普遍地发展起来。我们知道，在太平天国后期中国封建统治者和外国侵略者相互勾结，对参加太平天国的农民群众进行了血腥镇压。大批村庄被反动势力烧毁，很多农民被屠杀，有的就逃往远方。结果是几十里、几百里内村庄断绝了炊烟，广大肥沃的田地无人耕种任其荒芜。这种情况在江苏、浙江、安徽等省特别严重。江苏一省荒废的土地就有数百万亩；在江南的某些县份荒田就占到原耕地的十之五六。江宁所属的地方，原有耕地63 900多顷，在1874年时却只耕种29 200多顷，即占原耕地亩数的 46％。在浙江省土地荒芜也相当严重。如富阳、临安、于潜、新城、昌化、教丰、安吉、武康等县荒地最多，在 1864 年农民所耕种的土地不过原来数额的十分之二三，在仁和、钱塘、嘉兴、秀水、海盐、平湖等县农民耕种的土地不过原来数额的十分之四五六；在江宁、清德、东阳、义乌、永康等县是荒地较少的地方，农民耕种的土地也仅及原耕地的十分之七八九不等。土地大量荒芜是因人口大量流亡、劳动减少所致。地主阶级为了恢复和维持他们的剥削收入，就设法将荒地让农民耕种，以允许农民有长久的耕种权力为诱饵。因为如果农民开垦之后没有永久的耕种权力，就不愿意去开垦荒地，地主的剥削收入就会减少。地主以实现剥削为目的，用小恩小惠的办法鼓励农民垦荒，并把农民固着在土地上面。这样就形成了特殊性质的永佃制。这是一种情况。又如在湖北、江西省有些地方，农民自己原来有土地，自己耕种，因受地主和封建政权的压迫和剥削，被迫将土地以廉价出卖给地主，而农民保留了永久耕种的权力。这种田俗称为"饭碗田"。这是永佃制的另一种来源。

实行永佃制的地方，地主不能任意撤田。实际对土地的占有权分而为二，一般称为"田底"和"田面"。这种名称叫法不一，在安徽有些地方将"田面"称为"顶手"，"田底"称为"卖租"。还有些地区把"田面"称为"小卖"，"田底"称为"大卖"。江西省有些地方将"田面"称为"田皮"，"田底"称为"田骨"。名称不一，剥削的性质是一样的。永佃制有这样的特点，地主占有田底，向农民进行收租，田底可以买卖，佃农占有田面，永久保持对土地的使用权，但也有权将田面出卖和顶押；如不欠租，地主无权干涉。有了田底和田面的区别，在同一土地上也会发生二重地主。拥有田底的称为正式地主或大地主，只管收租纳税。从原佃户手里买进田皮或田面，然后将这种土地出租给其他农民，也进行收租，称为"二地主"。二地主的收租额要大于大地主的收租额，这两租额的差数就是二地主的剥削所得。这种剥削仍为封建性的。非常明显，实行这样的永佃制，就是增加了一层地主的剥削，也就是农民的负担进一步加重了。

第五章　中国农产的殖民地商品化

（1870—1900 年）

一、十九世纪后期中国农产品商品化的新发展

封建社会中自然经济的统治，本来就不是绝对的，中国封建时期农民的劳动产品，早已在一定程度上商品化了。发展到后来，某些地区在一定程度上还出现了农产专业化的迹象。例如棉花的生产，主要集中在江南一带以及河南、冀南等地；福建省、山东的济宁和陕西的汉中成了烟草的主要产地；至于蚕桑和茶叶的产地，更是比较固定了的。所有这些地区，由于主要从事特定作物的生产，以致粮食往往不能自给，有的地方成了经常缺粮区；这种情况自然也促进了粮食作物的商品化。不过这种发展是相当缓慢的，在广大农村中，自给自足的自然经济的统治始终没有受到显著的影响。

西方资本主义势力侵入中国以后，情况有了较大的改变，中国的一些农产品开始被纳入资本主义世界市场，这就使一部分中国农民的经济同遥远的外国的资本家发生了关系。举一个例来说明：湖南省安化县生产黑茶，原来是销往陕甘各地的，后来转而面向出口，由于外国市场的需要不同，改制红茶，每年货价收入将近百万。如果运输有了阻碍，货出不去，马上就要有十几万人的生活受到威胁。一向基本上自给自足的中国农村，像这样直接受到出口情况的影响，这是一种完全新的现象。方才讲到的虽然是19 世纪中期的一个个别的事实，可是它具有极其深远的意义。外国侵略者为了摧毁中国的自给自足的自然经济，就必须促进中国农产品的商品化。在外国资本的影响之下，越来越多的中国农产品的生产，必须从一上来就

是属于真正的商品生产的范畴，而且是服务于外国的资本主义市场。在这种条件下加速中国农产品的商品化，其意义就不单单是外国资本逐渐扩大对中国农产品的掠夺，同时也为中国广大农民创造购买力，而后者是在中国大量推销外国商品时所必需的。侵略者的这种企图，在中国农民大起义失败以后，事实上逐步得到实现。这从下列几种农产品加工制成品在19世纪后期历年出口指数上面可以清楚地看出来，具体指数见表5-1：

表5-1　19世纪后期农产品加工制品历年出口指数

年份	皮货皮革	糖	茶	烟叶	油	生丝
1868	100	100	100	100	100	100
1870	365	262	81	489	15 011	86
1875	545	395	107	1 390	345	89
1880	13 260	801	104	1 596	1 594	106
1885	26 171	463	94	2 335	1 915	60
1889	70 167	1 609	82	8 610	10 223	110

以上几种主要出口农产加工制成品，除去茶和生丝由于国际市场上出现了竞争者而增加较小或甚至减少而外，其余都是或多或少有了很显著的增加。这些农产加工制成品的增加，自然要引起有关农产品生产规模的扩大。这就是说，中国的农民，至少是其中的一部分有必要重新考虑安排他们的生产计划，而其结果又自然是要对中国的整个农业经济产生意义深远的影响。中国农民越来越认识到，他们现在已经不再像过去那样基本上是在迫不得已的情况下出卖他们的劳动产品，而是或多或少有意识地为市场而生产了。他们那原来基本上自给自足的小型经济，虽然从规模上来说也并没有扩大，可是越来越增多了同货币的关系。情况的确是改变了。这是中国农产商品化方面的一个极其重大的变化。而且中国农民也清楚地知道，这种转变的因由是来自外国。

二、中国农产商品化的殖民地性

19世纪后期中国农产商品化比较重要的意义，不只是在于它发展的迅速，而且在于它是几乎完全在外国资本的直接控制之下进行的。在外国经济侵略开始以前，中国农产品的商品化程度一般说来终究是有限的；虽然农民在交换过程中基本上是受制于当地的地主商人，但是从事农产品以及农产加工制造品的比较远程的贸易商人，对于有关地区这种商品的供需情况，还是了解得相当清楚的。换句话说，也就是他们基本上是能够掌握市场的。现在的情况不同了。中国的农业生产同遥远的外国市场发生了联系，而关于国外的情况，不但中国一般农民几乎是毫无所知，就连直接间接同农产品以及农产加工品的出口业务有关的商人也是相当茫然。也举一个例来说明：19 世纪的 60 年代，日本的纺织工业很快地发展起来，恰好大量输出棉花的美国发生了内战，一时不能充分供应，国际市场上的棉花价格因而猛涨。中国的主要通商口岸，首先是上海，立即受到影响，棉花价也突然上升。中国的出口商人受到这种刺激，就四下去极力收购。在这样的鼓励之下，江苏、浙江一带的许多农民，就都把稻田来改种了棉花。但是过了短短的几年之后，美国内战结束，棉花出口又恢复了，日本人停止了在中国市场的收购，于是囤积棉花的中国商人就吃了苦头，连带着大量棉农也都蒙受了很大的损失。从这个例子可以知道，被动地被联系到国际市场的中国的农业生产者以及从事农产品出口贸易的商人，完全不能主动地适应，更谈不到利用行情。事实上中国出口农产品和农产加工品的价格高低，完全由外国资本家来决定，中国的农民，甚至于中国的有关商人，在这方面无论是得到了好处或者蒙受损失，常常都是莫名其妙。正是因为这个缘故，中国农产品出口贸易上面的利润，绝大部分是被外国商人攫取了去。中国买办可以稍微得些分润。至于那些替外商买办打下手的一般商人，就只能分享一些余涎，而同时却要承担风险。不过他们遇到这种时候总会把损失转嫁给同他们发生关系的农民的，也正如同外国资本家总是把他们所可能遇到的风险转嫁给中国的买办商人是一样的。无论如何最后承担损失的总是中国农民。总而言之，本国的农民得不到多少好处，而同时却免不掉承担风险，这应当说是中国农产商品化的殖民地性的一个主要的表现。

这一时期中国农产商品化的殖民地性也表现在另外一点，这就是这种商品化是在不等价交换的条件下进行的。当时中国事实上是以殖民地的资格来同西方资本主义各国进行贸易的。在资本主义制度之下，交换一般是依价值法则进行的。但是外国资本家来到还实行着封建制度的中国从事贸易，却不是依照价值法则，而是在不等价的交换条件下来进行的。在这里，交换中所使用的货币不是以商品的对等价值的交换手段，而是以货币资本的姿态出现，中介贸易的法则是贱买贵卖。这样的不等价交换，正是资本主义国家商人同殖民地进行交易中的超额利润的来源。这种利润是无限的。因为这种对殖民地的贸易是有极大程度的强制性和欺骗性。资本主义国家的商人充分利用殖民地的生产者以及商人的无知来尽量扩大其商业利润。殖民地的落后的经济正是资本主义国家的商人在这里攫取高额利润的基础。这一时期外国商人在中国通过不等价交换所获得的超额利润究竟有多大，这是无法估计的。这里还必须考虑到中国货币贬值的影响，从 1864 年中国开始有海关记录起到 1900 年，一海关两由相当于 3.32 美元或 6 先令 8 便士逐渐贬值为 0.75 美元或 3 先令 1 便士。这个条件当然也被外国商人利用了来加强对中国农民的掠夺。

此外还要指出，这种殖民地性的商品化并不排斥封建性的商品化，而是与之并存。这是因为具有一定的强制性和欺骗性的殖民地贸易，是以殖民地的封建制度的统治为其前提的。为了对广大农民进行掠夺，外国资本家除了需要殖民地的封建地主统治阶级及其政权的帮助之外，还需要殖民地的封建商人的"合作"。他们的共同点就是通过不等价交换来进行商业活动，而这个共同点把他们联结了起来。这就是，为什么资本主义国家的商人一定需要中国买办阶级，同样也是，为什么买办阶级必然具有一定的封建性。事实上随了中国农产的殖民地性商品化的发展，农村中的封建性高利贷和封建性商业资本都更加活跃起来；而在配合外国资本对中国农业经济的掠夺当中，它们也都多少带上了买办的色彩。

毛泽东同志告诉我们："帝国主义列强侵入中国的目的，绝不是要把封建的中国变成资本主义的中国。帝国主义列强的目的和这相反，它们是要把中国变成它们的半殖民地和殖民地。"我们必须以毛泽东同志的这个指示作为依据来理解这一时期的中国农产商品化问题。不能把这样的商品化看成是中国农业向资本主义发展道路上的正常现象。只有联系这一时期中外关系的整个情况来分析研究，才有可能认识出来中国在外国资本主义侵略下的农产商品化的本质。事实上，近代资本主义的发展，是有它一定的前提条件的；其中之一就是广大的殖民地和半殖民地的存在。资本主义国家为了迅速发展自己的资本主义经济，需要把世界上许多地区和国家变成殖民地和半殖民地，作为他们的工业成品销售市场和原料供给地，换言之也就是在那里建立起来殖民地剥削制度。掠夺殖民地半殖民地和迅速发展资本主义这二者也是相辅而行的。因此资本主义国家越是要迅速发展自己的资本主义经济，也就越需要广大殖民地和半殖民地的存在，也就越不肯让这些殖民地和半殖民地同样走上资本主义道路。正是由于这个缘故，外国侵略者才总是同这种地区的落后的、反动的封建统治阶级勾结起来，才总是极力扶持这种地区的反动政权。它们的理想是，殖民地和半殖民地社会基本上保留住落后的经济以及政治状态，同时依照资本主义国家的需要来对原有的社会经济制度进行一定的改组。而在一开始，这种改组的中心就是殖民地农业生产的特殊性质的商品化。这种情况就当时的中国来说也不例外。这样的商品化绝不意味着中国的农业经济正常地向资本主义发展，而是资本主义国家通过不等价交换对中国农民进行越来越扩大的、极端残酷的掠夺。这是一种殖民地性的商品化。

第六章 自给自足的小农经济的动摇

（1870—1900 年）

一、中国传统的小农经济的开始分解

因为中国社会经济的基本结构是农业和家庭手工业的统一，而这个基本结构又是如此的牢固，所以 19 世纪中叶外国工业产品在中国遭到顽强的抵抗。关于这一点，1852 年英国驻广州代办来特切尔在他的报告中的描写给予我们非常鲜明的印象："收获完结的时候，各农家的一切工作人，小的老的都去梳理棉花、纺纱、织布，这种家庭制造的、笨重而结实的、能够经受两三年内粗糙用的土布，中国人就用来缝制自己的衣服，而把剩余的土布拿到近城去出卖，城市商贩就购买这种剩余土布去供给城市居民及内河船夫需要。此地的居民，10 个有 9 个是穿着这种土布制成的衣服的。布料质量，从最粗的印度布到最细的大布都有，这种土布都是在农民的小屋中织成的，生产者所费的简直只是原料的价值，确切些说，只是他用土布换来的那种搪底的价值，而这种土布却是他自己的产品。我们的厂主只要稍微考察一下这个制度底这种骇人听闻的节省性，考察一下这种制度与种田人的其他经济过程之联络关系，那么他们就会立刻相信：如果讲到比较粗糙的制造品，那么就没有任何希望与这种制度竞争。"（转引马克思《对华贸易》的引文，见《马克思恩格斯论中国》，解放社版，第167‐168页）马克思说，这种小的经济共同体的内部坚固性和结构对于商业的分解作用是一种障碍。英国人在印度曾经作为统治者和土地所有者同时应用政治权力和经济权力来破坏这个共同体，但是即使如此，它的分解过程仍旧是进行得极其缓慢的。马克思指出："在中国，因为没有直接的政治权力加进来帮助，所以程度还是更小。"（马克思《资本论》第三卷第413 页）在 1868 年 10 月 11 日给恩格斯的一封信里，马克思并且预言，要想铲除中国的小农制度，"就将需要很长时间"。（《马克思恩格斯论中国》第 187 页）

鸦片战争以后，外国侵略者开始对中国进行经济侵略。各国对中国的商品输出不断增长。中国成为列强商品的推销市场。

最初向中国输入商品的外国侵华者是英国。英国在 1843 年输入中国的商品总值为 145 万余英磅，1845 年已经是 239 万余英磅。另外 1845 年中美贸易总额为 950 余万美元，至 1860 年已增至 2 200 余万美元。自 19 世纪五六十年代以来，美国在中国市场上已经开始和英国竞争，并排挤着英国的势力。除英美外，法、德、沙俄等国的商品也畅销于中国市场。

自 1860 年至 1894 年的 30 年间，洋货进口值竟增加 3 倍多。洋货进口，1864 年值 5 129 万余海关两，1874 年值 6 436 万余海关两，1884 年值 7 376 万海关两，1894 年值 1.63 亿余海关两。外国资本主义的商品在 19 世纪的后期远销到了新疆和西藏地区。

随着外国资本主义的商品大量涌进中国，中国买办阶级的业务也由原来的以代办出口为主逐渐转变为以办理进口商品的推销和帮助外国掠夺农产原料为主。大家知道，列强侵入中国之后，为了达到它们的侵略目的，即注意到一方面培植买办的势力，另一方面还要利用封建势力，并且不断加强这两方面的联合。外国侵略者的要求把中国广大农村经济变成它们的附庸。买办阶级为外国侵略者效劳，即帮帝国主义推销商品，又向广大农民掠夺农产品。买办除了在商务上替外国资本家效劳之外，又是外国侵略者同中国封建阶级互相勾结的媒介人物。他们因而也加入封建统治者的行列中去，并且成为封建地主。随了外国经济侵略影响的扩大，中国广大农村殖民地性的商品经济的发展，很多封建地主也逐渐多多少少成为外国资本家的代理人。往往一个地主也是一个买办，他"一方面表现为地主身份，表现为土地的垄断者，但在另一方面，时常表现为买办（经商）的身份，表现为市场的垄断者。"这种市场垄断与土地垄断联系起来，农民必须受双重压榨。

我们以棉制品的情况为例，来看外国资本主义对中国农家手工业的威胁。对外通商后，进口贸易的发展中，以棉制品的增加最为迅速。于1867年全国进口总值中棉制品占21%，在一切进口货物中已跃居第二位，1885年棉制品已占进口总值的35.7%，居于进口贸易中的第一位。几十年大量棉制品进口的直接结果，为手工棉纺织业的破坏。大体来说，外国资本主义机制纱布对于中国手工业的分解作用，就是以低廉的价格为武器去进行的。其总的过程则经过这样两个步骤：首先，是洋纱代替了土纱，把手纺业强制割离手织业；其次是洋布代替了土布，把手织业强制割离了农业。大体在沿海、沿江和交通沿线的地区和城市附近，纺织分离和耕织分离的过程完成得最早最快，在交通不便的山区或偏僻乡村，这个过程进行得较晚较慢。到了19世纪70年代以后，机纱代替土纱的过程，在各个通商口岸及其邻近腹地有了猛烈的开展。单纯从机纱土纱市价的对比上，人们已经很明确地可以判断这种代替过程的必然性。例如1887年海关报告洋土纱在牛庄的售价，说每包300斤的洋纱售价银57两，而同量土纱却要售银87两左右，价格悬殊如此之大，当然土纱是无力和洋纱竞争的。洋纱是凭借低廉的价格渗入中国社会的，洋布也走同样的道路，1884年九江的海关报告就有这样一段："手工织品要出较高的价钱，这种情况常常使得比较穷苦阶级的人必须买用比较起来并不耐穿的进口货。"洋布正是凭借低廉的价格代替了土布的。因为洋布的竞争而放弃了织机的生产者原是农民家庭里的成员，他们织布以自给，或有剩余就出卖。如今他们的手织业就是这样强制地被割离了农业，从而使他们不独无以自给，无剩余可卖，而且更不得不成为棉布的买主。

这样，我们就可以显然看出：两次鸦片战争以后，资本主义机制纱布对于中国那古老的棉纺织业所发生的分解作用。这一过程以后还在继续深入扩大，中国固有的农村手工棉纺织业之解体，意味着中国长期以来的小农自给体中耕织的分裂，意味着自然经济基础的动摇。

随着中国传统的小农经济的逐渐分解过程，中国农家手工业经营方向也在逐步转变。许多种农家手工业开始独立化了。马克思指出："劳动者阶级中间因机器而被转化为过剩人口（即在资本价值增值上不复被直接需要的人口）的部分，一方面是在旧式手工业经营和工场手工制造业经营对机器经营的不平衡的斗争中消灭掉了，一方面是泛滥入各种比较容易接近的产业部门，拥挤在劳动市场内，从而使劳动力的价格低于它的价值。"（《资本论》第一卷，第523－524页）又说："在旧的发展的国家，机器在若干产业部门被使用时，会在其他部门生出这样的劳动过剩，以至在其他各部门，工资跌到劳动力的价值以下，从而妨碍机器的采用，使其采用以资本的立场说，成为不必要，乃至不可能的。"（《资本论》第一卷，第475页）尽管在中国造成过剩劳动力的是资本主义的机制商品，而不必是中国境内的现代工厂，尽管这些过剩劳动力所泛滥进去的也不必是现代工厂，而是各种手工业部门，然而，根本情况却是一样；过剩的劳动力是在作为低于价值的价格出卖的劳动力泛滥着。当英国的机制棉纱棉布同时销入中国市场时，人们对于纱和布所采取的态度是大有差异的。人们迅速地接受了棉纱，但是却缓慢地接受棉布，或拒绝接受棉布。这丝毫不是因为洋布不耐穿，而是因为英国的纺纱机代替了中国的手纺车之后造成了大批过剩劳动力。这些过剩劳力被迫以低于价值的价格出卖自己，来寻求任何劳动生存的机会（如果他们原来是以纺业为生的话），或者，他们被迫以降低生活水平为代价来寻找某种副业性的家庭手工业（如果他们原来是以农业而兼事纺纱的话）。山东许多地方的纺工放弃纺车以后变为草帽缏的编织者，文昌县的纺工则变为土布的手织劳动者。事实上中国手纺业者放弃纺车以后，很多是转入"比较容易接近的产业部门"，也就是转入洋纱土布的织造业去了。这就是说，中国人民在外洋机制纱布的侵袭之下，一部分固然是把手中的纺车和织机一并放弃了，一部分却仅仅放弃了纺织业的一半工序——纺纱，同时却又抓紧了另一半工序——织布。这就等于说，中国人民就利用了输入的机制洋纱来抵抗输入的机制洋布。总的说来，中国农村手工业有了很大的改组。而这种改组过程在很大程度上也同时是农村手工业的独立化过程。随了轮船航线的开辟和铁路的修建，越来越大的地区的农家经济被囊括在外国资本掠夺网内。外国资本把持的现代化运输条件的发展，加速了中国农村手工业的改组和独立化过程，这也就是加速了小农经济的分解。恩格斯说："在中国建筑铁路就是破坏中国小农业及家工业的全部基础。"

外国资本主义的侵入，分解和破坏着中国传统的小农经济，也可以从19世纪70年代到90年代的中国历史上显然看出。自然经济的破坏，给资本主义造成了商品的市场，而大量农民和手工业者的破产，又给资本主义造成了劳动力的市场，继而给中国资本主义生产的发展造成了某些客观条件和可能。但是，资本主义侵入中国的目的，绝不是要把封建的中国变成资本主义的中国，它们是要把中国变成它们的半殖民地和殖民地。外国侵略者勾结中国封建势力压迫中国资本主义的发展，而外国侵略势力尤其是最大的阻碍力量。

二、小农经济对外来威胁的抵抗

在资本主义日益加剧的经济侵略下，中国小农业家庭手工业的旧式结合逐渐遭到破坏。农民经济依赖市场的程度逐渐增加。但是中国农产商品化主要并不是资本主义农业经营发展的结果（经营地主、富农经济当然有一定的资本主义性质）。1895年中日甲午战后，外国侵略者不但继续向中国大量倾销商品，进行不等价交换，而且还在中国投资设工厂，将其侵略魔掌直接伸入中国农村，严重地破坏着农村经济。洋货代替了原来自制的消费品，并不意味着农民从此可以取得更廉价的商品，而是意味着他们越来越不能掌握自己的经济。在重重的压榨下，农民的实际收入越来越少，而实际支出越来越多，而由于使用洋货越来越多，自然就越来越需要货币，从而也就不得不越来越陷入于买办地主、高利贷者和商人的包围中。同时反动政权对农民的直接剥削也就更加残酷了。

中国农民知道，这种更加深重的苦难主要是外国侵略者带来的。中日战后，外国侵略者对中国政治的经济的侵略更加深一步。自1842年到

1899年，帝国主义强迫中国所开的商埠，已有51处。自1864年到1899年，帝国主义商品输入，由5 100万两增加到26 400万两；中国由出超200余万两变为入超6 900余万两。中国的现银大量流出。随着1895年"马关条约"的签订，外国资本主义获得在中国设工厂权。同时帝国主义修筑铁路更有利于洋货深入内地和掠夺农民的劳动果实。为外国侵略者充当先遣队的洋教士，以及在他们羽翼下的教民又都干着霸占田产、包揽词讼、侵犯主权……等勾当。"教民"的势力比旧绅士还要凌驾一等，这些人得到了教士的包庇，更加胆大妄为。他们大量抢占农民的土地，掠夺农产，为所欲为。所有这一切事实，使广大农民把他们自身的经济危机和整个民族生存问题直接联系起来。中华民族和外国侵略者之间的矛盾成为当时中国社会里两种主要矛盾中更主要的矛盾。农民仇恨洋人的怒火燃烧得最为炽烈，他们自发地起来向侵略者进行斗争。他们反抗斗争的集中点正是农民视为命根子的土地。不但外国教堂霸占土地，教民也强占农民土地。而且教堂和教民还不肯纳粮，实际把负担转嫁给了其他农民。此外，修筑铁路等等也占用了农民大量土地。这都给了农民以直接的和很大的刺激。

义和团运动，是一个自发的反侵略的农民运动。这个运动其实并不限于北方一角，而是具有全国性的。这可由下面的事实完全说明，这就是从外国传教士到中国来"传教"的初期，在他们所到之处，就接连不断地造成了许多的"教案"。自1858年到1900年的42年中，"教案"即达60多起，地区有15省。义和团运动的斗争对象，也并不限于反对外国侵略者，它是具有农民传统的反封建性质的。义和团运动在1900年夏季里达到了高潮，但是就在这紧张万分的时刻里，运动参加者并没有忘了他们是反封建主义的农民队伍，他们对于土地有着迫切的要求，对于反动地主有着深刻的仇恨。曾向不法地主，特别是披着宗教外衣的地主，展开了分均土地的斗争。当时清朝封建统治者和外国武力公开合作，义和团也就抛弃了具有策略意义的"扶清灭洋"的口号，而树立了"扫清灭洋"的新口号，从而恢复了它本来的面目。义和团斗争给帝国主义和封建主义以沉重的打击。义和团运动粉碎了帝国主义瓜分中国的阴谋。"表现了中国人民不甘屈服于帝国主义及其走狗的顽强的反抗精神"。(胡绳《中国近代史绪论》)义和团运动的失败,标志着中国半殖民地半封建生产关系在农业经济方面从完全形成过渡到全面发展的阶段。

第七章　外国对华资本输出在中国农业经济中的表现

（1900—1927 年）

一、二十世纪初期外国对华的资本输出

19 世纪末 20 世纪初，由于生产的迅速发展，西方资本主义发展到垄断阶段，即帝国主义阶段。它在经济上具备了以下几个基本特征：①生产和资本的积累已经发展到这样高度，以至造成了在经济生活中起决定作用的垄断组织；②银行资本和工业资本已融而为一，成为财政资本，并且在这个基础上形成了金融寡头；③资本的输出已具有特别重要的意义；④分割世界的资本家的国际垄断同盟已经形成；⑤最大的资本主义列强已经把世界上的领土瓜分完毕。

世界资本主义的这种新发展，必然要影响到中国的农业经济。特别是义和团运动失败以后，清政府彻底地投降了敌人，帝国主义和封建地主官僚之间的互相勾结进入了一个新的阶段，帝国主义的经济侵略就更加猖狂起来，而这种变化，首先在外国对华投资方面反映了出来。

中日战争以前，帝国主义对中国的经济侵略主要以商品输出为主，他们在华所进行的多次战争和所攫取的一系列特权主要是为他们倾销商品创造条件。他们在银行贸易运输各方面的投资也主要是为他们的商品贸易服务，而且数量也是很少的。

中日战争以后，特别是进入 20 世纪以后，外国剩余资本开始大量地向中国经济领域浸透，甚至连穷乡僻壤都遭到帝国主义的冲击，促使中国社会急剧地向半殖民地半封建的方向转化。

这一时期投资的变动首先表现在帝国主义对华投资数量上增加的特别快：1902 年时各国在华投资总额不过 7.88 亿美元，到 1930 年时，就增加到 33.14 亿美元，28 年的时间就增加了 4.2 倍。其次，各国对华投资的权益上也有很大的变化：帝国主义国家为了争夺对华投资的权益，彼此间进行着尖锐的斗争，并且随着帝国主义本国经济实力的兴衰，在对华投资的力量上也有相当的变化。20 世纪初，英国对华投资占各国对华投资总额的 33%，俄国占 31%，德国占 20.9%，法国占 11.0%，英国居于首位。随着资本主义发展的不平衡，到 1914 年，英国虽然仍以占投资总额的 37.7%，保持着首位，但是后起的日本已经增加到 13.6%。到第一次世界大战结束，日本和美国的势力就上升到主要的地位了。特别是日本到 1930 年已经达到各国在华投资的 41.8%，占据了帝国主义在华投资的第一位。这就是说，以前是英、法、俄、德、荷五个帝国主义竞争的局面，现在改为英、美、日三个帝国主义了。而在帝国主义对华投资的地域上，这一时期却是逐步扩大。20 世纪初主要是集中在沿海帝国主义势力比较巩固的地方，如东北、上海集中了他们全部投资的 40% 以上。此后随着外国势力的扩张和中国殖民地性质的深化，外国资本便由沿海逐渐伸入内地，甚至到内蒙古和甘陕各地。并且在投资范围上也从金融、贸易、运输等方面，转为开办工厂，投资农业等方面来。

从投资性质上来看，这一时期也有很大变化。帝国主义对华的间接投资，绝大部分是属于用来扶助反动势力的军事借款，而且很大部分还是以关税、盐税、内地税为抵押的军事借款。帝国主义这样做的目的，不外是借此来更多地控制中国反动政权，从而控制中国的经济。所以夺取贷款权利，一直也是帝国主义在华角斗的内容之一。

但是 20 世纪以后，外国大量的直接投资引起了投资性质的变化是这一时期的特点。

帝国主义为了深入内地搜刮农产，他们首先从铁路投资开始。从 1895 年以后，帝国主义就开始在各省修建铁路干线和沟通国际交通线。由于这些铁路都是帝国主义修建的，所以他们便控制了 90% 以上的铁路权，这样就为帝国主义利用控制在手下的交通工具，为所欲为地到中国各地掠夺产品创造了更方便的条件。

另外，这一时期突出的是帝国主义开始在沿海各省设立码头、仓库，开办为出口贸易服务的工厂企业，并且把原有的工厂进行改组扩大，逐步形成垄断企业。

1900 年时，我国不过有十几家外资企业，到了 1930 年时就增加到 276 家（不包括进出口加工厂和矿产公司），而且这些公司多半还在各地设有子公司和专卖代销机构。如当时有名的英美烟草公司，在 1903 年吞并了上海卷烟厂，统治了上海、香港、汉口、沈阳、天津、青岛的烟草市场，形成了在华的烟草业托拉斯。又如怡和洋行在中国 18 个城市都设有分公司，所经营的项目中与农业有关的包括炼糖厂、丝厂、奶厂、棉纺厂、毛纺厂、酒厂等等不下几十种。这些托拉斯的形成就进一步加深了帝国主义对我国经济上的垄断。加重了对我国原料、劳动力的掠夺，加速了中国一些城市的殖民地性的繁荣和广大农村经济的破产。

随着投资性质的变化，帝国主义在华的金融业性质也与以前有所不同。在 19 世纪 60 年代，中国还没有自己的银行的时候，帝国主义已经在华设立了银行。如英国的东方银行、麦加利银行、汇丰银行；法国的法兰西银行等等。但就当时这些银行的性质来看，其主要业务是进出口汇兑。

到 1900 年以后，这些银行的性质却有所不同了，它们不再仅仅限于汇兑业务，而是逐渐成为帝国主义垄断资本输出的指挥机构和执行机构，变成了掌握中国政府借款，控制中国财政的大本营。如英国的汇丰、法国的汇理、美国的花旗、日本的正金等大行的垄断，它们通过自己的巨额资本和特殊发行纸币的特权，垄断了中国的金融市场，控制了中国经济发展的方向。

由于投资性质的改变，我国进出口贸易情况也随着帝国主义的利益而发生变化。这一时期，在我国关税不能自主的情况下，与国际市场的关系更加密切，贸易额迅速增加，逆差也日益增加。从 1894—1904 年 10 年间贸易额增加了 7.2%，贸易逆差增加了 19.4%。如果再以 1926 年与 1900

年相比，贸易额增加了5.5倍，其中进口增加5.4倍，出口增加5.3倍，逆差增加5倍。并且在贸易结构上也有变化，过去主要出口的丝、茶、棉这时大大的减退了，而适合帝国主义需要的另外一些出口农产品，如大豆、花生、桐油、猪鬃、羊毛等贸易额有了显著增加。例如大豆在20世纪初出口额占我国出口总额的4.8%，到1913年增加到12.9%，到1927年出口额达到1.32亿美元，占据了我国出口贸易额的第一位。我国东北成了世界大豆的主要供给地。

在进口贸易上，同样表现出明显的殖民地性。帝国主义不但把大批的廉价的工业品输入中国各地，而且还以大量的农产品来充斥中国的市场，摧残中国的农村经济。据估计1902—1920年粮食进口达17 679 997担，糖10 658 615担，两项的进口值共达白银1.234 4亿两。造成了我国粮食卖不到合理价格，使广大农民折本，迫使农民按照帝国主义的需要改种其他作物。

从以上各方面可以很明显地看出，帝国主义对华资本输出的结果加深了中国国民经济，特别是农业经济的殖民地化。

二、与中国农业经济有关的外国投资的特点

帝国主义对旧中国农业经济有关的投资具备有以下几个特点：

第一，帝国主义在旧中国的投资中，直接投资的成分特别高。

帝国主义为了用大量的剩余资本在殖民地半殖民地榨取超额利润，其主要的方法是在那里开办工厂，经营各种企业。而半殖民地半封建的中国当然也不例外。进入20世纪以后，许多外资和中外合资的工厂企业普遍的在中国各地出现。尤其是在各帝国主义激烈地争夺中国市场，而又各自找不到可靠的代理人的情况下，就更加速了直接投资的增长。他们可以在自己国家法律以及在华特权的保护下，比较可靠地获得超额利润。所以1900年以后，外国直接投资的比例特别增大，占了全部投资的60%以上。

历年各国直接投资的情况见表7-1：

表 7 - 1　1900 年后各国在华投资情况

年份	直接投资（%）	间接投资（%）
1902	63.9	36.1
1914	66.3	33.7
1930	12.9	27.1

而直接或间接掠夺中国农产品的投资，又占了直接投资的很大比重。以 1914 年为例，外国投资在进出口贸易中以及为进出口贸易服务的运输、银行、保险等事业上共占了全部投资的 2/3，其中有关农业的投资又占了直接投资的 2/3。所以除法国以外，其他各国都急剧地增加直接投资，尤其是英国、日本，这一时期直接投资的比例上升得更快。英国在 1902 年为 1.55 亿美元，1914 年为 4.07 亿美元，到 1930 年达到 8.5 亿美元，日本 1902 年为 100 万美元，到 1930 年增加为 10.1 亿美元。

但是对帝国主义说来，间接投资也不是不重要，他们通过各种有条件的借款来夺取特权，为他们直接投资创造条件，所以这一部分投资历年来也不小于 30%，而是在直接间接投资相互影响下提高全部投资的比例。

第二，有关农业的外国投资的主要方向是在流通领域。

帝国主义在华投资主要是以商业掠夺性的资本占主要地位。到 1930 年为止，进出口贸易以及为此服务的各种企业投资占了全部的 50% 以上，成为帝国主义榨取利润的主要方面。在工业方面，虽然他们也投资，但也主要是一些加工工业，特别是农产的加工工业。原因是，在生产上中国还是一个小农经济的国家，尽管帝国主义给了它很大破坏，但一时仍然不可能像在其他殖民地那样从事大规模种植园经营，特别是中国农民的反抗，也决定了它们向着最稳妥的追求利润的流通领域发展。所以帝国主义最主要的投资集中在运输、贸易、金融三方面。尤其是金融业的增加速度最快，从 1914—1930 年，其数额增加不下 50 倍。

但是帝国主义的这种投资对中国农业经营、技术改良各方面并没有产生任何值得称道的好影响，它所带给中国农民的只是加重了剥削，加强了对资本主义世界市场的依赖性，造成生产上各种作物的片面集中和农业生产布局的不合理及生产发展的不平衡，加深了农业经济的殖民地性。

第三，外国资本对中国农民进行超经济强制。

帝国主义利用战争赔款、特权条件的借款、通商贸易、霸占土地以及商业性的高利贷等等方式对中国人民进行超经济剥削。这些有的看来对农业的关系不太明显，但是在中国这样一个小农经济占统治地位的国家里，外国不论是直接或间接的经济侵略，最终的结果还是落在农民身上。如庚子赔款本息共达 9.822 381 5 亿平两，平均每个中国人负担 20 两。而事实上这些赔款只能从生产领域创造，从广大农民身上来，只是在形式上有的是帝国主义直接掠夺，有的是通过反动政权的苛捐杂税、横征暴敛罢了，而中国农民始终是遭受压迫剥削的灾难。

第四，20 世纪以后，帝国主义开始以垄断集团的形式向中国进行投资。

由于国际上垄断财阀的出现，也就加速了帝国主义对中国经济掠夺的垄断性。这一时期在华的大量资本主要掌握在怡和、太古、沙逊财阀手中，他们利用巨额的资本，在中国打击弱小的竞争者，操纵价格，控制市场贸易，支配我国的农业生产方向，尤其是利用他们各地的分公司和代销店系统控制了流通领域，就更加保证了它们的经济垄断和全面破坏中国的农业经济。

三、外国垄断资本掠夺中国农民的种种方式

帝国主义对中国农业的掠夺方式，除了利用赔款、借款等方式，通过中国的反动政权来加重对农民的超经济剥削外，主要是直接从中国农民身上进行掠夺。

1900 年以后，帝国主义就进一步开始掠夺中国农村土地。如东北、江苏等地开始有了帝国主义分子的直接投资和农场经营，特别是东北更为严重。例如日本的胜弘贞次郎等，1914 年在"满铁"的支持下，投资达 20 万日金，经营水田达 1 000 万亩。其他像大连农业公司，南满制糖厂，

沈阳烟草公司等，都占有大量的土地。

但是帝国主义对中国农产品掠夺，更重要的是集中在流通领域。他们和买办阶级一起，直接深入到农村市场，垄断价格，控制价格，进行投机倒把活动。在国际上则控制中国的进出口贸易，支配整个的农村经济。

在国内，帝国主义首先通过洋行、买办控制终端市场。以后随着铁路航运的发展，逐渐控制转运市场和原产地市场；最后深入到农村集市，控制初期市场。利用农产品季节差价，在收获时期大量搜购农产品，特别是烟草、棉花、鸡蛋的收购表现得尤为突出。例如英美烟草公司，直接深入到胶济铁路沿线，以山东潍县为中心，在附近设烤烟室 12 000 多间，直接进行收购加工，垄断了当地烟草。

在棉花的收购上，以日本人最为积极，他们持有本国银行的资助，在新花上市时，分赴内地棉区大量收购。由于他们受不平等条约的保护，又没有厘金税的限制，所以他们收购得特别多，特别快，而我国棉商却因资本不足、捐税重重而不能按时收购。

此外，在 1900 年以后，汉口出现了外国投资的蛋厂，他们除了利用买办收购外，自己开始到处进行抢购，并且有许多帝国主义分子同时把工业品带到乡下，采取所谓以物易物的办法，套购农产品。这样，他们不仅掠夺了我国农产原料，而且还推销了大量的工业品，从中获取暴利。

帝国主义掠夺我国农产品的另一方式是操纵农产价格。产品价格本来是决定于其社会平均劳动量的大小，然而在半殖民地半封建的中国，农产品受帝国主义垄断的影响，价格高低则决定于帝国主义的利益，他们可以用庞大的资本势力任意提高或压低价格。比如英美烟草公司，为了自己的需要，在湖北均州推广美国烟种，在第一年全以高价收买了全部美国品种的烟草，使农民获些利润，刺激农民大量生产，但等到农民大片地种起美国烟以后，英美烟草公司却以品质不良为借口，压低价格，同时只收一定数量，造成大批烟草无处可卖，迫使农民只好以原价的 1/4 或 1/5 卖给了它。

另外，也有些帝国主义者，在初级市场上，利用私惠雇佣买办以低价开市出卖，迫使农民随着他的价格出售，结果广大农民因价格低落而大受剥削。

帝国主义掠夺农产品的再一种方式是利用贷款、预购、包销等办法直接控制小生产者。帝国主义者深入到农村，利用直接给农民贷款的办法，使农民失去自由出售农产品的权利。例如日本人在山东邹平、张店等处与棉农订立合同，发给棉种、农药，并指导栽培方法，供给肥料，贷给资金，待收购时，规定好了只能卖给该公司。又如三井洋行，在烟草收获季节深入到各农家去订约预购，并付给部分现款，下欠货价俟至烟叶交清时付给。另外，帝国主义者还采取种种利诱的办法来驱使农民按着帝国主义的需要进行生产。如日本为了在东北推广甜菜，规定凡改种甜菜者，每十亩发奖券一张。头奖可得千元。事实上多少农民中只有一个头彩，而种上甜菜却为他们所控制。除此以外，帝国主义也在各地开了不少当铺，从事高利贷活动。也有一些教堂通过地方钱庄向农民进行高利贷剥削。如晋西的一个教堂和医院，所投下的资本不下万元。

综上所述，20世纪以来，世界资本主义以垄断形式出现在中国市场上。他们与中国的封建买办相互勾结，深入到农村，用各种野蛮的办法进行榨取，使每个中国农村经济在外资侵袭下越来越衰败，殖民地性质愈来愈强，中国的阶级矛盾愈来愈尖锐，半殖民地半封建的经济愈近于崩溃。

第八章　帝国主义对中国农业的控制

（1900—1927 年）

一、外国作物品种的引进和推广

从 19 世纪末叶开始，中国的农作物生产方面发生了一些变化。有的农作物的生产呈现衰退，有的却急剧发展起来。例如由于国际市场的消失，茶的出口自 1889 年以后便开始渐渐衰落。从 1889 年到 1917 年的 29 年中，输出的最多年是 180 余万担，最少年是 110 余万担。但到 1918 年以后，便完全落入 100 万担以下，1920 年甚至仅 30 万担。与此相反，由于帝国主义的需要，豆及豆制品（豆饼）的输出却急剧地发展起来。

19 世纪末期 20 世纪初期中国大豆及豆饼出口统计见表 8 - 1：

表 8 - 1　19 世纪末 20 世纪初中国大豆及豆饼出口统计

年代	大豆	豆饼
1871—1873	57 506 公担	—
1881—1883	84 760 公担	—
1891—1893	760 522 公担	—
1901—1903	1 348 622 公担	2 062 384 公担
1909—1911	7 338 488 公担	5 614 664 公担
1919—1921	7 682 308 公担	12 500 072 公担

注：据《中国近代经济史统计资料选辑》第 74～75 页。

事实说明，帝国主义不是一般地向殖民地和半殖民地搜刮所需要的现有的农产品，而是强使经济落后的地区的农业生产完全为资本主义世界经济体系服务。合于帝国主义胃口的农产品急剧地片面地发展起来，不合于帝国主义胃口的农产品就趋于衰退或被改良。本来在19世纪90年代以前，大豆仅仅在中国国内销售，豆饼通常由牛庄（营口）输往中国南方，用作甘蔗种植园的肥料。19世纪90年代，外国资本家开始收购大豆及其制品输往外国，主要输往日本。1899年大豆及其制品的出口值为690万美元，即占全国出口总值的4.8%；1907年为900万美元，占出口总值的6.7%；1913年为3 790万美元，占出口总值的12.9%。在第一次世界大战以后的时期内，中国的出口构成发生了重大变化，大豆及豆产品的出口特别显著地增加。由于第一次世界大战的影响，1919年大豆和大豆产品的出口减为1 670万美元，但到1927年又增加到13 190万美元，在中国的商品出口中占了第一位。

帝国主义不仅促使它们所需要的农产品急剧发展，而且向殖民地引进和推广其所需要的新的作物品种。从19世纪的80年代起，外国资本主义即向中国推广外国作物品种（棉花、烟草等），进入20世纪以后，帝国主义更继续向中国引进和推广其他各种农作物品种。他们采用各种办法诱使农民改用引进品种。我们以棉种的引进和推广来说明这一问题：帝国主义侵略者为满足其需要，而向中国引进棉种。中国引进的新棉种大都是美国种。1865年，上海即有外商输入美国棉种，后二年（1867年）清政府也曾派人到美国去购求良种。1892年，湖广总督张之洞创立织布局于武昌，随即着手于棉产品种的改良。他的方法简简单单，就是分发美国棉种，要求农民种植。这种尝试，终因棉种未经驯化而失败。到后来，1914年张謇出任北洋军阀政府的农商总长，本年3月份聘请美国籍牧师周伯逊为植棉顾问；美国商业部派专家来华调查棉业，提倡美棉，美国传教士也在各地宣传推广美棉。1916年，日本三菱公司也在华北从事改良棉种。1918年，又自美国购入大批棉种，次年即由各省农业厅分给农家种植；1920年，更自朝鲜购入改良美国种，分散播种。北京政府改进棉花的种种措施，其结果更是毫无成绩可言。中央政府之外，地方政府也不断推广美国棉种，设立试验场。华商纱厂联合会于1919年资助金陵大学60万元，进行棉花品种试验，该校遂于同年自美购得纯种八种，分发国内苏、浙、赣、皖、湘、鄂、豫、冀八省 26 处进行试验。依中华棉业统计会的估计，1934 年全国棉田面积共为 44 971 000 亩，其中洋棉计 22 771 000 亩，约占 50%，全年全国棉产约 11 202 000 担，其中洋棉计 5 786 000 担，约占 52%。棉田有了显著的扩张。1904—1909 年至 1929—1933 年期间，大麦、高粱、小米三种作物的播种面积都显著地减少了。其他如小麦、花生也都有减少，同时棉花一项，却不断增加。无疑地，棉作物确是在抢夺粮食作物的耕种面积了。棉业生产之所以发展得如此迅速，完全是由于帝国主义的控制，外国资本家为达到其侵略掠夺的卑鄙目的而耍种种花招，千方百计地来进行宣传。如日本东洋拓植会社系统的和顺泰，在山东推广美棉，凡村长、地保每亩发给劝诱费三角，农民每亩给十斤种子，并赠予除病虫药，另外贷给肥料费两元，并约定收购价格，比较土棉要高出一成。帝国主义还在中国成立各种专门机构，并利用学术机关和专科学校来对推广引进品种进行研究。

除大豆棉业之外，对蚕桑、烟草等也同样引进或推广外来品种。譬如英美烟草公司在中国获得了各种有利条件之后，便使我国一向生产粮食的某些地区，开始改为种植外国烟草。从而这些地区的农民，实际上也就开始成为外国资本主义的农奴。外国所需要的经济作物品种的引进和推广，使中国农业经济愈加受帝国主义的控制。农民所受的剥削也愈加严重。

二、中国经济作物的殖民地性区域化

帝国主义控制下，在中国有些地区内，经济作物的种植是相当集中的。这是帝国主义对殖民地和附属国进行掠夺过程中的必然结果。帝国主义国家为了自己的利益，不但要求殖民地和附属国充分供给他们所指定的农作物，而且还要求这些作物的产地尽量集中。正是由于这个原因，进入 20 世纪以后，中国某些地区的作物种植呈现向单一化的方向发展的迹象，迅速地形成了经济作物的殖民地性区域化。

就大豆为例，这本来是中国北方普遍种植的一种作物，但是出口的大豆,主要集中在东北地区,这完全是适应外国收购者的要求。第一次世界大战前,东北大豆的播种面积,已约占全区播种总面积的 1/3,而产品的 50%～80%是为了出口。东北的北部原来主要是种植小麦的,也改种大豆,同南部没有多大的区别了。像这样高度集中,不过是十几年间变化的结果。又如花生这种逐渐受到外商注意的油料作物,也由于同样的原因,集中在山东省的章丘、济阳,河南省的陈留、通许,江苏省的睢宁等几个县份生产,往往占到该地区耕地的 40%～50%。烟草的主要产区是山东潍县,安徽凤阳和河南许昌。这样的区域化,也完全是外国资本,主要是英美烟草公司控制的结果。

特别显著的还有柞丝,这种农家副产品在东北的生产中心原来是盖平,已有很久的历史了。但是从 19 世纪的 80 年代开始,很快地又在安东集中地发展起来。原因是柞丝主要是外销日本,而对日本收购者来说,集中在安东比在盖平要方便得多。所有这些事实都清楚地告诉我们,这一时期中国农业这种片面的发展,使中国广大地区直接依赖于外国的需要,依赖于世界市场的行情,依赖于帝国主义。作物种植的空间上的集中,具有明显的殖民地性质,是与帝国主义垄断资本的控制分不开的。就是这样,在中国比较集中地种植了帝国主义所需要的少数作物,而且将这些少数作物集中在帝国主义势力所容易控制的地区。这样的经济作物区域化,自然是并不服从于独立的国民经济发展的原则,而是完全适应国际垄断资本主义的要求。在这样的区域化的影响下,有关地区的整个农业经济就越来越落到外国资本家的魔掌之中。这些片面发展少数帝国主义所需要的作物的地区,同资本主义世界市场发生了密切的联系,因而在经济上表现了强烈的殖民地性。这种生产区域化,是殖民地性的区域化。

三、外国资本控制下中国农村的衰落

外国资本主义侵入中国初期,中国社会基本上还是由无数小农业与家庭手工业牢固结合的经济自给体组成的。家庭手工业中手工纺纱业与手工织布业占主要地位。由于外国商品的大量输入，加速了中国封建经济的解体，加速摧毁小农业与家庭手工业的结合，加速破坏家庭手工业的根柢手工纺织业和手工织布业，在这同时，中国封建的小农经济对资本主义商品输入也进行着极其顽强的抵抗。这一情况规定中国自然经济解体过程必然进行得极其缓慢。十九世纪末叶，随着资本主义向帝国主义的过渡，外国资本对中国农业生产的影响愈加厉害，中国农业生产的殖民地性越来越显著。进入 20 世纪以后，也就是在半殖民地半封建社会农业生产关系进入它的"发展阶段"以后，中国农村中自然经济的统治地位已是由动摇转向瓦解。资本主义侵略势力对中国的农业生产的关系，由过去的"影响"变成了"控制"。很大一部分农产品的生产要完全依据帝国主义的需要而转移。

由于几个帝国主义国家在中国的共同统治，中国封建割据的性质似乎也有所改变。这一时期在自然经济趋于瓦解的条件下形成的封建军阀割据，是一种外国资本奴役下的封建割据。这种封建割据，给中国农村经济带来了更大的灾难。例如中国的殖民地性农业区域化的结果，就使中国农业经济的发展呈现畸形。若是在正常发展的情况下，农业生产的民族的区域化是会逐渐形成的。这种形成是有益于农业经济，也有益于国民经济的发展的。但殖民地区域化就不然了，它制造了专业化地区与非专业化地区之间的显著的经济发展上面的差异，妨碍了合理的民族的农业生产配置的形成，加深了中国各地区农业经济发展的不平衡性。而且由于中国是在许多帝国主义的共同统治下，这就使中国农业经济的发展，表现出更大的不平衡性。当然这种不平衡性的状态并不是一瞬间就能形成的。自鸦片战争以后，就有了这种趋势。但到甲午战争以后，各帝国主义国家争夺着在中国投资，在他们互相之间划分了"势力范围"，这就使中国农业经济发展的不平衡性很快地明显起来了。

外国侵略者对中国农民进行掠夺，是需要中国的封建地主统治阶级为其助手的。这也就是决定了他们必然要维持中国原有的封建剥削关系。由于农业生产关系基本上没有改变，农业生产力自然也就难以提高。可是在另一方面，广大农民比起过去仅仅受本国封建统治阶级的剥削的时候来却更增多了来自外国资本方面的压榨，他们的经济情况的恶化，是不问可知的。小农经济的再生产能力本来就是小得可怜的，在这重重压榨之下，农民如果不能维持再生产，就只有使自己的生活水平继续降低的一个办法。个别地区外销经济作物生产发展的结果，只是养肥了极少数的买办以及买办化的地主。这班封建剥削者越是增加了力量，农民也就越要遭殃。在外国资本主义的控制之下，中国的农业经济只有日趋衰落。

第九章 中国资本主义农业的特点

（1900—1927 年）

一、中国农业中资本主义的产生

鸦片战争以后，外国资本主义侵入中国，大量的外国商品和资本流入内地，逐渐地破坏了中国封建社会的小农经济，促进了商品市场和劳动力市场的形成，为资本主义农业的发展造成了某些客观条件和可能。正如毛泽东同志在《中国革命和中国共产党》一文中所指出的："中国封建社会内的商品经济的发展，已经孕育着资本主义的萌芽。如果没有外国资本主义的影响，中国也将缓慢的发展到资本主义社会。外国资本主义的侵入，促进了这种发展。外国资本主义对于中国的社会经济起了很大的分解作用：一方面破坏了中国自给自足的自然经济基础，破坏了城市的手工业和农民的家庭手工业；另一方面促进了中国城乡商品经济的发展。"

进入 20 世纪以后，随着帝国主义经济侵略和中国半殖民地半封建社会的深刻化在国内造成了资本主义发展的有利条件，如土地的加速集中，足够的农业雇工，商品化的发展和比较经常性农产市场的出现等等。而且这一时期，在帝国主义驱使下，中国农产品已经投入了国际市场，中国的农业作为被帝国主义宰割的对象，加入了资本主义经济体系。这样，在西方资本主义的影响下，不可避免地出现了具有一定资本主义性质的农业经营。特别是占主要经济地位的地主雇农经济，表现了开始向资本主义方向转化的迹象。

典型的封建社会向资本主义转化有两种方式：

一种是地主阶级本身，从原来的封建土地占有的基础上，采用资本主义经营方式，把封建的大庄园变成为资本主义的农业企业。这一条道路被称为普鲁士式的农业资本主义的发展道路。这一条道路要使农民长期地遭受残酷的剥削和破产的痛苦，最后才使封建地主变成了土地所有者和农业资本家的双重身份。

另一条道路被称为美国式的农业资本主义的发展道路。就是以资产阶级的民主革命的胜利来破坏封建地主庄园和封建土地占有制，土地转入农民的手里，在这个基础上开始资本主义的农业经营。农业资本家以与地主阶级平等的地位，占有平均利润，超过平均利润的部分，则以地租的形式转归地主所有。

在中国半殖民地半封建社会里，资本主义性质的农业经营的发展过程中，这两种方式都不十分明显。所谓的农村资产阶级也与封建地主阶级有着千丝万缕的关系，再加上帝国主义对农业经济的控制，他们又带上来殖民地性的色彩。

决定农业经营的资本主义性质的标志，主要有以下几个，现在拿来同中国的情况对照一下：

第一，作为资本主义的农业生产，应当是在为市场而生产的前提下，经营的规模比较大，集约化程度高。特别是集约化程度——机械、改良农具、化学肥料、牲畜的使用等等——是决定农业经营社会性质的重要标志。有时土地的面积虽然不是很大，可是高度集约化，这同样可以使它具有资本主义性质。而从旧中国的整个情况来看，机械、改良农具、化学肥料的采用等都是十分微弱的。

第二，雇工的使用也是一个重要的标志。劳动力的商品化，即工资劳动者的广泛利用，是资本主义生产的一个重要标志。在农业上也是如此。但是并非凡雇工者就是资本主义的经营。一般的小农户，由于缺乏劳动力，尤其是在农忙季节，往往也进行雇工，其目的主要是为了解决生产上的困难，而不是为了剥削雇工的剩余劳动，榨取剩余价值。所以不能说是为资本主义的性质。真正的资本主义的农业雇工是农业工资劳动者，以他脱离旧的生产资料——土地，而依属于新的生产资料——资本或机器为其特征的。是农业劳动者从他与土地所有者结成的生产关系，转化为同土地以外的其他生产资料，特别是机器所有者或农业资本家结成生产关系。也就是说，用以剥削他的工具，已经不是土地而是资本了。但是在旧中国的农业雇工中，这种特征也不是十分明显的。在农业劳动构成上，还保持了如下特点：①农业中小农经济广泛存在，家族劳动占有主要地位。在全部农村人口中，纯粹雇佣工人所占比重不是很大。②农业雇工中间，许多是季节工人，他们一面出卖劳动力，一面还耕种自己的土地。他们多数是农村中的半无产者。③许多受雇佣的农民还往往是受着土地或债务的束缚。他们的出雇多少带有强制性，因而也带有一定的封建性。

第三，资本主义式的农业生产与小农户的商品生产的重要区别之一，就是看他的经营会计是否与该户农民的家庭经济能比较明显地区别开。非资本主义性的小农生产的一个重要标志是生产与生活二者混淆不分。而资本主义的商品生产却不同，资本主义的经营必须严格地计算成本，这就决定它在会计制度上有着一定要求。它要采用复式簿记，对于经营本身和经营以外的收入、支出，都要严格地区分。而这一点对小农经济来说是不必要，而且也不可能做得到的。

第四，土地所有者和农场经营者是否分开，也是判定它是否为资本主义农业经营的一个重要标志。

封建社会的生产关系，重要是地主和农民的对立。封建地主依靠土地所有权，利用超经济的强制办法来剥削农民的全部剩余劳动和部分的必要劳动。在资本主义社会，地主和农业资本家的剥削是分开的。这时资本家和工人的矛盾成为社会的主要阶级矛盾。农业资本家是以雇工的形式剥削工人的剩余价值，获取平均利润，并把平均利润以上的余额，以地租的形态交给地主。而在旧中国，这三个阶级关系主要的表现还是地主和农民的对立，而不是农业资本家和农业雇工的对立。因为事实上工资劳动的剥削，基本上是同地租剥削纠结在一起的。这也就是说，资本主义的剥削常常是同封建剥削不容易截然分开，而后者又是占着更显著的地位。

根据以上四点，对于这一时期带有资本主义的农业经济迹象，还需要再做具体的观察。

二、中国的富农和经营地主

首先表现出来向资本主义转化的主要是富农和经营地主。

所谓经营地主，是指原来封建地主阶级当中，利用自己一部分或全部的土地从事雇工剥削的那一些人。他与封建地主即租赁地主的不同主要表现为：

1. 经营地主集中使用土地、生产工具、肥料；劳动力和畜力都比较充足。劳动协作比较好，劳动生产率也比较高。

2. 在生产关系上，生产资料的所有者—经营地主，已不是必须把直接生产者—农民束缚在土地上，借助自己的土地所有权来进行剥削，而是借助于货币，用雇工经营的办法来剥削雇工的剩余劳动。直接生产者—雇农，也已经基本上与土地分离，成为没有人身束缚，自由出卖劳动力的无产者或是半无产者。生产资料的所有者也基本上是通过货币雇佣关系，来实现其对直接生产者的剥削。

3. 就其刺激农民分化的社会作用来说，经营地主将促使破产的农民变成雇佣工人，成为无产者或半无产者，从而促进农业雇工市场的扩大和无产阶级队伍的形成。

4. 经营地主的生产目的，包含有追求较大数额的商品生产物。他们对于市场有很大的控制能力，并且带有垄断性。

从以上看来，经营地主与租佃地主比较起来，经营地主带有一定的进步性。

经营地主与富农也有区别。经营地主不参加劳动而富农参加劳动；经营地主所具有的土地、经营的规模、剥削的程度也都比富农大。但是二者又有很多共同点：他们都是土地所有者，从事雇工剥削，所以在向资本主义农业转化中，他们都含有共同因素，具有相近的特点。因此在研究农业资本主义发展时，把二者合并一起，就更能全面地反映出农业经济成分的转化情况。

中国的富农和经营地主，都带有地租剥削的封建性。同时由于他们多少采用了资本主义的经营方式，也都带有资本主义因素。但是作为一个纯粹的资本主义经济来看，它还不具备充分的条件。还带有资本主义与封建主义的二重性。

经营地主和富农所含有的资本主义性质，主要表现在以下几个方面：

1. 采用雇工制，经营地主是以货币雇佣长工来从事大面积的农业经营。雇工的手续比较简单，雇工有选择雇主的自由，所以具备了一定的货币雇佣关系。

2. 富农和经营地主的生产目的不是为了自给自足，而是为了生产较大量、较多种的商品谷物。据山东估计，经营地主所持有的谷物要比租佃地主多一倍。

3. 富农和经营地主所经营的面积比较大，工具比较先进，工作及时，分工细致，劳动生产率比较高，而且从事多种经营，手下具有较多的流动资金，所以对雇工的剥削，就带有更多的利用资本剥削的特性。

但是经营地主和富农还具有较浓厚的封建性：

1. 经营地主是土地的所有者，生产目的尚带有自给自足性。经营地主所使用的土地是自己的，除了少数以外，绝大部分经营地主都兼有租佃地主的身份。他们所经营的农业生产，由于生活的需要，又分为两部分：一部分是为地主家庭消费而生产的，另一部分是为社会商品需要而生产的。

为家庭生产的部分是指经营地主从自己生产的农产品总额中直接留下一部分，作为自己生活所必要的生活资料。如山东的经营地主，往往把自己生产的棉花的一部分，分给本家各房，使其各自轧花纺纱织布，解决各房的穿衣用。可见经营地主在组织生产中，一开始就具有提供家庭消费资料的目的。尤其是一些所谓"五世同堂"、同居百余口的大经营地主，家庭消费相当大，这就削弱了其商品经济性而加强了自给自足性，反映着封建经济的特征。

2. 经营单位的财务与经营者的家庭经济混淆不清。由于经营地主和富农经济存在着自给自足性，所以在他所经营的生产当中，把家庭消费的生产和为社会商品生产紧密地纠缠在一起。在财务制度上，没有什么核算制度和科学的计算方法。全部生产生活安排均由大家长或总管家独揽一切，保留着家长式的统治的残余。

3. 真正的农业资本家专门从事农业生产，而中国的富农和经营地主所经营的对象，并不限于农业，还从事出租土地，放高利贷，兼营商业和其他副业等等。所以他的收入是多方面的，而且带有超经济剥削性质。

根据山东 46 县 131 家经营地主调查，兼营地租和高利贷剥削者有 120 家，占全部的 91.6％，单纯雇工经营的仅占 8.4％，具体情况见表 9-1。

表 9-1   山东省 46 县地主调查情况表

调查户数	兼出租土地者		兼商业和手工业者		兼高利贷者		三者兼有		单纯雇工者	
	家数	占％	家数	占％	家数	占％	家数	占％	家数	占％
131	78	60.0	85	64.9	88	67.1	34	26.0	11	8.4

另外，根据 1922 年浙江等 5 省 9 县地主雇工经营面积占总面积的百分数中来看，雇工经营面积，还只是占了少数，绝大多数的耕地还是被佃农耕种。如表 9-2 所示，佃农耕种占到 50％左右。

表 9-2   1922 年浙江等 5 省 9 县地主雇工经营面积占总面积百分数

省县	调查面积（亩）	田主家人耕种（％）	田主雇工耕种（％）	租户耕种（％）
浙江鄞县	4 764	17.0	5.6	67.4
江苏仪征	4 121	41.9	10.1	48.0
江阴	14 391	28.7	1.4	49.9
吴江	4 931	19.6	4.2	76.2
平均	—	29.1	3.5	67.4
安徽宿县	28 843	42.9	7.2	49.9
山东霑化	11 867	96.3	3.3	0.4
直隶遵化	24 369	71.2	15.5	13.3
唐县	20 073	78.2	4.3	17.5
邯郸	25 507	70.0	27.1	2.9
平均	—	72.8	16.5	10.7

4. 经营地主和富农，不仅仅从事雇工和地租的剥削，而且进行超经济的剥削。经营地主和一般租佃地主一样，他们绝大多数享有封建特权，与反动政权有密切的来往，他们常常利用自己的政治势力控制市场，控制雇工，霸占官地，掌握农村经济。

5. 在雇工制度上也反映了经营地主的封建性。

首先，表现为雇工带有奴仆性。资本主义的雇工，工作范围是一定的，在时间上也有一定规定。工人可以自由地出卖自己的劳动力，对资本家不负任何其他义务。而中国的雇工却不然，长工一经地主雇用，各种活计无所不干，也没有作息时间的规定。并且常常是因为借债，或其他关系的"义务"决定雇工为地主劳动。

其次，长短工的工资还严格地保留着实物工资的残余。资本主义的雇工完全是货币工资，而中国的长工或短工，则保留有实物工资。据调查山东境内的经营地主，对雇工（长工或短工）都由地主供给伙食，另外才支付货币。这样雇工的工资就演变成了由货币和伙食两个部分组成。而伙食部分还占了很大比重。据 20 世纪初，山东章丘县经营地主支付雇工工资的情况来看，长工年工资为 29.7 吊，折高粱 454 斤，伙食用去高粱 720 斤，其实物部分占了全部工资的 61.3%。短工日工资为 124 文，折高粱 1.7 斤，伙食用高粱 2 斤，其中实物工资占全部工资的 54%。另外根据华北情况统计，长工的年工资为 30 元，其中伙食 24 元，伙食占了总工资的 80%。由此可以看出实物工资都在 60% 以上。反映了雇佣关系上的封建性。

再次，长工的工资极低，绝大部分不能养活自身以外的任何人。他们往往为了养家糊口，勉强度日，长工要求向佃农转化，企图租得点滴土地，维持极低的家庭生活。这样，就阻碍了货币雇佣关系的发展，而加强了封建性的租佃关系。

最后，绝大部分短工，都是带着简单工具待雇。尽管他们被雇用后，有时用不着自己的工具，或者这些工具起不了主要作用，但是短工毕竟是带着工具，在地主土地上进行耕种，这与资本主义社会中资本家完全占有生产资料，并用它来剥削雇工的剩余劳动的性质，显然有所不同。

总之，在向资本主义道路上发展的经营地主和富农，具有特殊性，即他们既带有某些资本主义特点，又具有极浓厚的封建特征。所以它是一种半殖民地半封建社会的产物，而不是一种真正的资本主义经营。

三、垦殖公司的本质

进入 20 世纪以后，由于西方资本主义的影响，在中国各地兴起了具有资本主义形式的农场（公司）。特别是辛亥革命以后，在广东、江苏出现了百万元资本的大型垦殖公司。

根据北洋政府农商部的统计，1902—1912 年已经注册的垦殖公司，从 4 个发展到 215 个。1912 年以后，虽无完整的统计，但是当时确实出现了更大规模的垦殖公司。比如当时有名的六大盐垦公司见表 9-3：

表 9-3　二十世纪六大盐垦公司简况

公司名称	大豫	裕华	大丰	泰和	大纲	华成
资本（万元）	150	125	200	120	120	250
占土地（万亩）	31.0	22.2	40.0	17.0	16.0	75.0

资本都超过了百万元，土地也都在 10 万亩以上。

这些公司多数为股份公司，根据 1912 年的 171 个垦殖公司来看，其中股份公司 112 个，合资 35 个，其他 24 个。股份公司占了 65.5%。

垦殖公司的经营对象，主要是以垦牧为主。仍以 1912 年的 171 个垦殖公司为例，从事垦牧种植事业的有 104 个，森林业的 9 个，茶桑园艺的 44 个，蚕业的 8 个，榨乳业 1 个，其他 5 个。其中垦牧业务占全部业务的 60.8%，就其资本金来说，垦牧种植占总资本（6 351 672 元）的 88.6%。

这些垦牧公司也多是从领荒地开始的。

1900 年以后，全国各地特别是东北、苏北有大量的官荒地。当时的政府，采取了一些开放禁垦区、奖励开荒的政策。于是大量有特权的地主、官僚、富商便抓住了这个机会，以集股领荒的名义，占取了大片的土地。所以这些公司一开始就掌握在特权阶级手里，成为他们的生财之道。这些公司在名义上都是股份公司，实际上只是操纵在最高统治者手里。如1919年成立的江苏盐城太和公司，其股东中有三个总统、七个督军，它所享有的特权也就极明显了。

这样，他们既有权势，又用极低的价格取得大片的土地，而广大农民深受残酷压迫，就是想租土地还求之不得的情况下，就为这些垄断者提供了土地投机和苛刻剥削的机会。他们以低价收买，高价出卖，转手即获暴利。如上海郊区以每亩 3 元领垦官地，转手即以每亩 12 元卖给农民，获利 4 倍。所以垦殖公司的开始，便以非资本主义的方法夺取了土地，并埋下了土地投机的目的，阻碍了垦殖公司真正的向资本主义方向发展。

垦殖公司在名义上是采用资本主义方式经营，以追求资本主义的利润为目的。但是剥开它的实质来看，却够不上一个真正的资本主义企业。因为：

首先，以垦殖公司的资本运用来看，资本主义企业的资本，主要用在经营本身和设备条件方面—机器、厂房、畜牧农具等，用在土地上的资本只是地租。

中国的垦殖公司却不同，它在经营的开始，就被土地占去了大量的资金。尽管地价极低，可是大面积的地价支付，也远远超过了地租。这样垦殖公司的资本大部分投在土地上，流动资金就甚感不足，妨碍了公司生产水平的提高。如绥远永大垦务公司，1924 年收集资本 10 000 元，当年总开支 8 000 元，其中支付地价 4 000 元，占了总开支的 50％。

另外，从公司垦地面积与其资本的比例来看，也是相当低的。例如苏北盐垦区 40 余家公司共占地 3 000 万亩，投资额为 3 000 万元，平均每亩 1 元。广西 72 家公司，占地 7 000 方里，投资约百万元，每方里 143 元。在这种情况下，不但谈不到集约化经营，甚至相当粗放的经营都会感到资金不足。

而且在许多股份公司的章程里，都还规定"承垦土地开出之后，即分与各股东经营"。可见这些"资本家"的意图，在于荒地开出之后，分占土地。所谓集股领垦，只不过成了这些官僚地主借集体之名攫取大量土地的手段而已，根本没有实现资本主义的信心。事实上也确实如此。许多垦殖公司经营的结果，便是将土地一分了之。

其次，以剥削的方式来看，垦殖公司所剥削的不是雇工的剩余劳动，而是把领垦的大片土地分割成小块，分别出租给小农，剥削佃农的地租。

所以地租就成了垦殖公司的主要收入。以七大盐垦公司收入项目中各种收入所占的比例为例，可以清楚地看到，地租的收入都占了 50% 以上，甚至于占了全部收入，七大盐垦公司各项收入的具体情况如表 9-4 所示。

表 9-4 七大盐垦公司各项收入的百分数

公司	地租（%）	自垦收获（%）	盐业收入（%）	归还欠款（%）	其他（%）
通海垦牧	55.40	17.52	0	25.81	1.27
大赍	81.27	3.09	7.41	0	8.22
大丰	92.43	6.17	0	1.28	0.12
大祐	89.68	10.29	0	0	0.03
华成	85.81	0	6.16	7.67	0.36
大绷	99.28	0	0	0	0.62
大有晋	84.21	9.88	3.55	2.36	0

垦殖公司的地租形式，一般都是采取对分制，即将地租给农民，按收获量之多少，公司与农民对半分成，或公司 4 成，农民 6 成。

此外，公司也向农民收押租。如江苏一带的垦殖公司规定，每亩交顶首（即押金）3～8 元，并且外纳写礼（手续费）3 角。退佃时，写礼没收，如不欠佃，顶首可以退回。这与封建地主的剥削没有什么区别。不仅如此，垦殖公司还兼行高利贷和其他的超经济剥削。如广西一公司，以"借款租地"的办法，使公司成为债主、地主合一的组织。公司在拨地时用小尺丈地，多搞农民的亩数，收租时用大斗大秤。如江苏东台县大丰盐垦公司，用 20.5 两的大秤收棉花、以 16 两之公秤、褪色等等苛刻手段来剥削农民。而广大农民对公司却不敢慢待，若不小心便会遭到私刑和军队的折磨。

所以从垦殖公司的剥削方式来看，名为公司，其实是一个集体地主。所采取的剥削方式，仍然是封建地租的剥削。只是它比一般地主更有势力，经济力量更足，剥削得更残酷。

第三，从垦殖公司的经营方式来看，它和一般的小农经营区别不大。资本主义的农场，一般说来规模比较大，集约化程度比较高，经营方法现代化。但是这些垦殖公司不具备这些特点。大部分公司将土地分成 20～25 亩为一塅，规定每佃户只能承租一塅或几塅，限制了佃农的生产面积。这样就造成了经营面积相当分散。比如：

大豫公司放垦 111 600 亩，佃户 4 400 户，每家承租面积平均为 25.4 亩。大有晋公司放垦 90 346 亩，佃户 2 000 户，每家平均承租 45.6 亩。大赉公司 30 000 亩地有 1 700 个佃户，平均每佃户租地 17.7 亩。况且这些公司还有很多废耕和未垦地也在内，可见每个生产单位的耕地面积就小得和小农经济无所区别了。

所以，从公司表面上看，好像拥有土地上万亩，实际上还是小农经营。至于集约化，就更谈不上，甚至可以说相当粗放。因为这些公司本身对生产资料的投资就很低，而他们所雇用的工人，又多为一无所有的难民。佃民既要承租土地，又要向公司借贷农具、畜力、房屋以及碾磨之类的东西。同时还要承受各种附加条件的束缚。这样，佃农根本不可能去发展生产力，也根本没有能力提高土地的集约化。

在经营管理方面，公司也没有什么科学的管理方法。公司为了管理简便，常把土地出租给几个头人，然后由头人再转租给佃户。所以在公司内部还有二地主的剥削阶层。在财务上，也无详细制度，账目含混不清，工作人员贪污舞弊，也不像个真正资本主义的农场。

根据以上几点，所谓带有资本主义性质的垦殖公司，虽然也采取了股份制，或雇工剥削制，有类似于资本主义的成分，但主要的剥削形式是地租，因此实质上是封建性的剥削，而且是比地主阶级更为苛刻的剥削。这些身兼官僚地主身份的"资本家"，追求的不是资本利润，而是大量的土地。一旦荒地成为熟田，这些公司的股东便按股分田，一变又成了大地主。事实上到 1920 年以后，所谓的垦殖公司便依着这种方式很快地解体了。

至于一开始就专门从事土地投机的公司——这些公司在江南不亚于垦殖公司的数目。它们根本就没有进行垦殖，只是买得土地后，随即转手出卖，获取暴利之后马上就解散了。

四、商人化的农业资本家

进入 20 世纪以后，随着帝国主义的侵略和中国半殖民地半封建社会性质的深化，土地高度集中，地主更加腐化，兼营商业、高利贷的风气更为盛行。因而一部分拥有资本的商人，便借着大地主的希望一下出租全部土地的机会，将资本投入到农业流通领域上来，于是在社会上出现了一种包佃制，形成了畸形的农业资本家。

所谓包佃制，即是有些商人（或一个或几个）集起相当数量的资本，向大地主承佃大片的土地，然后再由他们将土地分割成小块，分别出租给佃农，这些商人便从二次地租差额中获取利润。如在后套地区（现在内蒙古）出现一种"商人"，他们从大地主（蒙古王公贵族）那里租来上百顷或千顷的土地，然后再租给几百个小农户。当地临河县教育局长李俊义便是一个租地千余顷，一次向地主纳低额租金、逐年搜刮佃农的典型。

在广东，特别是香山、顺德、东莞一带，包佃制也相当厉害。尤其是香山县，许多商人合资组成包佃公司，专门进行承租转佃业务。甚至有的佃农事先向地主批得的田地，也硬向佃农夺来归公司转批。

另外，广东有大量的公田（族田、庙田），比如东莞的明伦堂，每年收租 10 万元。而这些地又不便于分散出佃，小农户又佃不起，只有掌握在有大量资本的商人或绅士手里，因此也为包佃制留下了机会。所以包佃制在广东极为盛行，引起农民十分痛恨。农民在广东农民协会第一次代表大会决议中，曾强烈地提出打倒包佃制。

在内地也有类似的制度。四川合川县富商集资作"田庄"的经营，组织"田园会"，集体剥削佃农。

包佃制的结果，许多富商绅士中饱私囊，广大的佃农却倍增了剥削。因为包佃人一般都是既有资力，又有势力的人。他们凭借了特权，在社会上有相当地位，才取得租地万顷的权利，才获得谋取厚利的机会。如后套临河县一"商人"，以现洋3 200元租得土地80顷，租期5年。而该商人出租73顷，每顷收租60～40元，小块出租每亩1～3元，合计收租为3 500元，每年获利2 800元。5年累计获利14 300元，相当于资金的4.5倍。

又如广东佃农直接向地主承佃，每亩一年纳租12元，若向包佃公司承批，则每年一亩地要纳16元。这样，农民在受地租剥削的基础上，又加上了"二地主"式的剥削。而且不仅仅是"二地主"的剥削，这些包佃者为了简便省事，常常在下面分设几层中介，即所谓"二地主""三地主"甚至"四地主"，逐层都向农民进行剥削。这还不算，包佃人也还要向农民进行超经济剥削。他们凭借政治势力，垄断承包，阻止农民向地主直接佃地。如果违反"禁令"，就会遭到迫害。当然包佃公司的佃农更不敢欠租，否则就有被押、受罚的危险。这些包佃人，在名义上是向佃农收取货币地租，但是他们十有九个是商业剥削者，收租时他们往往根据农产品的价格变化，采取折收实物，套购农产品。如后套临河县佃农在秋季收获后，因为不能马上换回现洋交租，只好压低价格折成物租交给这些"商人"。这样，包佃者就利用谷贱时低价收购，到了春天粮价上涨时再以高价出售，成为市场上重要的粮商。另外，在某些经济作物区，还有商人雇主制。商人向农民贷放资金、肥料，优先收购农产品，控制农产销路……也有类似性质。

从以上可以看出，这种剥削形式的存在，严重地阻碍了生产力的发展。对于地主的影响，它只能促使地主更加腐化，更加不关心土地收获成果。对于佃农，增加了剥削层次和剥削程度，使农民生活更加痛苦，更加失去了发展生产的能力，因而也就更促使农业经济的破产。

五、新式资本主义农业经营的出现

新兴的中国资产阶级，在西方资本主义的影响下，一些具有农业知识的人开始组织资本主义式的农业生产。特别是辛亥革命以后，一方面在大城市的周围，随着城市的发展兴起了新式资本主义农场，另一方面归国华侨在广东、福建、琼崖一带举办了很多热带作物种植园。

在大城市的周围，随着城市殖民地性的加强，出现了更多的为城市服务的副食品生产的新式农场。其类型主要有以下几种：

1. 花卉园艺：这一时期里，在大城市附近正式组织起花卉股份公司。如上海杨思乡花卉蔬菜种植场，就是专门为城市栽培蔬菜、培植花卉观赏植物的公司。另外有一些主要由城郊富农经营的菜园，它们专以常年为市场供应蔬菜而从事各种温室、秧畦等蔬菜生产，满足市场需要。

2. 果树园：发展的历史较花卉业晚，但发展的速度很快，其业务主要是用新式的经营栽培方法，为城市提供优质的商品水果。如当时有名的复丰果园，专以生产水蜜桃而著称。

3. 乳牛厂：是殖民地性较强的资本主义经营。帝国主义侵入中国后，城市里的外国人大为增加，需要牛奶量也迅速提高，一些资本家为了获利，便开始改良品种或选用良种（如荷兰牛），用新式生产方法，大规模地经营奶牛厂。当时北京有名的牛奶厂如复生奶厂、复康奶厂，他们除了供应牛奶之外，还制造各种乳制品以满足市场需要。

4. 综合性的资本主义农场：主要包括乳牛、蔬菜、花卉、果树等多方面的经营，如上海有名的冠生园，便是在食品商店的基础上，为供应门市需要而逐渐发展成很大规模的综合农场。

5. 种苗圃：专门培植各种名贵花种、树苗和观赏树木，这种经营投资比较大，资本周转慢，只适合于一些具有相当资金的资本家才有力量经营。如北京的兴农园就是很有名的种苗圃。

6. 工业企业附属农场：这种农场主要是为城市的直属公司服务的。

例如山东的张裕酿酒公司，专门制造各种葡萄酒，它的附属农场仅葡萄园就有 3 000 多亩。

7. 专为城市副食需要所办的养蜂场、养鸡场、养鸭场：这些畜禽场一般都是采用优良品种和新式的培育方法，具有高度的专业性，专门供应城市需要，甚至还有的出口伦敦。但是这些企业都是一时的现象，在收入不够支出的情况下，很快地就倒闭了。

在华侨投资方面：由于帝国主义在国外对华侨迫害，许多华侨便把资本迁回国内，在广东琼崖一带经营橡胶园，其中最早的如安定的琼安公司，种植橡胶数千株。成功之后，跟着又有那大的侨植公司、石望市的南兴公司、加赖园的茂兴公司等，都从事橡胶生产。另外在厦门、福州一带也有一些华侨农场，如陈嘉庚所办的集美农场，就是具有相当规模的资本主义式的农场。

但是这些公司（或农场）除了少数外，也都由于销路受帝国主义排挤或是经营不善而倒闭了。

总之，从 1910 年以后，中国资本主义有了进一步的发展。在继垦殖公司之后，出现了城郊的资本主义农场（或公司），它们一般采取新式工具，规模比较大，资本也比较优裕，吸取西方资本主义经营方法，特别是华侨农场，完全采用资本主义的经营方式，但是这些公司也都没有发展起来。除了个别之外，大多数都自生自灭了。其原因绝非中国资本家没有管理农场的本领，而是由于他没有发展资本主义的社会基础。

首先，以其服务对象来看，它们主要是为城市消费者服务，而且主要是为帝国主义分子和官僚地主服务。所以它带有浓厚的殖民地性。比如上海的陈森牛奶厂，专以向松江外国兵舰上销售牛奶为业，后来由于军舰停泊不长曾造成几次歇业。另外更典型的是花卉业，也绝不是当时劳动人民可以享用的。由于这些公司对帝国主义有依赖性，因此帝国主义的一举一动，就对它有很大影响。帝国主义的过剩物资如柑橘、苹果、罐头、奶粉在市场上一出现，中国的产品就被排斥得抬不起头来，甚至有歇业的危险。而在中国市场上，美国的柑橘、奶粉，日本的蔬菜并不少见，所以中国的资本家无力抗拒，自己的企业也就无法发展了。

其次，帝国主义的侵略，城市区域迅速扩大，郊区耕地迅速缩小，地价便飞快地提高，这样就排挤了农场经营面积。同时随着地价增加，地租额相应提高。高额地租就占去了资本家的大量利润，再加上层出不穷的苛捐杂税，如果没有特殊的官僚势力作后盾，根本无法抗衡。即使赚得一些钱，也由于种种剥削，最后被搜刮光了。所以即使是真正的从事资本主义的经营，在这样的半殖民地半封建社会情况下，也无法发展。

六、中国资本主义农业发展的局限性

从以上各节来看，中国的地主、富农以及形形色色的农业资本家，都在不同程度上或多或少地表现出了走向农业资本主义化的趋势。但是事实上却走向了歧途，没有发展起来。其基本原因是帝国主义掌握了中国的经济命脉；在中国反动的封建统治阶级的帮助下，操纵了中国农产市场，并且控制了中国的农业生产领域。在这种情况下，中国的资本主义在农业中是不可能发展起来的。中国的农业资本家，如果不归于失败，也只可能在为帝国主义的利益服务的条件下，分点小钱而已。因为这时正是中国半殖民地半封建的农业生产关系已然形成，并且正在全面发展的时候，中国资本主义农业的发展，没有具备应有的条件。

真正的资本主义农业经营，它要求冲破封建势力的阻碍，使资本家能够很便宜地租得土地，雇用足够的劳动力；此外，它也要求其他经济部门完全资本主义化等等，以便于进行大规模的农业品的商品生产。

但是，半殖民地半封建的中国，自然经济还维持着统治地位。自给自足的小农经济，虽然感受到越来越大的威胁，但仍然在顽强地挣扎着。再加上国民经济的所有其他部门的普遍萧条，必然是加重了资本主义农业发展的困难。另外兼营商业和高利贷的封建地主阶级的非常优厚而又有保证的封建剥削收入，也促使他们主要注意于追求封建剥削，而不愿意向真正的资本主义农业经营的方向发展。

此外，由于地租剥削率高，对于资本主义的农业经营的发展也产生极为不利的影响。固然在半殖民地半封建的中国，地价和地租并不像在资本主义社会那样保持着固定的关系，可是地价的涨落不定，却正好鼓励了土地投机，起了转移这些农业资本家的发展方向的作用。即使已经走上了比较正规的资本主义经营的农场，又由于劳动力的价格低廉，使资本家不愿意利用新式农具和采用新式设备。结果造成企业的可变资本过大，资本有机构成特低，妨碍了劳动生产率的提高，影响了资本主义农业的发展。

最后，还必须提到，由于反动军阀的混战，捐税重重，更是常常直接引起资本主义性质的农业经营失败的原因。

这就是说，在半殖民地半封建的生产关系下，上层建筑也是极反动的，在帝国主义的支配下，各种法律、制度都是为封建的反动政府和帝国主义的利益服务的，并没有为资本家的发展，创造多少有利条件。所以尽管在客观上出现一些发展资本主义的条件，但是中国的资本主义农业也不能发展起来。因为资本主义的农业，只能在资本主义社会基础上发展起来，而半殖民地半封建社会，是不可能发展起资本主义的农业的。事实上也正是这样，富农、经营地主不可能发展成农业资本家，就是新型的农业资本家也不可能发展起来；甚至像广东省香山一农业公司，雇上警卫，设上堡垒，最后也还是不能坚持下去。所以到了1920年以后，不论经营地主、垦殖公司、包佃公司还是新式的资本主义农场，都因为不能摆脱帝国主义和封建势力的束缚、压迫而逐渐消灭了。

第十章　中国资产阶级对于解决土地问题之评价

一、资产阶级对土地问题之态度

1840 年以后，外国资本主义的侵入中国，一方面分解了中国的自然经济，刺激和促进了资本主义的发生和发展，使中国封建社会变为半封建社会，另一方面它们又残酷地掠夺中国的经济，把一个独立的中国变成了一个半殖民地和殖民地的中国。在这个半殖民地半封建的中国，社会的基本矛盾是帝国主义和中华民族的矛盾以及封建主义和人民大众的矛盾。而帝国主义和中华民族的矛盾，乃是其中的主要矛盾。义和团运动之所以成为中国近代农业经济史的转折点，就是因为它集中地反映了这一个矛盾的深化。外国侵略者对中国农民的掠夺，已发展到了帝国主义性质的阶段，也就是半封建半殖民地的生产关系由形成转入发展的阶段。义和团运动失败后，农民反封建的斗争仍在持续着。在义和团运动中所提出的"扶清灭洋"，是为了在同帝国主义作殊死战的斗争中，不要受封建统治者的压迫。运动后提出"扫清灭洋"，就表现出鲜明的反帝反封建色彩。这不单是在直隶省境内斗争一直没有停止，在全国各地农民运动也是此起彼落，形成革命气象。无论是抗粮、抗税、抗租，都是反抗封建统治者的直接剥削和封建地主阶级地租高利贷和商业资本的剥削。有的地方发生了阻米出境、抢盐店等等的风潮。这都说明当时农民和封建统治阶级地主阶级的矛盾，已达到尖锐化的程度。农民要求解决土地问题，反映着中国社会经济发展的客观动向和广大农民群众的主观愿望，这也说明土地问题始终是中国革命的中心问题。

但是农民的自发的斗争，不能完成解决土地问题这一历史任务。太平天国革命的经验证明：历史的发展的客观规律已然否定农民阶级仍旧独立负担革命的任务。这一任务必然让位于随着中国资本主义在特定条件下发展起来的资产阶级。这一新兴的资产阶级，作为一个阶级出现，领导起农民运动来。19 世纪末期，在半殖民地半封建社会诞生的资产阶级分为改良派和革命派两派。前者代表着正向资本家转化的大封建地主、买办，后者代表中小土地所有者、手工业者、商人等，正争取成为资本家。这两派同封建地主阶级的关系，自以改良派更为密切。两派思想的分野，就在于前者对革命的根本态度是"变"和"改良"，而后者则是"大变"和"革命"。

改良派首先发动戊戌政变（1898 年），企图在不触犯地主阶级根本利益的基础上，创造一些发展资本主义的条件。他们着眼之点不在农业经济上，言论也很少涉及农业，更谈不上解决农民问题。改良派的首领康有为论富国之法有六：在于钞法、铁路、机器轮船、开矿、铸银、邮政而独不言农业。偶有涉及农务之论，也不外乎"奖进绅富之有田业者"，这还是为地主利益着想。他们虽然也反对地主阶级的暴力，实际上是号召地主阶级实施小恩小惠，以免引起农民的反抗。改良派的意图，在于缓和阶级矛盾，抵制农民革命。他们在政治上的迅速失败，说明他们完全不能负起这一项重大的历史任务。

代表小资产阶级的革命派，于 1905 年成立同盟会，即已提出平均地权这一反封建的土地纲领，但是在革命宣传中并未加以强调。当时言论集中于反满，这正反映了资产阶级不敢正视土地问题。虽然当时有人发表《悲佃篇》，号召农民起来夺取土地，主张"必尽破贵贱之级，籍豪富之田"，又说："欲籍豪富之田，又必自农民革命始。夫今之田主皆大盗也……民受其陁，与暴君同。今也，欲夺其所有而共之于民，使人人之田，均有定额。"（《民报》第十五期）但是在当时，这种急进派的思想，却没有作为一种明确肯定的革命手段制定下来，也没有把它变为实践的行动。终于完全被淹没在反满的气氛之中。强调反满而放松了解决土地问题，正是资产阶级软弱性的表现。

资产阶级的软弱性，决定了他们的土地纲领不能解决农民的土地问题。资产阶级革命派对于当时的民族问题，忘记了反帝的范畴，由于强调反满，也忽视了对地主阶级的打击。他们同改良派一样地把革命的两个对象——帝国主义和封建主义都放过了，对这两个主要革命对象的认识都很肤浅，又不够明确。由于过分强调种族矛盾，放过了汉族地主，其中如最强调反满的代表资产阶级化的地主阶级的章炳麟，虽然走上了革命，但是仍然代表大部分地主阶级及大资产阶级。革命派承认外国与满清政府订定的不平等条约，孙中山在"实业计划"中表示"欲使外国资本主义以造成中国社会主义"，因而希望通过国家借外债、招洋服、接洽外人投资等方式开发中国资源。这很明显地是对帝国主义存在着幻想。由于革命派看错了敌人，把力量用到不需要的地方去，因此革命派并没有把各地一直进行斗争的自发的农民运动领导起来，土地问题并未占到应有的地位。在革命的热潮中，几乎完全听不到农民的声音。所以辛亥革命对农业经济以及广大的农民来说，几乎是毫无影响的。在辛亥革命后，以地租为中心的封建剥削制度并未动摇，封建政权的直接剥削依然如故。外国侵略者的掠夺也原封未动。这些剥削关系如有变化，也只是程度上的加深，半殖民地半封建的生产关系就是这样地继续下去。袁世凯窃国后，封建割据军阀对农民的剥削，比清还更凶狠。

二、资产阶级革命派解决土地问题之方案及其评价

孙中山在革命派中突出地重视了土地问题。孙中山通过对资本主义世界的研究，他不但认识到民主主义革命，而且也认识到资本主义社会问题。他认识到中国必须建成为民主共和国。但是他也看到资本主义国家之阶级矛盾。他想克服了资本主义的流弊，因此早在 1906 年他就提出了"平均地权"的主张，列为同盟会的政治纲领要项之一。他认为如果中国要防止资本主义，就要做到"举政治革命、社会革命毕其功于一役"。把

民主主义革命的任务和社会主义革命的任务同时完成。他认为革命成功后，不可能一切土地都由国家来收买，实现"土地国有"。因此认为实行"平均地权"的妥当办法是"定地价，依价课税，涨价归公"。涨价归公的理论依据是，他认为土地涨价是整个社会经济发展的结果，不应归少数人所有。通过定地价，在涨价部分课税的办法，把增长的那一部分收益归国家所有，同时也规定政府可以随时按原报价收购土地。因之，地主不敢少报，以防收购时不能得善价，但又不敢多报，以免历年负担重税。他认为，涨价归公之后，实行按地价征税，国家财政收入必然极为充足，而且革命成功之后，所有地主都要换契，只此契税一项收入，亦极为可观。地税之外，其他一切捐税都可以免除，其结果"物价公平，人民渐富"。他又设想到欧洲经济潮流侵入中国后，"最先所受的影响就是土地"，一定有许多人进行土地投机的买卖，涨价归公就可以杜绝土地居奇，使农业生产更为安全。

对于孙中山的土地纲领，列宁曾给予很高的评价。列宁肯定了这是"进步的、战斗的、革命的资产阶级民主主义土地纲领"。并指出这是"一个真正伟大的人民的、真正伟大的思想体系"。因为列宁看到了，"就社会关系说，中国仍然是一个落后的半封建的农业国家，因此，中国革命的一个任务就是反封建主义消灭封建土地制度"这一个核心问题。列宁说："在亚洲，一个落后的农业国家中，是什么经济必要性使得最先进的资产阶级民主主义的土地纲领能够被人接受呢？这是因为必得摧毁以各种形式出现的封建主义。"（《中国民主主义与民粹主义》，《列宁全集》第十八卷）这一个土地纲领的基本精神是土地国有，在很大程度上限制私人土地所有权，因而具有反封建的性质，也就是说，他是革命的、进步的，成为民主主义的核心。但是孙中山的民粹主义思想，严重地损害了这个民主主义的核心。通过平均地权（同时还提出节制资本），不必经过资本主义的发展阶段，直接走上社会主义这种思想，固然反映了他对西方资本主义制度的不满和对劳动者的同情，然而在中国当时历史条件是不可能实现这一理想的。列宁特别指出："他与俄国民粹派是这样的相似，以至于达到了基本思想和许多个别言论完全一样。"又提到"俄国资产阶级民主主义涂上了民粹主义的色彩……中国资产阶级也涂上了完全同样的民粹派色彩"。换句话说,也就是他同民粹派一样是"主观社会主义者",幻想预防资本主义的流弊,梦想在中国由于落后而较易于进行社会革命。这是资产阶级的"社会主义者"的理论。这种理论是反动的。正如列宁所说:"……其实,这完全不是社会主义,而是资产阶级民主派以及尚未脱离其影响的无产阶级用来表示当时他们的革命性的一种美妙的词句和善良的愿望。"所以列宁深刻地指出:"中国社会关系的辩证法就在于中国的民主主义者真挚地同情于欧洲的社会主义,将它造成反动的理论,并且根据这种'防止'资本主义的反动理论,制定纯粹的资本主义的十足资本主义的土地纲领。"

在资本主义制度下(这是孙中山所企图的),地价是资本化的地租,通过涨价归公实现土地国有化,也就是把地租(所有权)交与国家,如此即可消灭绝对地租,只余下级差地租。这样,也就是彻底铲除农业中中世纪的垄断封建关系,使土地买卖有最大的自由,使农业最容易地适应市场。孙中山就特别致力于消灭这种随资本主义发展而日益增大的绝对地租量。他认为,消灭了这种地租,便是消灭了资本主义,实际上却正好相反。孙中山的这种努力,客观上却是便于消灭封建地租发展资本主义。正如列宁所说:"民粹主义为了反对农业中的资本主义,主张实行这样的土地纲领,当其完全实现,就是表示农业中资本主义最迅速的发展。"

孙中山所根据的"毕其功于一役"的原则,是完全不现实的,用逃避阶级斗争的方式来逐步消灭土地垄断制,自然不能满足农民的要求,所以这一个激进的土地纲领失掉他的唯一可依靠的社会力量——农民——而成为不能落实的空想。

同样,他所提出的办法,也是不可能行得通的。这种亨利·乔治单一税的想法,自然完全是空想。地主明知国家没有力量大批收买土地,必然低标一般土地的价格,同时又高抬预料不久国家将要汲购的土地价格(如修筑铁路、码头、工厂等用地),结果必然影响地租的不正常化,并造成很大混乱。而且孙中山这种涨价归公的想法,是根据对大城市地价的发展观察得来的，而实际上在殖民地半殖民地影响下的大城市的地价发展情况显然与一般经济落后地区的农田有所不同，在一定的停滞不前的农业生产水平下，农田价格的变动不如预想之激烈，更重要的是这种政策将要由什么性质的国家（政府）来执行呢？显然，代表资产阶级利益的政府绝对不会真正执行平均地权节制资本的政策，也绝不肯允许政府手中保有大量的财富。所以孙中山的土地纲领不只是主观的、抽象的，而且完全是站在超阶级的立场上面提出的。

孙中山的土地纲领，虽然是反封建的，但是他对封建主与农民之间的矛盾，也就是封建社会的主要矛盾，认识不足。他认为周秦之后，中国无大地主，只有小地主，而且封建主与农民之间相安无事，没有人和地主为难。同时他对资产阶级地主的态度也并不严峻，他说他的办法只共将来之产，不共现在之产，地主不必害怕。因此所制定出来的平均地权的办法也是"使地主不受损失"的温和办法。

总起来说，孙中山是资产阶级的代表，因而他的土地纲领就具有一套小资产阶级的特有的空想。在向资本主义转化过程中，小资产者要发展为大资产者，因而反对封建剥削，争取民主，但是他们又想尽量发展自己的经济，同时又不愿走到与劳动大众发生尖锐冲突的地步，于是他们所提出的土地纲领，永不能真正解决封建土地所有制。事实上，孙中山在当时还没有像后来那样明确"耕者有其田"的思想。这一个纲领的严重的空想性，反映出当时的资产阶级，包括革命派在内的软弱性与对于解决农民土地问题的无能。这也就不能提出动员广大农民起来通过分地主土地的斗争来废除封建土地制度的主张，没有一个彻底的反帝国主义反封建主义的纲领。既然资产阶级不能够真正解决农民的土地问题这一个半殖民地半封建的中国最基本问题，自然也就无法领导人民完成反帝反封建的革命的历史任务，这一个重大的历史任务，只有在无产阶级及其政党的领导之下，才能够彻底完成。

第十一章 封建割据军阀对农民的直接剥削

（1900—1927 年）

一、落后的农业经济上的军阀割据

中国历史上专制主义中央集权的封建帝国的统治，正如毛泽东同志所指出的："如果说，秦汉以前的一个时代是诸侯割据的封建国家，那么，自秦始皇统一中国以后，就建立了专制主义的中央集权的封建国家；同时，在某种程度上，仍保留着封建割据的状态。"虽然形式上是非常集权的最高统治者（皇帝）高高在上，好像具有无上权威，但是事实上，皇帝及其中央政府只要求各层级的统治者（或地方政府）消极地承认其最高权威，同时容许他们各自保有一定的支配权，即在相应较小的范围内也拥有一定程度的综合性的权威。也就是每个比较低级的统治者也都是一个具体而微的最高统治者。这一种上下级的关系，存在于两个封建统治系统里面，也就是说，除了中央集权而外，每一个大小统治者（或者说，每一个地方政府）都有自己一个具有一定独立性的小王国。这样，就形成了一种形式上的统一（集权）与事实上的割据（分权）二者同时并存的局面。这就构成中国专制封建政权的特点。

1911 年以孙中山先生为代表的资产阶级辛亥革命，虽结束了中国两千多年的封建帝制，皇帝和贵族的专制政权是被推翻了；但是政权很快落到反动派袁世凯手里，所以代之而起的是地主阶级的军阀官僚的统治。袁世凯在他的独裁政治下，进行一系列卖国政策，并企图在帝国主义支持下使自己成为"皇帝"。在袁世凯的帝制运动失败后，中国政权依然保持在袁世凯的继承者——北洋军阀的手里。北洋军阀的各派系的"中央政权"

成为军阀官僚和各种无耻的政客的赃物。地方军阀各自拥兵称雄，在自己的统治范围内作最高的封建统治者，并且彼此争夺地盘，互相厮杀。当时国内政治状况的特点就是军阀混战的加剧，与各个帝国主义者继续运用所谓"中央政权"和许多小军阀的"地方政权"来自由宰割中国人民，摆布中国的命运。由于"经济上政治上发展的不平衡性，是资本主义的绝对规律"，所以帝国主义在半殖民地的中国的经济势力，始终也是不平衡发展的。各帝国主义在解决他们之间的冲突时，往往首先利用中国内部的封建军阀的摩擦以达其目的。英美在中国利用北洋军阀的一个派系——直系的曹锟、吴佩孚。日本则利用另一些派系——皖系的段祺瑞和奉系的张作霖。在1920年7月发生的直皖军阀战争，十足反映着美英帝国主义和日本帝国主义之间的斗争。1921年11月召开的九国华盛顿会议，显然也是帝国主义分割中国的会议。所以其后在1922年4月又发生了直奉战争。1924年9月发生了第二次直奉战争。这些军阀混战的加剧，反映着英美日在中国权益的消长。1927年大革命失败后，帝国主义之间在中国的矛盾的日益紧张，并集中地表现在国民党新军阀的战争。

当时封建割据军阀混战的加剧，除了反映着各帝国主义国家的矛盾和斗争及其对半殖民地中国分割政策外，同时旧中国半殖民地半封建落后的农村经济，也是产生军阀混战的物质基础。鸦片战争以前，中国是一个古老的封建社会。统治中国的是保护封建剥削的地主阶级的国家权力机关，对外严格执行"闭关自守"政策，维护其以小农经营与家庭手工业相结合的自然经济为主的封建经济基础。鸦片战争后，外国资本主义侵入中国后，虽然在广大农村中封建时代的自给自足的自然经济基础已被破坏，但是封建的土地关系和封建的剥削关系，却依旧保存下来，而且同买办资本和外国的商业金融资本的剥削结合在一起。这种半殖民地半封建的农业生产关系，中国封建统治者依旧残酷地剥削和压迫，使广大的中国农民日益贫困化，中国农民为了解决"土地问题"解放农村生产力，不屈不挠地前仆后继地在不同时期和不同程度上进行过多次的革命斗争。中国封建统治者为了保持封建剥削制度，就必然要依附于帝国主义，镇压农民革命运动。在 1900 年的义和团反帝运动中，清封建统治者投降了帝国主义，成为帝国主义在中国的代理人和看门狗。帝国主义不仅直接镇压了农民反帝的义和团运动，而且还帮助中国封建势力篡夺辛亥革命的果实。1912 年成立的以袁世凯为代表的所谓"中华民国"的政府，仍是帝国主义操纵下的封建统治者的政权。而在"中华民国"成立之后，各地方军阀则依靠着各自的帝国主义的支持和扶持，实行着反革命的封建割据，并进行着连年不绝的争夺地盘的混战。这种封建军阀的混战的背景，正如毛泽东同志所指出的："帝国主义和国内买办豪绅阶级支持着的各派新旧军阀，从民国元年以来，相互之间进行着连续不断的战争。这是半殖民地中国的特征之一……这种现象产生的原因有二种，即地方农业经济（不是统一的资本主义经济）和帝国主义划分势力范围的分裂剥削政策。"

二、田赋与田赋附加

旧中国专制主义的中央集权和地方割据同时并存的局面自鸦片战争后，特别是农民大起义后，起了新的变化。不仅封建政权中央的势力不断衰弱，地方封建军阀势力日益强大，并且出现了封建割据的军阀混战，伴随军阀混战而来的是农民负担的加重，每次战争都直接间接给予农民莫大损失。这些巨大的损失无疑主要的都是农民的血汗。在这一时期中，农民直接感受比较突出的是封建割据军阀的直接剥削。中国历史专制的封建政权遗留下来的封建财政制度，具体表现为一种"包税制"。每一级的统治者对他们的直接上级承包一个固定的税收数字，然后转过来再摊派给他的那些直接下层。但在这样层层摊派的制度下，每一层的统治者都可以巧立名目，按照个人食欲的大小贪婪地搜刮人民财富。因此这种专制的封建政权对农民的剥削与一般封建地主比较起来，不只是常常更为残酷，而且是更加不固定，更加没有限度。封建的地方财政，一向是把田赋当作主要基础。光绪二十八年（1902 年）全国最好的稻田每亩税不过四角，到了1925 年，山东莱阳同样块级田地的田赋已增至每亩 10.70 元，1927 年又增至 190 元。如以 1902 年的指数为 100，1925 年和 1927 两年的指数分别为 268 和 475。封建统治者虽然尽量设法向人民巧取来增加田赋，但是因为田赋向有定额，相沿已久，封建统治者不愿公然负担增加田赋的名声，因而改用田赋附加的名义对人民进行榨取。田赋附加税是从咸丰初年按粮随征津贴开始的。到了光绪初年附加税目日渐繁多，有东北警学捐、安徽浙江的丁漕加征、福建四川广东的加收粮捐、江苏湖北的规复丁漕征价各种名目。1914 年，山东因直隶的治河而自征附加。1915 年由于国家收入不足，中央有令山东直隶增加附税。嗣后，一度将旧附加税并入三税，但新附加税又随着不断有所增加，农民痛苦异常深重。由于社会舆论的不断反对加赋，北洋军阀的财政部曾有"附加税不得超过正税的百分之卅"的规定。但是到了 1919 年，随着地方封建军阀的势力强大，连年混战，政费浩大，于是田赋附加税又泛滥起来。不只名目繁多，增加的速度也加剧。在 1926 年至 1927 年，山东田赋及田赋附加税曾超过了农民经济的总收入。而其中田赋附加税又超过了正税的好多倍。这种反客为主的异常现象，在租税史上造成空前的新纪录。田赋附加的复杂与各地方政府在课征附加的不一致，充分反映了封建财政的割据性。田赋及附加虽然如此苛重，但是愈到贫民身上这负担也愈重。陕西在 1927 年以前，每亩的纳赋银一钱。但一般地主富农平均每三亩五亩只有赋银一钱，中农实纳田赋与应纳数目尚为接近，贫农则有一亩田而负担田赋银二钱以上者，甚至有贫无立锥之处而尚负担数两田赋的怪现象。这是因为地主富农在购置田产时为了逃避纳税和各种临时摊派，宁愿多出田价，不愿多带地丁银，有购买数十亩田，而仅仅增加数钱银的田赋。这就形成有地无粮，有粮无地，地多粮少，地少粮多的不合理现象，因而贫农负担更重。

田赋的苛重，如与地价相比较，在陕西地价较贵的汉中，田赋的负担，已占到地价十分之一弱。而在地价奇贱的关中，田赋的负担，或达地价的半数，甚至超过地价。德国农学家瓦格纳曾计算过 1926 年至 1927 年山东农民所缴纳的土地税，实质上要比 1866 年前普鲁士的农民多过 15 倍。就是在这样重的税率下，有的地方军阀还要预征田赋，到了北伐以前，四川和河南已预征了十年至廿年的田赋，这种横征暴敛就逼得农民走投无路，1927 年的红枪会，就是农民抗粮抗税的英勇斗争。

三、田赋以外的其他种种剥削

封建割据的军阀，为了弥补财政开支的不足，除了增加田赋正附税外，还日益苛重地把各种杂税、厘金、捐输摊派等，直接间接地压在农民身上。因为那些军阀政府的财政收入主要是用于军费。如 1923 年为例，北洋政府的军费开支，占支出总数的 60％，各省地方军阀，阎锡山所用军费占山西财政支出的 80％，在直系军阀吴佩孚统治的湖北和河南，用作军费的占湖北财政支出的 94％，河南财政支出的 84％。由于各地大小军阀混战（如四川省从 1912 年到 1933 年发生战争 400 次以上），封建财政的割据性也就随之加强。各地方实力派各自为政，任意搜取，经手税务的大小官吏，也就利用一切机会浑水摸鱼，苛捐杂税层出不穷，几乎无法统计。总起来说，可以用"苛""细""扰"三个字来加以概括。苛就是负担沉重，细就是无孔不入，扰就是格外勒索。这些在土地税以外的苛捐杂税，对农村经济影响最重大的有盐税、统税等。旧中国除关税外，盐税已经成为中国重要的政府财政收入，到了 1927 年以后，盐税经营占到全年税入总额的 1/5。有加无减，而且由中央和地方层出不穷地加征了许多临时筹集的捐款。

统税也是旧中国的一种主要消费税，包括许许多多消费品的征税在内，总名之为统税。到 1927 年，关税收入为 1 200 万元，盐税收入为 3 000 万元，统税收入亦达到 600 万元之巨。

此外，杂税杂捐名目繁多，层出不穷。据北洋军阀政府统计，1914 年收入杂税 1 298 000 元，1916 年收入杂税 3 744 000 元（概数）。1914 年收入杂捐 3 137 000 元，1916 年收入杂捐 15 132 000 元。杂税之中属于物产税性质者，有奉天的木植税，吉林的参税，黑龙江的皮革税，江西的米谷税、牛税、皮革税，福建的渔船税，广东的桂税、槟税，广西的竹木税，甘肃的山货税、羊皮税等。属于营业性质者，有浙江的碓税，四川的碾榨磨税。属于交易性质者如河南直隶诸省的牙税。杂捐有的属于物产税，有的属于营业税，有的属于劳力收入税性质的。总之，杂捐杂税基本上难于区别，都是漫无限制的苛捐杂税。各地方政府对于就地征收苛捐杂税，各自为政，无论是税目的划分，税率的高低，收入的多少，沿袭的久暂，各省地，各具有历史上的习惯，各地极为参差，并不统一。这些苛捐杂税的由来，都是清政府为了镇压太平天国运动，谋赋杂税以补收入，军事结束后，虽然一部分曾经废止，但恶例一开，即泛滥不可收拾。清末借兴办学校及警察、卫生等新政，又重开就地征税纳税之端，有的称税，有的称捐。有的税上加捐，征收所及，连日常生活琐屑事务都不可免。北洋军阀继承清苛捐杂税之旧，又添上许多名目，给农民市民及工商业带来无限的灾难。许多统税及杂税杂捐不单是由省级地方政府征收，有许多捐税是县政府的财政收入来源。这些税捐往往是包给商人或公司去征收。由包税商人，经过投标取得承办征税的特权。往往税商所收，高于交纳政府的数倍，或十倍。因此在"包税"制度下，使地方封建财政更加杂乱无章。舞弊更为严重。这种间接税总是被转嫁的，最后的负担者，仍然是占全国人民绝大多数的农民。

四、封建买办性质官僚资本的发展

封建割据军阀对农民进行的漫无限制的直接剥削，对中国农业经济带来的是极为严重的恶果。封建剥削下的中国农民，对于本来就是需要从自己的必要劳动部分收入中筹划发展生产条件就已感困难，此外再加上这种更为残酷的直接剥削农业发展生产就更加没有保障，甚至连维持生产现状都不可得。封建割据军阀掠夺农民及其他小生产者，集中起来一大笔数额惊人的财富。这些代表帝国主义与封建主义的利益而在政治上当权的军阀官僚地主阶级，利用政治特权而集中起来的官僚资本，具有十足的半封建半殖民地特性。官僚资本的肇源是始于19世纪60年代，清官僚集团所创办的军火工业，目的是为了镇压中国人民的反抗，为了巩固反动统治者服务的。它们不是为市场而生产，因此没有资本主义性质。随着经济发展的需要，这些官办企业逐步扩及煤矿运输以至纺织等民用工业。同时他们见到新式企业可以牟利，因此为了弥补管库的空虚，他们也开始经营商品性的民用工业；另外，也由于官办企业资金不足，于是又不得不招商搭办，于是又产生了"官督商办"等形式。而后起的一些工业、交通企业已逐渐具有资本主义性质。在军阀割据的形势下，官僚资本也获得一定程度的发展，其中一部分成为闭关自守的地方工业。

官僚资本的形式，充分说明了它是一种资本的原始积累过程。所谓原始的资本积累，也就是一个先于资本主义时期的创立资本关系的过程。这个过程的实质是建筑在对劳动者，特别是对农民的强制剥夺的基础上，使失掉生产资料和生活资料的大批劳动者转化成劳动力的出卖者，而剥夺的生产资料，这些原始积累在社会的另一端集中起来，转化为金融及工商业资本。然而中国的原始积累过程是表现为特种的原始积累，就不是中国社会经济成熟的结果，而是由于外国资本主义和帝国主义的侵入促其出现的。帝国主义在我国进行的军事的、政治的侵略和经济的掠夺，是这个过程的主要特征。它一方面瓦解了我国自然经济的基础，另一方面又为我国资本主义经济发展创造出商品市场和劳动力市场。但帝国主义不惜耗费巨大的代价来摧毁"天朝"的"闭关自守"政策，并不是为了要发展中国的资本主义，而是要把中国变成向它提供市场原料的经济附庸。帝国主义虽然引起了中国农村中的商品生产，使中国的农业生产通过市场而受垄断资本的支配，中国之广大农民亦因之通过了市场而受帝国主义产业资本的剥削和掠夺。他们的作用也只到此为止。他们是不能促进中国农村经济的资本主义化的，因为首先农业向资本主义发展，要以都市工业向资本主义自由发展为其前提。可是中国的民族工业受着帝国主义的政治和经济势力的束缚，和官僚资本的打击与压迫，不仅具有因早产而先天不足的弱点，更重要的是在它诞生以后，摆在它面前的是荆棘重重的道路，因此很难发展。封建割据军阀所集中起来的官僚资本，一部分勾结帝国主义，从事对中国农产品的掠夺，因而送到都市里去；一部分在乡村中间购买土地，经营高利贷和商业进行封建投资，从不投入农业来改进生产。因此官僚资本不只不具有发展农业生产的作用，反而对农业再生产具有侵蚀作用。帝国主义就利用这些作为他们侵略支柱的封建统治阶级，对中国农村经济发展予以致命的限制。因此，官僚资本的形成与发展正是同半封建半殖民地的生产关系的形成与发展是相适应的。在这种生产关系下，农业生产力永远得不到发展，农民生活水平日渐低下，这也就促成了中国农业经济加速崩溃的局面。

第十二章　灾荒与农村经济的普遍衰落

（1900—1927 年）

一、水利事业的破坏

1949 年之前的中国所以成为农业的古国，即在水利经济发展最早。在战国时期已有极大的发展，如魏国的漳水堰、秦国的都江堰和郑国渠等，都是历史上有名的水利灌溉工程。此后历代的水利工程更多，史不绝书。如江南地区很早就实行了河网化。在缺少水灌溉的地方就凿井灌溉。此外如梯田圩田的兴修以及防洪排水等措施，我国劳动人民都积累了极丰富的经验，并且做出了辉煌的成就。特别是我国处在季候风区域，容易发生水旱失调；所以通过适当的水利灌溉工程，使农民掌握对农田灌溉的控制能力是保证按时进行耕作，保证农作物的成长和收获的唯一有效办法。封建统治者为了维持他们的统治地位，非常看重农业生产的安定，因此中央和地方政府的最重要的职能，即在维持这水利经济，疏浚河流保护堤防，设有专门的水官来管理。所以水利灌溉工程治理的好坏，不但是各个时期农业生产发展情况的标志，同时也是封建王朝盛衰的一种标志。

鸦片战争以后，中国农村经济逐渐形成为半殖民地半封建性质。由于军阀盘剥与内争迭起，历代封建统治者重视水利事业的传统被遗弃了，割据的局面不利于水利事业的维持。加以官吏的营私舞弊，贪污水利经费，以致河防废弛，偶有水旱失调即形成巨灾。如 1917 年，京兆直隶（今北京市及河北省）水灾，被灾 103 县，受灾人口 635.1 万多人，受灾面积 24 万公顷。1920 年直隶、河南、山东、山西、陕西五省旱灾，受灾人口 1 980 多万。1924 年湖南、京兆、直隶、山西、山东、河南、湖北、福建、广东，都有不同程度的水灾，总计受灾人口2 020多万人。这些巨大的水旱灾荒，主要是水利设施失修，水利经费被贪污盗窃和移作他用。等到灾情出现，已无法挽救。此外官绅霸占水利，与水争地，也促成水利事业的废弛。例如，原山东省城北，历次开掘有无数并行之小渠，每隔30里相见。这种河渠之功用，即在宣泄运河过量之水，实行放洪，壅为良田。然而由于地方贪官污吏土豪劣绅霸占河渠，据为己有，并派人隔断水源，于渠底实行耕种，坐享其成。又在两岸高筑渠堤，一遇到运河泛滥，官绅独自免于巨灾，而较渠底面积更大千百倍的百姓田地，尽成泽国。数十万人口生命财产和一年收获也同归于尽。

水土流失、森林滥伐与不合理的开荒，都是引起水旱灾害发生的重要原因。管子说："十年之计在于树木，为国者当滢山泽之异。"这就是古代防御灾害的林业政策。但是后代山泽之禁屡次放弛，原有林树，几乎采伐尽绝。清代林政更衰，我国本部山林遍地，童童濯濯，林地面积逐年缩小。如马扎尔在《中国农村经济研究》一书里曾说："中国境内，除满洲湖南南部福建及四川西部以外，森林绝灭，已达全世界无可比拟的程度……国内森林之绝灭，引起气候之变动，及雨水降落之不规则，一面促成经常之旱灾，一面复招致洪水泛滥。又全国森林之绝灭，加速土地之通气与洗涤，当多雨之时，易致水灾。"封建特权阶级破坏水利事业，官办水利事业完全停顿，同时备受压榨的农民也无力维护这种农业中的基本建设。我国农民在数千年来封建制度土地关系的束缚下，耕地面积狭小，地块零细和分散，难以举办灌溉排水工程。加以历代的剥削苛重，各地佃户所交纳的地租，无论是定额谷租或分额租，都占农田产量半数以上。若再除掉各项成本，实得之数还不足维持这一家老幼最低限度生活，加以重赋徭役的苛政剥削，战争破坏，地主商人的侵吞兼并，以至各种无限制的封建掠夺和摧残，历代农民在极度穷困的经济条件下，更难以投资于农田基本建设。由于生产力的发展和土地所有关系矛盾的存在，农田技术拙劣，农业生产力水平低下，平日生产资金与生产储备不足，稍遇自然灾害，农民便感束手无策，遭到重大的打击。许多在河流上游及地势较高的田地，常因天气久不下雨，河水干浅，人力畜力吸引不及以至造成旱灾，而河流下游及地势低洼的地带，一遇雨潦即引起水患，如长江两岸丘陵地带，便在同一乡村同一年度遭到春旱秋潦两度遇灾。

水利事业的破坏，不但造成一时的灾祸，在水灾较为严重的时候，泛滥而成洪水，是夹着上流带来的泥沙，既是经历几天或几十天方能退去的时候，地上还留有几寸厚的砂渍。这种砂渍不只盖住了一切植物，而且在地上也不能再生柴草，于是凡洪流所经历的地带，多少年不能耕作，这就变劣了农田的土质。

总而言之，水利事业的废弛，反映着在半封建半殖民地的生产关系下，农业经济的危机与农业生产力的衰落。

二、人祸影响下自然灾害的威胁

旧中国灾害之多，是为世界少有。从公元前 18 世纪，直到公元 20 世纪，将近四千年间几乎无年不灾，也几乎无年不荒。甚至有西欧学者称 1949 年前中国为"饥荒的国度"。综计历代史籍中，所有灾荒记载、灾情严重程度和次数的频繁，是非常可惊的。

各种灾荒不仅具有普遍性，而且又互相联系。如大旱之后常有蝗灾，水旱之后常有瘟疫。再加上防治疏忽，那么，各种灾害的连续发生所造成的结果更为惨重。这种旧伤未复，新祸又起的连续性灾荒，在旧中国历史上已成为极常见的事实。更由于每次巨灾后，从没有得到补救，并且防灾设备愈来愈废，以致灾荒周期更加缩短，规模也就更为严重。这样就使中国历史上的灾荒具有普遍性、连续性和严重性的特点。

旧中国历史上严重灾荒的不断发生，虽然自然条件是一个很重要的因素，但是人类对自然条件能否控制，以及控制的程度，是随着人类经济生活的进步有所不同。概括地说，生产力的发展未达到完全能控制自然的程度时，自然条件就得以发生作用，加害于人类。如果在一定的历史阶段，生产关系能够与生产力相适应，因而促进生产力的发展，那么即使在当时的技术水平下也可能避免天灾的袭击或减轻灾荒的凶险程度。如黄河流域面积在潼关以上估计约 50 万平方千米，其中属于黄土冲积层约占 17 万平方千米，如能兴修水利，健全水利行政措施，尽量利用灌溉系统，把洪水分配于这样广大面积的土壤及作物之间，即便遇到历史记录上的特大洪水，亦不致为患。可见自然条件原不易致灾害，而因为人为条件之不备，既不能防害于前，又不能弥祸于后，就往往凶荒连年，使人民受到更深的痛苦。1949年前的中国历代严重灾害的发生，人为条件实驾于自然条件之上。随着封建剥削的加强，这样人为条件所造成的严重影响也就愈大；到了 20 世纪，在封建割据军阀对农民的直接剥削和帝国主义的经济侵略下，农民经济地位愈来愈低下，反动统治加大了自然灾害的影响，而同时沉重剥削下的农民，丧失了抵抗灾害的能力，这就是形成历年都有严重灾害损失的重要原因。

三、农民的流散和自发的移民垦荒

连续多年的人祸天灾，造成大量农村人口死亡。民国以后，20 余年历次大灾荒中死亡的人数虽有一部分较详细的统计，但整个说来，极不完全。根据比较可靠的统计，在这一时期中，最主要的几次灾荒的死亡人口大概是：

1920 年	500 000 人
1922 年	50 000 人
1923 年	100 000 人
1924 年	100 000 人
1925 年	578 000 人
1927 年	37 136 人

即使幸得不死的大量农民，也多被迫离开农村。如民国以后，因灾荒所造成的农村人口离村现象是极为严重。如 1923 年移往东北的农民为 39万人，1926 年就增加到 59 万人。1927 年以后，每年都达 100 万人以上。

这都表现出灾荒招致人口的流移。因为民国以后大多年来，华北晋冀豫等省，连年灾荒，所以灾民离村移往东北的特别多。其中仅就山东一省来说，1927 年至 1929 年间，济南沂州、泰安、兖州、东昌、济宁等几县一部分灾民移往东北的就达 7 万余人，其他各省也不下此数。

灾荒引起农村人口大量流移的现象在这一个历史时期也是非常突出的，淮南苏北一向是水旱多灾之地，每年有大批农民离村，群往上海寻找工作，浙东宁绍台温各属地瘠民贫地区，不少农民离村前往浙西杭州嘉兴湖州一带流动出卖劳力。文安胜芳一带易涝地区，农民也大量集中天津。农村人口大量向都市及都市近郊移流的结果，造成都市暂时的和季节性的劳动力过剩，从而引起劳动工资的降低，不只流入城市的农民不易生活，或虽就业，但又受到城市手工业封建把头的剥削，而且也因为工资降低严重地影响城市工人的经济收入。同时都市劳动力过剩也给帝国主义者在华经营的码头业、仓库业及制造工业提供了殖民地性雇佣劳动剥削的条件。

此外，离村的农民还有出洋谋生的，直接在海外受到帝国主义者的殖民地剥削。如广东南路各县，由于雇农本地工资不仅低廉，并且尚无工可作，所以雇农相继卖身当猪仔，到南洋去当苦工，每年约以千百计之多。从汕头往暹罗、爪哇及海峡殖民地的移民统计（《海关十年报告》卷二第 169 页）来看：

年份	移出（人）	移入（人）
1912	124 000	
1922	144 138	118 609
1923	109 693	146 021
1924	169 916	143 616
1925	157 484	128 211
1926	167 640	146 441
1927	234 891	178 395
1928	210 325	157 915

从上看来，自 1912 年就有极大的数量的中国农村劳动者流向海外，但欧战爆发后，由于商业衰颓，流徙情况暂时减少。1914 年 8 月，英国帝国主义为了垄断劳动力市场，在海峡殖民地完全禁止中国移民入境，1915 年六七月间移民限制逐渐松弛，至 1916 年初，终于撤销禁令。到 1920 年至 1921 年移民情况，大致恢复原先比例。

此外，离村农民由于连年兵灾，军阀却利用他们来作炮灰。1924 年八九月间，吴佩孚和他的直系军阀就在山东大招军队。济南大街小巷都有招军的白旗。所以大批离村农民大多投入封建军阀的军队。再如广东雷州各县失业人数竟达 40 余万，几乎占全省人口 40% 以上，而当地土匪人数竟有 3 万之多。无论是在粤军、桂军、滇军或其他杂牌军队等，到处都有离村农民。充分的劳动力，是构成农业生产力的一个基本要素。尤其我国，过去几千年中以小农经济为基础的封建社会，这一点更为突出。劳动力的盛衰，直接关系对农业经营所得的多寡，间接关系到农村各种事业上的兴废。由于农村人口在灾荒后既已锐减，耕种农田的劳动力自然会很缺乏。即使有田可耕，因人力不足，也只好任其荒芜。甚至又因为各种灾害往往直接破坏农田土质，结果就使田地长期不能耕作。因此历年灾荒不但使农田一时歉收或颗粒无收，每经一度巨灾之后，荒地面积势必增加。不只生荒地没有开发之可能，就是已经耕种的熟地也不能不听任其撂荒。所以民国以后，耕地面积指数有逐年降低的趋势；荒地面积逐年增加，因而大大地降低了垦殖指数：

历年耕地面积的变化（《中国年鉴》）

年份	耕地面积（亩）	历年耕地与民国三年的百分率
1914	1 578 347 925	100
1915	1 442 333 638	91
1916	1 509 975 461	95
1917	1 365 186 100	86
1918	1 314 472 190	83
1928	1 248 781 000	79

（较 1918 年少 7 000 万亩）

历年荒地面积增加情况（北京农商部调查）

年份	荒地面积（亩）	历年荒地面积对 1914 年的百分率
1914	358 235 867	100
1915	404 369 947	113
1916	390 361 021	109
1917	924 583 899	259
1918	848 935 748	237
1920	896 316 784	250

（较 1918 年增加 47 381 036 亩）

灾荒造成的直接后果就是整个农村经济的衰竭。如民国以后农产品收获量逐年递减，根据农商部统计，1914 年全国稻米收获量为 2 133 483 000 石，到 1920 年就已经减到 88 763 000 石。6 年之间竟减到 1/24。1921 年以后，因灾荒日趋严重，农产品的收获量更加减少。如陕西在 1928 年以后的大旱灾中，每年的农产品收获量都不足一成，多数县份甚至全未播种，数年没有收成。又如河南在民国十七年大旱灾中，各县农产品收获量平均也不足二成。其中 1/9 的县份全无收获。

灾荒歉收、内地商人之垄断居奇、国内粮食运销之停滞等原因，使每年都有很大数量洋米进口，有时在输出商品价值中占很重要的地位。据海关统计，历年进口洋米数字如下：

1867 年（同治六年）	713 494 担
1877 年（光绪三年）	1 050 901 担
1912 年	2 700 391 担
1921 年	10 629 245 担
1922 年	19 156 182 担
1923 年	32 434 962 担
1924 年	13 198 054 担
1925 年	12 634 624 担

1926 年	18 700 797 担
1927 年	21 091 586 担
1928 年	12 656 254 担

此外如小麦进口数字，在民国初年仅数千担，1921 年以后，华北屡有灾荒，进口小麦便突增到数百万担。其后，西北与华北连年旱灾，外麦进口就又突增至千万担以上。又如棉花，民国初年进口每年仅数 10 万担，1921 年以后便增至数百万担。这都是由于灾荒和歉收使国内主要食粮和重要工业原料不能自给，使帝国主义国家生产过剩的商品在中国获得市场。

历年灾荒的影响，使农家经济日趋穷困。大多数农户平日如果不依赖借贷典当，便不能长期维持生活。一经灾荒，农民的经济状况愈加恶劣。因此，每值荒年，农民更常受高利贷的残酷剥削；而农村借贷利率，又常随灾荒程度的加剧而增高。如陕西的借贷利息在民国初年为月利 3 分，而民国 1928 年大灾荒之后，更急剧增高。有所谓的大加 1 的月利达 10 分。又有所谓银子租的，借洋 10 元，3 个月即须还本，外加米麦三四斗。又有所谓回头制度，借出 8 元作为 10 元，每月 3 分或 4 分行息，每隔 2 月或 3 月本利积算，更换新借契 1 次；换契两次以后，不再续换，到期不偿，债主就可根据契约没收债务人的田地房产。回头在 1 年之内，可把 8 元变成 40 多元。此外，还有各种高利贷。如连倒根、牛犊帐、驴打滚等都是利上加利。或 4 个月以内或 1 个月 10 日以内，甚至 1 个月以内本利就可相等。在高利贷盛行的情况下，通过田地之典当抵借，就给封建地主造成兼并土地的机会。

荒年典当店的乘机掠夺榨取，更是穷凶极恶，如陕西灾荒最严重时，西安当铺，往往全数关闭，仅有临时的"便民质所"，这种小典当店，对于灾民的质押物，估价极低。灾民押当一次，往往只得一二角钱，仅能勉强维持一餐。在历次灾荒后不只有无数灾农依靠借贷典当为生，灾荒期中，售尽农具而又卖妻卖子卖女的贫苦农民，生活情况更为悲惨。

在封建割据军阀的统治下，虽然农村经济衰落到这种地方，封建统治者依然是横征暴敛，不给农民生活，更谈不上恢复疮痍，安定农业生产。农民在家乡无法生存，因而造成自发的移民垦荒运动。如1926年3月18日，一批湖南的移民离长沙至湖北，转道前往西北。组织移垦西北合作社，就成为湖南农民移往绥远从事垦殖和畜牧业的一项新运动的开端。从1922年以后，由于河北和山东所遭受的饥荒内战和匪祸，尤其是山东省，成千上万的田场被抛弃了，甚至全村荒废，从而形成山东和河北向东北移民的洪流，其规模之大，可以算是人类有史以来最大的人口移动之一。从1923年以来发生的这次移民的特点是有很大一部分长期定居在东北，并且这部分人大部分都集中在新开垦的黑龙江省的北大荒。1912年到1921年，东北农业有了巨大的发展，连续不断地来自各省，并在东北定居下来的移民开垦了以前人迹从未到过的地区。战胜自然，把大量的生荒地开辟为良田沃壤。充分表现了我国劳动人民的勤劳勇敢与智慧。据海关十年报告的1920年统计，关东区的耕地有1 559 809华亩，其中7 063亩为稻田。与1911年的1 249 718亩（其中稻田占2 231亩）相比，耕地面积增加了将近25%。又如西北土地能开垦的有绥、宁、陕、甘四省。尤以宁夏河套为最著成效的西北的开垦事业，开始于清光绪末年，其后各地农民西来者日渐增多，其中以山西省人为最多。次为河北省人数亦不少。约占人口总数30%。由于移住农民年年增加，西北放牧地区逐渐开拓而成农耕地。移殖在察哈尔的移民，几乎住满了这个区域的一半地方。不仅耕地不断地垦种新荒，同时还成长起来好几百个村落和许多小的城镇。仅在三十年内，在绥远已经从各蒙旗取得供开垦的土地300万亩之多。这些土地分散在绥远各县，并交错在甘肃陕西的边界。除以上地方外，离村的移民还去往其他地方进行垦拓。然而自发的移民垦荒运动虽创造了丰功伟绩，但是并没有能够促进农业生产关系的改进。例如东北地区，人少地多，土质肥沃，森林茂密，但从开辟的区域来看，个人地主或公司开垦的约占半数，农民自己备资开垦的极少。松花江沿岸开垦时地主与佃户先立契约，契约条件根据各地不同而有所区别。如有"分地"，即开垦后所得熟地，由地主、佃户两方均分，亦有"白种"，即佃户先约定在几年内所获谷物归己有，几年后再按普通佃租制度纳租，白种期间少则 3 年，多则 5 年。此外流行东北北部的还有"套子"者，即先由佃户自备马车人工赴荒地开垦，垦熟后即锄松土面，能供播种时，即由地主付与一定的酬劳费。所以在封建土地制度下，垦荒的地区土地的所有权仍大半属于大地主手中，佃户忍受苛重的封建地租剥削。如遇天灾，收获不佳，再加以兵匪作乱，农民负担更为严重。去往西北地方垦殖的山西省北部农民，每年虽以万计，然而大都是属于春来秋去的苦工。这些人除一身之外概无资本，使用地主的农具、牛畜、种子、房屋，并于青黄不接时，借用地主食粮，秋收后偿还，但他们的收获物则与地主三七分账。虽然大量的荒地是经广大农民群众的辛勤劳动，用双手开辟出来的，但是土地并不归农民所有，农民的劳动成果仍为封建地主阶级所劫夺。在新垦区，农民仍然逃不开地租、高利贷和苛捐杂税的压迫。因此在新垦地区时常展开了移民农民对地方军阀的反抗与武装斗争。

第十三章　国民党统治下的
农业经济走向崩溃

（1927—1937 年）

一、世界资本主义经济危机对中国农业经济的影响

第一次世界大战后，中国的农村经济已经随着帝国主义势力的深入农村而濒于破产。尤其是在 1931 年后，农村经济更加走向崩溃。1929—1933年世界资本主义经济危机的袭击便是促使中国农村经济走向崩溃的一个主要因素。

自从 1929 年以来，资本主义世界爆发了空前巨大的经济危机。这次危机是爆发在资本主义总危机的基础上：工业危机和农业危机，生产危机和商业金融的危机错综地相结合，使各资本主义国家的经济状况萧条。在资本主义总危机条件下，这种萧条不是一般的萧条，而是特种萧条。它不会把工业引到新的高涨和兴旺，可是也不会使工业恢复到原来的最低水平。所以当各资本主义国家的工业水平还没有恢复到 1929 年的水平时，在 1937 年下半年又爆发了新的危机。在世界资本主义经济袭击下各资本主义国家工业生产水平显著下降。1932 年生产总额按 1929 年减低 1/3。就是在1933 年，各主要资本主义国家工业的产额比较经济危机以前的1929 年仍低 1/4。由于生产水平的下降，造成了失业人口的增加，工资的减少，广大人民购买力降低，从而使得商品愈加"过剩"。由于农产品销售市场的缩小，造成农产品的过剩，从农产品的世界存货可以看出这种生产过剩的迹象，具体情况见表 13－1：

表 13 - 1　农产品的世界存货

每年四月

年份	美棉 (千包)	小麦 (百万英斛)	砂糖 (千顿)	茶 (百万磅)	咖啡 (百万袋)	树胶 (千吨)
1929	2 879	497	6 190	260	15.4	245
1930	3 870	518	6 125	210	37.5	426
1931	7 000	600	8 450	242	31.1	547
1932	9 930	584	9 091	213	36.9	646
1933	2 174	526	8 903	276	26.9	646
1934	9 236	483	8 046	251	—	673

注:《中国近代农业史资料》第三辑 390 页。

　　"过剩"的农产品招致农产品价格的暴跌,在危机期间,世界市场的批发价格下降了 70%;棉花、咖啡、豆类也下降到了原来的 1/3。日益加剧的经济危机,促使帝国主义国家除了剥削本国工人和农民之外,进一步加强对于作为主要销售市场和原料产地的殖民地和依赖国的压迫和剥削。

　　帝国主义国家的统治阶级对半殖民地半封建的农业中国的剥削和压迫,首先表现在从世界市场上实行猛烈的汇兑倾销,企图借此"克服"危机,弥补他们在危机中所遭受的"损失"。所以从 1932 年秋季开始,各国特别是英国、日本和美国,相继放弃了金本位,和不断人为的贬低货币价值。如英汇较旧时平价贬低 40%,日汇则贬低 65%,1934 年春,美国虽又恢复金本位制,但美元价值已减低 45% 强。"汇价贬低"促使进口货物在中国市场售价暴跌。以中日贸易和中日汇价为例:1931 年国币百元汇率约合日金 45 元,而 1934 年国币百元约合日金 134 元。所以在 1934 年就可以在中国市场使用 0.88 日元,买到在 1931 年值日金一元的货物。帝国主义者们"汇价贬低"的结果引起洋货在中国市场的大量倾销。虽然由于世界资本主义经济危机袭击,资本主义国家对殖民地和半殖民地的输出减少 60% 到 70%,但从中国的对外贸易来看,在输出方面 1932 年较 1929 年减少 143.7%,而在输入方面只减少 48.6%(表 13 - 2),这也就是说中国的输出减少率要大于输入减少率的 3 倍，仍然形成很大程度的逆差。

表 13 - 2　1913—1932 年中国外贸指数情况表

年份	输出值指数	输入值指数
1913	100	100
1929	251.8	222
1932	108.1	173.4

为了挽救经济危机的袭击，维持市场价格，帝国主义国家挟其大量过剩产品通过买办阶级和利用残余的封建组织在中国市场上进行明目张胆的倾销。如洋米的进口，自 1911 年每年都有所增加，到 1921 年以后，常达 1 000 万担以上。到 1927 年已达到 1 900 万担上下，到 1933 年后，就都超过 2 000 万担以上。至于洋麦进口，1928 年以前每年不过数万担，但在 1931 年到 1933 年，每年进口数字突增 1 000 万担以上。1931 年甚至达到 2 200 万担。就是 1932 年我国农业上虽是丰收年，但从外来进口的洋米，也达到 2 248 万余担。1933 年，日本由于产米"过剩"达 1 900 余万担，为了挽救本国农业生产，就从 1934 年 2 月开始对华削价倾销，由英美商人出面向中国米商兜售，米价较国米每担减少 0.5 元，进口税由日方交纳。由于洋米跌价倾销，侵夺了我国米谷市场，造成的是中国米谷价格的惨跌。自 1932 年丰收以来，长江各省米谷价格始终是在每担 3 元上下，广东省 1932 年由于洋米竞销，市价连续下跌，较往年约跌至 15％到 25％左右。不但跌价，而且由于洋米价格较本地米价更低，所以销路多半被洋米抢夺，从而形成新米到市后，谷价低淡，谷贩因无利可图，亦多不肯购进。在世界经济危机的直接影响下，进口农产品的跌价倾销，我国内地市场农产品价格暴跌，农产出路停滞。于是形成"丰收成灾""谷贱伤农"，更使中国农民陷入万丈深渊。农民收入的急剧减少，农民购买力显著下降，又招致地价的低落。过去价值百元一亩的田地，贬值到三四十元亦无人购买。田地荒芜日趋严重。农村经济处于极度恐慌的境地。

在世界经济危机期间，国际垄断资本对我国进行疯狂掠夺，还表现在对我国出口商品的抵制。我国出口货物本以原料品、半成品为主，其中除桐油等少数商品稍有独占性外，其他货物在国际市场上均有别国的竞争。由于帝国主义者币值和汇价的人为降低，也就影响着我国农产品出口贸易的减退。

根据海关统计，1931 年我国输出生丝总值 147 041 000 元，1932 年为 56 419 000 元，1933 年虽然回升为 57 736 000 元，但比起 1931 年还减少 60% 左右。如与世界经济危机爆发前的 1929 年相比较，还不到那年的 1/4。生丝在国外销路的减退引起价格步步下跌，如在纽约的中国丝价降落了 26%，在里昂降低了 37%，在上海平均跌落了 37%，丝价之暴跌，农民养蚕的大大减少，但仍然不能挽回丝价的一跌再跌。每担蚕到做茧时所需生产费是 50 元左右，而 1932 年的蚕价平均每担不过 25 元左右，蚕农吃尽辛苦，非但无利可图，反致大受亏本，多将桑田改种其他植物。如 1932 年，无锡即有 1/3 的桑田翻成稻田。广西苍梧多将桑田改种杂粮和瓜菜。桑田只占耕地面积 30%，而且大都荒芜不堪。四川长寿农家多将桑树砍伐，蚕具抛弃，从事于柑橘栽培。山东拔去桑树改种烟草的也很多。茶叶也是我国主要输出商品之一。其输出量也在逐年减少。根据海关统计，1931 年输出茶叶总值 51 080 000 元，1932 年减至 37 087 000 元，1933 年又减至 38 579 000 元，比 1931 年约减少 1/4。由于茶叶对外销路的减退，茶价也在迅速地降低。如祁口的红茶价格，1933 年比 1932 年降低 41%，比 1931 年降低 57%。茶价降低引起显著的生产萎缩。1929 年以前，国内茶圃面积曾达到 5 353 555 亩，产额达到 5 915 574 担，而到 1932 年，面积减至 4 475 928 亩，产量减至 4 499 455 担。安徽、江西、浙江、福建等省茶区的农民，由于茶叶的衰落，生活更加困难，多将茶园改种其他作物。勉强维持最低生活水平。此外如棉花、烟草、蔴、大豆等经济作物，也都受到同样的打击。受世界资本主义经济危机的影响我国农产品的输出贸易日益缩减，一落千丈。资本主义国家为了维持高昂的市场价格，以保障垄断资本家获取高额利润，竟采取销毁过剩的商品的办法。在经济危机期间，巴西曾将 200 万袋的咖啡抛到海里，美国拿玉蜀黍来代替煤炭作燃料，德国把数百万普特黑麦变成喂猪饲料。但是正在资本主义国家对生产过剩的产品感到无法处理的时候，美国资本家在 1931 年以赈济水灾为名，对国民党政府进行了一次美麦借款，数额是 9 212 000 美元，折合美麦 45 万吨，借期 3 至 5 年，年息 4 厘。这样就给美国资本家的过剩农产品找得出路，并且通过借款利息对中国人民进行高利的剥削。这一笔美麦借款给国民党政府造成了经办的官僚层层中饱的机会，同时又成为国民党政府向美国购买军火的拨款。更严重的是，不过两年的时间，国民党政府又向美国进行了一次"棉麦借款"，金额 5 000 万美元，折合美麦 36 万吨，美棉 90 万包，利息是五厘，定期 3 年还本。除美棉麦借款的实质仍与美麦借款相同外，更重要的是，由于外国农产品的大量倾销，造成中国对外贸易的入超，根据海关统计，1919 年至 1921 年平均每年入超 282 百万元，1929 年至 1931 年平均每年入超增至 618 百万元，到 1933 年平均每年入超就达到 734 百万元，而成为七七抗战前的最高记录了。

中国本号称以农立国，鸦片战争初期，还仅仅是以农产品与资本主义列强工业品进行不等价的交换。到了世界资本主义经济危机爆发后，重要农产品的严重入超现象充分反映着中国农村经济受到世界经济的深刻影响。随着剩余产品的倾销，国际垄断资本主义也加强了对过剩资本在中国农村中的活动。帝国主义在华投资的数额 20 世纪初期只有 15 亿美元。但到 1931 年，总额达到 32 亿美元。帝国主义者首先以其雄厚的产业资本在流通过程中通过洋行买办及种种封建残余，控制我国的终点市场，随着铁路航运的日渐发达，逐渐控制转运市场及原料产地市场，最后深入农村集市，控制初级市场。由于对市场的垄断，就更有利于进一步掠夺中国的农业资源。如两湖茶叶 1915 年每百斤价值五六十两，到 1929 年由于俄商停止采办，英商乘机杀价收购，就由 40 两降至十五六两。除压价收刮外，外商还以予买予卖的方式对中国农民进行商业高利贷资本的剥削。如江苏南通一带，帝国主义者先期购买未成熟之棉花，给价还不到应值价格的十分之三四。这种高利贷的榨取，若按利率计算可达年利 500%。在帝国主义产业资本的控制下，中国输出的农产品是得不到合理的价格的，中国输出主要农产品价格见表 13 - 3。

表 13 - 3　1929 年、1931 年中国主要出口农产品价格表

货　品	单　位	1929 年价格（美元）	1931 年价格（美元）
丝	担	320.0	245.3
茶	担	27.8	16.2
猪鬃	吨	100.7	54.7
大豆	吨	32.2	16.0
桐油	吨	234.0	182.0
花生油	吨	169.3	88.0

从上表看来，以上几种商品下降了 30%～50%。在这一时期，不但出口农产品价格下降，而且在帝国主义者对我国出口贸易的抵制下，还形成出口商品总值的减少，而出口农产品总值占出口商品总值的比率增加的异常现象。出口农产品总值占出口商品总值的比率由 1920 年 36.4% 到 1930 年上升为 45.1%，到 1936 年也还达到 44.1%，农产品的出口总值不但没有减少，而且相对的增多的事实，反映着帝国主义利用在华投资的一切商业机构对我国农产品的搜刮，使中国农民通过殖民地半殖民地的市场，受到国际垄断资本的剥削。

帝国主义者利用大量的过剩资本，加强其在农业生产领域中的活动。这表现在外资在华直接设厂，利用低廉的原料与劳动力，制造在中国市场上销售的商品。这不仅降低生产和运输成本，并且可逃避关税。帝国主义者利用这种方式，通过旧中国农村的封建和买办的生产关系来进行剥削，比在华投资开辟资本主义农场还能取得更高的超额利润。

帝国主义者为了挽救经济危机，在中国农村压价搜刮农产品和大量倾销过剩产品是按照不等价交换的规律进行的，上海农产物输入与输出的物价指数见表 13 - 4：

表 13 - 4　1926—1936 年上海农产物输入与输出的物价指数

年份	输入	输出
1926	100	100
1927	114.1	105.3
1928	119.9	106.8

（续）

年份	输入	输出
1929	127.7	109.6
1930	151.1	115.9
1931	159.2	107.0
1932	138.4	95.7
1933	131.1	85.8
1934	123.4	73.7
1935	119.9	82.3
1936	138.9	107.4

从表13-4输入和输出的价格指数之差距，足以反映了帝国主义统治者把危机带来的损失转嫁给殖民地中国的广大农民群众。随着帝国主义侵略势力的日益加强，美帝国主义在1934年宣布了购银法案与白银国有法案，以较高价格在国内外金融市场收买白银。这一项措施对当时使用银本位的中国说来，一方面可诱使中国加入美金集团而成为美国经济集团的一环，藉以扩大美帝对华的经济侵略，而夺取日益在华发展的日元势力与日趋衰落的英镑势力；另一方面借白银价格的提高贬低美元汇价。阻碍别国商品对美国输入，增加美帝过剩产品的向外倾销，提高美货在国际市场上的竞争力量。实行的结果，虽然对使用银本位的中国发生购买力一时增高的现象，但是占中国人口绝大多数的农民，实际上所使用的通货不是银币而是铜币；银价上涨，也就是铜币价值相对跌落，银价越贵，农产品价格也就越低。所以农民每年的货币收入日趋减少，而货币支出数量年有增加。从1931年到1934年，农产品购买力指数见表13-5：

表13-5　1931—1934年农产品购买指数表

年　份	农产品价格指数	生活品价格指数	农产品购买力指数
1931	100.00	100.00	100.00
1932	89.76	93.20	96.00
1933	75.47	85.07	88.72
1934	70.30	84.08	83.61

表 13-5 根据的农产品价格指数是天津、上海两地,生活品价格指数是北京、上海两地。农产品价格都市较乡村为高,其相差程度等于运销费用加上税捐。生活品价格乡村较都市为高,其相差程度也等于运销费用加上税捐。所以如果把乡村的农产品的价格和生活品价格来测量农产品的购买力,其降低程度更加严重。

农产品购买力的降低,反映着工农产品剪刀差的加大,城乡矛盾的日益尖锐,城乡经济的恶化;同时农民入不敷出的情况更趋严重,农业的简单再生产都难以维持下去。随着世界资本主义经济危机的侵袭,中国农村经济在地主买办封建剥削和国民党政权统治下,急速地走向崩溃。

二、国民党政权对农产品的统制

1949 年之前中国的农村在内战时期国民党统治下,农业危机日趋严重。"现在国民党新军阀的统治,依旧是城市买办阶级和乡村豪绅阶级的统治,对外投降帝国主义,对内新军阀代替旧军阀,对工农阶级的阶级的剥削和政治的压迫,比从前更加厉害。"(毛泽东:《中国红色政权为什么能够存在》)这个政权最主要的特点,就是它的买办性更加强烈。在这种空前统治下,广大农民群众遭受着垄断性的剥削。国民党统治羽翼下的官僚资本,是同政权密切结合在一起;它同样是充分利用政治权利来达到经济上的垄断目的。所以它所采用的主要掠夺方法,也就是为帝国主义服务的,有利于统治阶级搜刮的统制制度。

国民党政府对农产品的统制是具有商业独占的封建的买办和法西斯的本质。农产统制的对象首先是帝国主义所需要的农产品,主要是几种经济作物。从 1934 年起,接连着实行了对蚕丝业、棉业、糖业、茶叶和烟草业的统制。国民党政府对农产品统治的实施,实际上是排斥了那些分散的、资本较小的对国际市场不太了解的旧式行商,独揽了运销业务,而比过去行商更进一步压低收购价格。这样一方面养肥了官僚资本,同时也替外国资本创造掠夺中国农民的更有利的条件。如统制蚕丝首先是生丝的出口，由外商包办通过废止蚕丝产区普遍设立的私商茧行，而代之以为数极少的，以官僚资本所办的新式茧行。这些新式茧行利用垄断地位向蚕农进行压价收购，获取垄断利润。如江苏金坛县原有旧式茧行 27 家，1934 年实行统制蚕丝后，旧茧行一律废止，另由无锡丝业巨头薛寿萱等联合建立新式茧行 4 家。1936 年由于硬性规定的购鲜茧价格，经过加工制成生丝，在上海市场出售，一担生丝竟获取 160 元以上的利润，利润率达到 30％强。由于统制蚕业造成"行少人挤，抑价逼卖"的现象，农民群众所得到的只是更苛重的剥削。统制茶业也是首先以满足帝国主义的掠夺为基础。如红茶统制实施时，统制机关的负责人在"外商会议"上向外商担保"红茶外销先与外商交易，不拟自己运出国外"。农产统制非但没有排除洋商的操纵，反而更切实地向洋商担保履行旧茶栈的义务；改变的只不过是过去私营茶栈被统制后，以官僚资本为主体的公营茶栈所代替。它们利用垄断地位，加紧对茶农剥削。至于烟草统制，更明白规定商股分配，"华洋各半"。当时所谓华商，主要是英美公司的买办，事实上是帮助英美烟公司来垄断河南省烟草市场。当时统制烟草是假借为"杜绝私卷（手工制烟），充裕国税"的目的，因此英美烟公司非但可以压价收购烟草，而且可以"杜绝"手工业者和他们竞争。同样在广东实行糖业统制，也是禁止农民手工业制糖（制糖是广东很重要的农村副业），实行统制口号是"扶植国糖，取缔土糖"。其实所谓"国糖"者也就是官僚资本所进口的洋糖。统制糖业结果，土糖遭到严重打击。1936 年甘蔗价格下跌，打破空前纪录。土糖产量显著下降，直接引起了甘蔗生产的萎缩。总而言之，国民党政府农产品统制的实质是帮助帝国主义者和四大家族封建的买办的官僚资本来控制农业生产，加重他们对于农民的剥削，并使中国农村愈益殖民地化。

国民党四大家族官僚资本，由于它具有法西斯性的政治上的特权，从而在中国农村经济中不断地发挥其买办性和封建性的剥削和掠夺作用。四大家族的商业独占，不仅在替帝国主义推销商品或搜刮农产品的农村贸易中带有浓厚的买办性，同时在商业资本的剥削方式上，也带有一定的封建性。如通过用别种商品来交付农产品的价款，或在收购农村中的特种手工业品时，以手工业所需要的原材料来作代价，以及进一步展开"商人雇主制"等等。这不仅保障和扩大制造商品的推销，并且取得农产品的垄断收购权，同时还从低价收购上赚得超额利润。这种超额利润表现了国民党四大家族不但掠夺了农民应得的利益，而且大量地掠夺了农民群众应得的生活费。根据调查材料估计，在一般情况下，农民出售农产品的市价只有三分之一是落到农民手里。高度的剥削率表现出十足的封建性。中国农村农产品商品化程度，根据国民党官方的"农情报告"，收获后随即出售的农产品，在小麦产区是50％，在水稻产区更达到58％。但是收获后立即把产品送到市场上去的主要是那些没有家底的贫农，为了生活的迫切需要，不得不在极端不合理的价格下，忍痛牺牲，贱价出卖他们的农产品。所以农村商业资本剥削的主要对象也就是广大的贫农群众。中国农村经济中封建因素和殖民地因素的密切结合，表现了半殖民地半封建农业生产关系有着进一步发展，而四大家族封建的买办的和法西斯的商业独占，促使半殖民地半封建的生产关系发展到它的顶峰。

三、以官僚资本为主的银行资本渗入农村

1949年之前中国农村在国民党统治下，日益陷入贫困，广大农民受着无穷无尽的压榨，就不得不求助于高利贷。旧式农村高利贷者不外是地主富农以及他们所开设的商店钱庄当铺等等。随着国民党政权的建立，在官僚资本与农村封建势力的广泛结合的新形势下，银行资本也逐渐渗入农村。当时金融资本的一般情况是一方面农村资金不断向都市集中，另一方面受着资本主义世界经济危机的影响，国内工商业萧条，各大银行的货币资本不容易在都市中找到出路，于是城市银行资本开始注意向农村放款。首先是商业银行通过对农村信用合作社放款和城乡小本借贷的形式，把金融资

本逐步渗入广大农村，占领了原来旧式钱庄和典当业阵地。1935年，全国银行对农村合作社组织的放款，总计在2 400万元左右，大约占当时典当业对农民放款总额的1/5。1928年，江苏浙江两省农民银行先后成立，垄断着两省的农业金融事业。1932年国民党政府成立豫、鄂、皖三省农村金融处，另外筹设豫鄂皖赣四省农民银行。1935年，豫鄂皖赣四省农民银行改组成为中国农民银行，这是直接垄断农业金融事业和剥削广大农民而设立的全国性的金融机构。这第一个名为"农民"的银行，业务范围实际上包括了一切国家银行和商业银行的业务，其农贷对象也包含了整个农业生产领域和流通领域，并涉及一切与农业有关的企业和事业。四大家族的陈家兄弟在中国农民银行有着根深蒂固的势力，通过它控制着一些掠夺农民的农业公司，操纵着全国的农业金融，充分显示出四大家族的封建的买办的金融垄断。由于农贷事业对官僚资本对银行金融资本有利，因此形成划地割据和互相竞争的局面。为了克服这种竞争，1934年上海的十家银行（包括主要商业银行及国家银行）曾组织中华农业合作银团，联合经营农贷业务。1936年实业部倡议建立农本局，仿照美国联邦农业金融局的组织，总揽全国农业事业。这一个全国性的农业金融机关是由财政部国家银行与商业银行投资，业务范围有许多与中国农民银行重复之处，抗日战争爆发后，农本局内迁重庆，业务不断收缩，最后所余经费未了事业分别由中国农民银行及财政部接受，从此中国农民银行成为国管区唯一的全国性农业金融机关。

在四大家族统治下，农村信用合作社名义上是农民的组织，事实上都是被地主富农乡绅保甲长所操纵。有的地方规定入社社员须有土地在十亩以上，有的规定社员资格为"有生活能力"，因此真正的贫苦农民没法加入进去。地主、富农、乡绅、保甲长等能从农村信用合作社取得低利贷款，而后用高利转贷给贫苦农民，于是农村信用合作社在农村中就起着助长高利贷的作用。此外，四大家族及其爪牙以及囤户、地主、商贩等，利用农业仓库从事商业投机，向农民进行剥削。农业仓库主要是办理农产储押放款，名义上是流通农村金融，帮助农民取得生产资金，实质上是为地主阶级及商业资本家服务。农业仓库对地主、富农和农村商业资本家的作用等于周转商业资本的工具。把暂时卖不掉的商品农产品押到仓库，转换为货币资本，再拿来供商业投机或放高利贷之用。这种经营方式较旧时当铺所支付的利息还低，但对储押品的保管有着进一步的保障。但是农业仓库对贫苦的农民来说，就同旧式的当铺没有两样。贫苦农民只有在生活困难时方去抵押，而且手下并没有像地、富、商业资本家那样"待价而沽"的商品农产品。往往是在生活极度困难的情况下，或春耕已届尚无种子的紧迫情况下，把身边仅有的小量农产物拿去抵押，以济急需。到赎取抵押品时，又要忍痛低价卖掉可能卖的农产物换得现款，再去取赎。国民党政府的农村复兴委员会，1934 年在宣传农业仓库的好处时说："……一则佃农亦有借款机会，再则抵押之农产，农民得待价而清，不受商人垄断……"事实上能待价而清的正是地主、富农、垄断商人，而真正贫苦农民并不能从农业仓库中得到一点好处。

　　四大家族银行系统的农业生产贷款和农产运销贷款也同样是欺骗人民的把戏，这些贷款对于真正需要资金救济的贫苦农民都是望洋兴叹的。但是它却养肥了剥削农民的地主和商人。因此银行这些官僚金融资本家们不但不能消灭农村中的封建剥削，相反的，他们倒在扶植农村中的地主商人和高利贷者，或者本身就进行着高利贷和商业资本的活动。银行资本不但勾结地主豪绅，助纣为虐，同时又同帝国主义发生很密切的联系。很明显的，各银行的农村投资对帝国主义掠夺中国农民经济，也起着兴风作浪的作用。例如七七抗战前后，上海各银行在山东省的农村放款，就帮助了英美烟公司控制烟草生产和推行日帝的棉花政策。总之，这种新式农业金融机构，一方面是要从金融方面通过高利贷性质的农贷集中吸吮农民的血液，另一方面又是从金融方面扶植了农村中的封建势力。所谓"资金归农"的结果，并没有解除农民所受高利贷的束缚，反而使农民负债一天比一天加重。这就使所有农民全部剩余劳动乃至一部必要劳动构成的资金，都流入买办资本的"金库"中去了。这样，原来的旧式农村高利贷者在一定程度上变成了都市买办资本及其背后的外国资本家的代理人，在他们的意图下，进行高利贷剥削的活动。这是农村高利贷方面的转变，它意味着中国农村的高利贷从此也带上了买办的性质，在这种半殖民地半封建农业生产关系进一步发展的情形下，更促进农村经济的加速走向崩溃。

四、封建剥削关系的进一步殖民地化

进入总危机的国际资本主义，不只是要求中国的国民党政权无保留地为它服务，而且也需要中国农村中以地主为中心的三位一体封建剥削制度更好地同它配合。毛泽东同志告诉我们："在买办阶级之外，帝国主义还需要一种更大的社会力量作为他们统治中国的支柱。这种社会力量就是中国的封建残余。"所以在国民党政权统治下，中国农业经济中封建因素和殖民地因素更密切地结合在一起。具体地说，即中国农村的封建剥削阶级也要带上买办的色彩，或者买办阶级参加农村中三位一体的剥削。在半殖民地半封建中国土地占有乃是财产的主要形式，"升官""发财"就是为了购买更多的土地，所以官僚和封建的土地制度是密切联系的。1930 年春，江苏民政厅曾调查该省之 514 个大地主，其中 374 个是有职业的。其中 44.39％是军政官吏。国民党政府就是从 1927 年背叛革命夺取政权后，代替了北洋军阀而成为买办大地主的政治代表。国民党四大家族就是这种新型地主的代表人物。这种新型地主仍然是封建地主。它们都占有大量的土地。四大家族的孔家，原来就是山东的土财主，在山东握有大量的土地。其他各系也在东南各地农村城市交通要道与港口都置有大量地产。在国民党政权统治下，不少官僚及地主都乘机霸占了大量的土地。土地更加速集中，从而使很多农民失去了土地。同时大批农民又从封建买办的政府征用的土地迁出，因而更加速了土地的集中。农民失地促成租地的竞争，租地的竞争又变成地主对农民进行更加残酷的剥削条件。所以随着土地集中而来的是地租更加速的高涨。12 省 153 县调查实物地租与货币地租比重变动见表 13-6。

表 13-6   12 省 153 县调查实物地租及货币地租比重的变动

省数	调查县数	实物地租（%）						货币地租（%）					
		合计		分租		谷租		合计		折租		钱租	
		1924	1934	1924	1934	1924	1934	1924	1934	1924	1934	1924	1934
江苏	153	74	73	32	32	42	41	25	27	8	9	17	18

折租是属于钱租，是由实物地租向货币地租的过渡形式。根据 1934 年《中国经济年鉴》的统计：江苏省无锡县折租田占全部租田的 30%，昆山县更高到 71.8%，靖江县折租亦有增加倾向。又江西省从前折租只行于山田区，后来一般地主也都改为折租。有些地区，契约虽定为谷租，而交租时多按市价交钱租。从上可以看出当时折租的发展。同时地租形态的变动也表现在劳役地租日趋缩减。例如江苏省宝山县脚色田*占租田百分比的变动来看（表 13-7）：

表 13-7   江苏省宝山县脚色田占租田比率

乡　别	1923 年（%）	1933 年（%）
杨行全乡（南区）	16.7	5.0
刘行顾村（中区）	20.0	10.0
广福陈行（中区）	40.0	20.0
同蒲潘家桥（北区）	5.0	1.0
罗店墅沟乡（北区）	50.0	30.0

资料来源：《中国经济年鉴 1934 年》。

根据以上统计数字可以看出在国民党政权统治下，地租形态的变化趋势是：原占主要形态的实物地租及原占比重较少的劳役地租的日益缩减，货币地租增加。这种变动和商品经济的发展是密切联系着的。更重要的意义，是这种变化反映了地租剥削的加强。因为货币地租是预付地租，其实际剥削率包含利息在内，其剥削程度实超过实物地租，所以地主利用改变地租形态的办法达到加租的目的。在这一个时期，不只地租形态发生变化，地租正租额的增加已成为南北各省普遍情形，各省货币地租租额增加具体情况见表 13-8。

---

* 脚色田：是 20 世纪 40 年代流行于苏南地区的一种比较特殊的租佃制度，是劳役地租的一种形式。

表 13 - 8　各省货币地租租额增加示例

单位：元

地区	年份	租额增加情况			备　注
		增加前	增加后	增加（%）	
辽阳铁岭	1911—1931	14.00	29.00	107.1	
山西	1933 前后	1.00	3.50	250.9	
		棉田 2.00	10.00	400.0	
四川资中	1932 前后	40 000～50 000 文	80 000～140 000 文	100～180	
广东台山	1927—1933	20.0	30.0	50.0	
江苏宝山	1923—1933	2.5	9.0	260.0	由于大地主均经商沪上及湘鄂一带，对货币需要迫切
浙江诸暨	1928—1930	10.70	11.10	3.7	

货币地租正租额的增加，虽然在某些情况下是由于农产品商品化而单位面积产值增加，或经过佃农花费资本劳力改良土地，提高单位面积产量等因素，给地主提供了增租的可能，经济比较发展的地区如江浙等地，从这就可以看出地主经济和买办经济的勾结，是钱租租额增加的重要因素。在国民党统治下，由于官僚资本与商业资本急剧地从事土地投机，由于广大农民失掉土地而竞争租地，由于国民党政府的重税刺激及在政治上对地主阶级的支持，从而使地租增加趋势更为迅速。除正租额增加之外，押租和预租亦在不断地增长，根据《中国经济年鉴（1934 年）》的统计，1932年前后江苏嘉定每亩押金由 0.5 元增加到 2.0 元，浙江乐清每亩押金由 2.7 元增加到 7.5 元，广东灵山 1928 年到 1933 年交租谷一石的田押金由 4 000 文增加到 7 000 文（《广东农业生产关系与生产力》第 22 页）。预租田的增加在 1934 年以前就已普及各省，因为预租田的增加是在地主急迫要求之下发展起来的。1929 年在江苏、上海及 1931 年在浙江嵊县等地，如佃农不同意改缴预租，地主即以另佃来要挟。广东顺德县的桑田及禾田从 1904 年到1934 年间，几乎要全部改为预租。它并非表示主佃身份隶属关系的削弱，实质上是地租的增值，其结果则促使农民为支付押租及预租而陷于高利贷境地，使主佃关系在旧有的封建剥削束缚上，又加上新的锁链。在地主增

租的企图下，同时还出现永佃制及长期租佃方式逐渐缩减，而不定期租佃（地主得随时撤佃）及一年租佃（地主得年年增租）方式逐渐增加的趋势。地主为了获得随时增租的便利，以加强对农民的掠夺，从而制造各种借口，以剥夺农民的永佃权。1929年到1934年，江苏、浙江、广东、河北等省县地主均禁止佃农据有永佃权之田，违者撤佃，并先取消佃权。浙江杭县在地权转移后，新地主否认原佃之永佃权。诸暨地主对于佃农之永佃田，借口自种而收回。崇德地主在契约上规定得随时向佃户收买田面权。从这些情况可以看出永佃制之没落，它反映着地主对佃农的经济控制更加凶恶。由此可见，无论是货币地租的发展，押租和预租的增长及永佃制的没落，都是在保证地租增殖的要求下进行的。地主为了加强对农民的剥削，在原有封建生产关系上加上一新的束缚，使原有的租佃关系改变了一些形状。而这些变化又是在买办阶级与封建地主阶级密切结合之下形成的。它反映着近代中国封建社会经济基础解体过程中在国民党统治下，佃农是兼受地主经济与买办经济双重剥削。广大农民群众除了遭受高度地租剥削外，统治阶级还利用政治特权以赋税形式直接剥削农民或经过地主间接剥削农民。

中国的地主大都是收租者、商人、高利贷及行政官吏的四位一体人物，带着强烈封建性的官僚资本的新型地主，他们对农民的地租剥削也同样是同商业资本与高利贷资本紧密地结合起来。四大家族的孔家就是世世代代作大地产兼票号，经营高利贷。陈果夫在参加上海交易所以前，在湖州曾做过将近十年的当铺掌柜。四大家族官僚资本对农村高利贷剥削的手腕，是老练不可比拟的。在国民党四大家族统治下，不仅造成农村中高利贷的花样繁多，而利率之高、剥削条件之残酷，仍然都反映着浓厚的封建性质。从河北定县1930—1933年地价、农产品价格和利率变动来看（表13-9）：

表13-9　1930—1933年地价、农产品价格和利率变动的对比

年份	每亩地价（元）	利率（%）	农产品价格					
			麦（斗）	稻（斗）	黄豆（斗）	小米（斗）	红粮（斗）	棉花（百斤）
1930	150	0.6～1.5	1.5元	2.0元	1.0元	1.3元	0.9元	24.0元
1933	50	2.5～5.0	0.8元	1.1元	0.5元	0.7元	0.4元	16.0元

3 年之内，地价下降了 1/3，各种农产品价格普遍下跌，而且是除了棉花之外，大约都下降一半，但是利率却增高了两三倍，何况在经济作物产区的利率，本来就比一般农作物产区为高。同时在经济作物地区利率上升的速度也比较更大，例如河南中部种烟区 1934 年的利率是 62.4%，比非种烟区的 46.8% 高约 1/3；非种烟区利率从 1927 年到 1934 年只提高了 8%，而种烟区则上升了 24%（陈翰笙：《产业资本与中国农民》）。这也说明农民种植经济作物所得到的超过种植一般农作物的那一部分盈利，被高利贷者以水涨船高的比例全部吞掉。同样农村商业资本的剥削也带了浓厚的买办性。四大家族官僚资本不仅利用他们在农产品买卖中的垄断地位，操纵农产季度变动，谋取暴利，而使农民遭受低价卖出高价买进的巨大损失，同时还通过商业资本剥削的多种多样形式，直接或间接地成为帝国主义在华收购原料和推销商品的助手。随着中国农村商品经济的发展，农产品的商品化迅速扩大。中国农民经济的商品率一般说来，各地不低于 40%，在专门化的种植区域内，则达到 60%～70%。但根据当时许多调查材料来看，农产品商品化的程度，是以贫农为最高。因为贫农的消费水平虽然比富农、中农低，但出卖和购买是较频繁，这并不是因为他们富，相反的，正是因为太贫，才不得不这样做。由于商业资本以及其他中间剥削，农民在其所创造的价值中，仅能获得很小的一部分，从各地农产价格中农民所得价格之比率（表 13-10），可以清楚地看出这种情况：

表 13-10　各地农产品价格中农民所得价格比率

货品	产地	终点市场	农民所得价格与销地价格百分比	资料日期（年）
棉	束鹿	天津	67.4	1926
烟叶	商城	上海	69.7	1933
米	临川	上海	49.6	1935
干茧	嘉兴	上海	72.0	1935—1936
米	长兴	杭州	74.4	1934—1936
米	武义	宁波	68.5	1932—1936
米	邵武	福州	53.6	1935—1936

表 13-10 所举数字还是偏高的，因为农民所得价格，多半是原始市场价格，它包含着农场搬至产地市场的运销费。还可能包括一些中间商人的利润，而且由于中间商人玩弄各种欺骗手段，农民所得到的实际价格与名义价格有很大的距离。有时相差一倍以上。据估计，当时黑龙江流域黄豆市价仅有 1/3 是落到农民手里去的（陈翰笙、王寅生：《黑龙江流域的农民与地主》第 10 页）。因而以上这种农村商业资本对农民的榨取也就可以看出帝国主义对中国农民的剥削的惨重。由于帝国主义列强从中国的通商都市，直至穷乡僻壤，造成了一个买办的和商业高利贷的剥削网，造成了为帝国主义服务的买办阶级和商业高利贷阶级，以便利其剥削广大的中国农民和其他人民大众。这就使在国民党政权统治下，中国农村经济中封建因素和殖民地因素的密切结合起来，标志着中国农村经济，使农村旧有的封建剥削关系，进一步殖民地化。

在半殖民地半封建农业生产关系进一步发展下，不只帝国主义掠夺农村中新型三位一体的剥削和国民党政权的直接压榨，给农民带来莫大的痛苦，当时又是自然灾害极为频繁，极其严重而又极其普遍的一个时期。由于封建统治所造成的人祸的影响，农民所受害损失程度也就愈严重。从 1928 年到 1935 年，5 年水旱灾荒，损失约 100 亿元，平均每一农户损失 150 元上下。在帝国主义、官僚资本、农村封建势力的剥削以及水旱灾荒的威胁下，农家经济普遍表现为入不敷出状况。根据 1934 年的调查，浙江省一个家庭负担很轻的耕地 8 亩的佃家，全年总收入不过 102 元，而全年最低的交出却要 160 元。超过收 60%。农民喊叫"越种越苦"（杜志远：《浙江上虞农村衰落的一个缩影》）。

灾荒和经济恐慌的交织，引起农业生产力的极度衰落。第一，耕地缩小和荒地增加，据 1933 年 3 月 15 日《大公报》报道，陕西渭河两岸素为灌溉便利乡区，竟增加荒地 16 万亩。其他地区可想而知。耕地面积的缩小，在经济作物地区更为严重。以产丝著名的江苏无锡为例，1927 年桑田约 38 万亩，1930 年减为 25 万亩，1931 年又减为 15 万亩，到 1932 年只剩了 8.4 万亩了。减少的趋势虽非常惊人，但这还是政府实行丝业统制前的情况。第二，灾荒后耕畜减少，同时人力代替畜力已成为各地农村中普遍现象，再加上灾荒后人口流亡，农村劳动力非常缺乏，许多农家不得不减少耕种面积，或者完全放弃农业生产。因而许多地区都发生了一种"缴农运动"，成批的不堪剥削的农民，把仅有的简单农具扛到官府，交给地方官吏，表示从此以后不再从事农业生产，有的农民把地契贴到住房的门板上，然后一家大小背井离乡，踏上流亡的途程。第三，种子和肥料的缺乏，更使农业生产极度衰落。例如1935年湘鄂皖各地春荒严重，许多农家不得不实行最粗放的掠夺耕作，致使地力枯竭，收获年年减退。另一方面比起农业生产资料大量损坏更为严重的是农业人口惨绝人寰的大量死亡。在灾区，由于农村劳动力枯竭，形成农业生产的衰落。但是在另外一种情况下，在更广大的地区，农村劳动力仍相对过剩，达到空前严重程度，也给农村经济带来巨大恐慌。首先是因为都市工商业的衰落，迫使许多失业工人重返农村，其次是东北的陷落和在帝国主义者排华运动下，南洋华侨失业的回国，堵塞了农民离村的两条巨大出路。此外，农业的衰落和农村手工业的极度破产，也加重了农村劳动力的过剩现象。农村劳动力过剩的结果，使各地雇农工资普遍降低，有些地方甚至只求一饱都不可能。例如四川涪陵过去农忙时期雇工十分困难，可是到这时就产生一种"送工制度"。形成失业农民一得某家雇工消息，几十百人来到门前要求受雇，只求饭食不计工资的惨状。在这种人祸天灾纷至沓来的黑暗日子里，饥饿、疾病和军阀屠杀夺去了无数广大农民的生命。据估计，1926年到1935年，全国死于灾难的人数达到1 700万（邓云特：《中国救荒史》），几乎全部是农民。在短时期，这样大量的有生力量的丧亡，标志着农业生产力最大的最严重的损失。在半殖民地半封建农业生产关系束缚下，农村生产力是受着严重的阻碍和摧残。农业再生产的极度萎缩，促使农业经济达到了极度的恐慌。

五、批判农业经济思想中的改良主义

生产关系适合生产力性质的规律是社会发展的客观经济规律。新的生产力与腐朽的生产关系之间的矛盾是社会革命的最深刻原因。在国民党政权统治下，由于外祸内难再加上水旱天灾的威胁，农民广泛地揭竿而起，发动了游击战争。民变、闹荒等各种形态的革命运动，为推翻半殖民地半封建农业生产关系，解放农村生产力开辟广阔道路，但是在轰轰烈烈的农民革命运动正需要加以滋润、加以扶持的时候，却出现了一些形形色色的关于解决农民问题的改良主义的思想和活动。如当时较为突出的有梁漱溟领导的邹平乡村建设运动，晏阳初领导的定县平民教育运动，高践四主持的无锡教育学院，以及镇平、内乡、淅川三县的民团，江宁、兰溪两个实验县和几个美国教会学校（燕大、金大）所举办的乡村改进工作等等。这些集团尽管他们的理论不同，方法各异，可是他们的来源和基本精神却仍大致一样的。他们凭借的有的是政权，有的是地方封建势力，或是直接投靠帝国主义。很显然的是这时候的地主资产阶级们为着巩固他们的统治地位和剥削势力，打着乡村改良运动的旗号来消灭贫苦农民的土地斗争。这些乡村建设或者乡村改良运动的真实目的是要求农民同地主豪绅买办乃至帝国主义合作，接受这些改良主义者的领导来"改革社会""建设农村"。他们的企图是为了维护半殖民地半封建的农业生产关系而反对农民革命运动。

以梁漱溟为首的"乡村建设派"是以"社会秩序的维持或再建"为出发点，以"乡村文化的第三条道路之开辟"为最终目的，以"训练及组织为良众"为主要手段。据梁漱溟说："中国社会是个没有阶级的社会，与西洋完全不同。"因此他认为："今日社会需要整理改造，而不是阶级革命，农民地位需要增进，而不是翻身。"（梁漱溟：《乡村建设理论》）他是反对取消封建土地所有制，并且认为从历史上看，推翻甚至于仅仅限制这种制度的企图都是"收效甚微"；并认为在中国社会上没有"贵族与奴隶阶级的对立"，没有资本家与劳工阶级的对立；所以他主张的乡村建设的任务，便是恢复"法制礼俗"，维持"社会秩序"。在当时旧中国半殖民地半封建农业生产关系下，梁漱溟虽然"痛心"于中国传统的自给自足的小农经济的破坏，而要坚决恢复"粮食自己种，布自己织"的局面，无疑是把当时旧中国农村经济推回到自给自足的封建经济。同时旧中国农村中地主和贫苦农民的对立，已达到非常尖锐的程度，而且生产工具——尤其是土地，早被"一部分人垄断"，并不能够像他说的"人人得而有之"，更重要的是，当时的问题所在是如何来认识进而来解决这些对立的矛盾，但是梁漱溟却掩饰这些矛盾，他说"外国侵略者虽为患，而所患不在外国侵略；使有秩序，则社会生活顺利进行，自身有力量可以御外也。民穷财尽虽可忧，而所忧不在民穷财尽；便有秩序，则社会生活顺利进行，生息长养不难日起有功也。"但是社会秩序的破坏，根本只是民穷财尽所造成的结果，而民穷财尽又是外国侵略者和地主富绅们的残酷剥削所促成。他们使用不敢正视旧中国农村经济破产根本原因，正是因为他们是站在反动的立场，代表地主豪绅买办和帝国主义者们的利益来维护封建制度和为帝国主义服务。他们自己也说，"这样，则我们与农民处于对立地位""我们是走上一个站在政府一边来改造农民，而不是站在农民一边来改造政府的道路"。所以他们认为同广大农民"根本合不来"。同时在他们进行的"乡村自卫"组织，实际上就是地主阶级的反革命武装。在根据地邹平，也曾办过"美棉运输合作社"，也曾帮助买办性的银行进行农村放款的活动。所以他们的学说和活动都曾得到了中外反动势力的喝彩。然而旧中国农村经济问题的解决，究竟是依靠工人阶级的领导，通过农民土地革命斗争而获得解决。正如他们自己活动的效果的自我判决："工作了几年的结果是号称'乡村运动'而乡村不动。"

以河北定县为据点的中华平民教育促进总会（简称平民教育会）在改良主义者中也是一个重要的帮派。平民教育会的晏阳初，主观地认为中国农民有四个基本问题，他用"文艺教育"来救农民之"愚"，用"生计教育"来救农民之"穷"，用"卫生教育"来救农民之"弱"，用"公民教育"来救农民之"私"。这就是他所标榜的"四大教育"。实施这四种教育的方式又有"社会式""学校式""家庭式"，这就是所谓"三大方式"。他认为"四个基本问题"是中国农民的病根，"四大教育"是治病的药方，"三大方式"是下药的方法。然而中国农民"愚、穷、弱、私"实际只是中国农村问题的表面现象，并不真是中国农村中的"基本问题"。在"愚、穷、弱、私"四个大病根中，"穷"又可以说是其他三种现象的根源。中国大多数的贫苦农民穷到无法维持生活，更谈不到享受教育，讲求卫生。但是造成农民的穷，是由于帝国主义者的经济侵略和地主豪绅们的封建剥削。晏阳初妄想用"生计教育"作为解决中国农民"穷"的办法，这条道路显然是走不通的，他企图使用改良农业生产技术，组织信用合作社，以及发展农村副业等方式，改变农民经济生活，并通过以"教育"为中心的活动"教育"农民消除阶级仇恨，不要抗债抗捐。但正如他们所说的，"定县以前也曾发生过几次抗债抗捐的事，不过凡是平教会努力所及之处，这种口号便无效了。"

此外还有国民党中央所办的地政学院的一小部分改良主义者，他们从德国贩来的一套资产阶级的土地改革学说，把它同孙中山的平均地权学说的主张糅合起来，想在风靡一时的农村改良运动中别树一帜，也同样是否定了阶级斗争反对土地革命。此外，当时还有不少的资产阶级的知识分子各自提出了种种不同的农村改良主张。但是应该指出的是，所有这些改良主义者，他们的主张虽然是各形各色，但是归根结底，他们都是否认农民革命的必要。在半殖民地半封建农业生产关系下，中国农业经济破产，使国内外反动统治需要一种能够迷惑中国人民的烟幕来维持旧有的生产关系，当时农村改良运动的出现，也就反映着在旧的经济基础上产生和形成的上层建筑对经济基础的反作用。然而在汹涌澎湃的革命洪流里，这些农村改良主义丑恶本质不断地被先进的经济学者给以揭发和强烈的攻击，有效地推动了中国农民运动的进一步开展。

第十四章　日本帝国主义者对中国
农业殖民性掠夺

（1931—1945 年）

一、日本对华侵略的本质

早在 19 世纪中叶，日本还是一个落后的闭关自守的封建国家。后来经过 1864 年资产阶级革命的"明治维新"，在资产阶级和封建贵族联盟的基础上，建立起一种现代的金融资本主义与落后封建制度残余相结合的日本经济。然而这种军事封建的帝国主义国家，它的经济基础与后备力量是比较薄弱的。它高度依赖海外市场，它的国民经济是畸形发展的。第二次世界大战前夕，日本军事工业的发展越过各种工业之上而居第一位。但金属的采掘和工业提炼并不发达，只有钢能自给，铁矿几乎完全靠国外供给。轻工业中较为发达的纺织工业所需原料，全部从国外输入。同工业比起来，农业又是相对的落后，已耕地面积只占可耕地面积 13％，而耕地面积中约有 60％归自耕农耕种，其余均属于地主所有，以奴役的条件把田地租给佃农耕种，广大的日本农民在封建剥削下，生活是极端穷困的，农村购买力是非常低下，国内市场狭小。少数的垄断资本寡头和财阀为了获取最大限度利润，除了一方面需要向国外寻找市场倾销过剩产品，同时更需要从国外掠夺大量原料。由于 20 世纪初，世界殖民地领土已被帝国主义列强瓜分完毕，重新瓜分世界的斗争已提到日程上来，所以后起的日本帝国主义者，一开始就与其他帝国主义争夺殖民地。日本只得凭借武力取得政治和经济上的优越地位来满足它的侵略野心。日本帝国主义的国力及其在国际上的势力，也就是依靠三次侵略战争而起家。尤其是对中国的侵略，早在 19 世纪后期，中国已沦为半封建半殖民地的国家，日本在美英帝国主义的直接帮助下，对中国发动了 1894—1895 年的中日战争，迫使中国和日本缔结下了割地、赔款、丧权辱国的马关条约。在 1904—1905 年的日俄战争中，日寇又以战胜者的地位取得原来俄在华的旅大租借权与长春旅顺间铁道及其一切支线并附属的利益与财产。日本首先侵入我国东北，随后在华势力突飞猛进。在 1914—1918 年，第一次世界大战期间，日本又向卖国贼袁世凯提出"廿一条"，战后又以战胜国继承了德国帝国主义在中国山东省的各种特权。日本一小撮军国主义者勾结了新兴的财阀集团，不断地对华侵略，扩大势力范围，企图由对我国东北的独占，进一步实现它对全中国的侵略，树立其在太平洋上的霸权以至于统治全世界的迷梦。日本军国主义者所订的侵略性"大陆政策"，就是逐步侵略中国的台湾、中国的东北和内蒙古以至于全中国全世界。

1929 年末世界资本主义国家在资本主义总危机的基础上爆发了严重的经济危机，这次危机一直延续到 1933 年。资本主义国家还没来得及把这次经济危机所带来的创伤医好，紧接着又在 1937 年下半年陷入新的经济危机。在东方，日本帝国主义国家也同样遭到经济危机的沉重打击。1931 年，日本的工业生产品总值降低到 1929 年的 69.5%。1931 年 11 月工业品输出总值为 1929 年 8 月输出总值的 33.8%。采矿工业与重工业有40%～50%没有开工。工资急速下降，失业人数增加到 300 万人。在经济萧条的情况下，国内阶级矛盾加剧，罢工几乎遍及所有产业部门；1931年，农村租佃冲突事件达 3 219 起。由于经济危机和社会内部矛盾的尖锐化，日本帝国主义对内加强法西斯统治，采取高压政策，对外疯狂地对殖民地进行掠夺，并加紧从对外侵略的冒险战争中找寻出路。更由于欧美帝国主义因国内经济危机而削弱在远东的地位，于是日本帝国主义为了挽救国内经济危机，本着它一贯的侵略政策，于 1931 年乘机发动了强占中国东北事变，1937 年又发动了"七七"事变。它采取毒辣的手段，在"中日亲善""中日提携"以及"大东亚共荣圈"的口号下，对华进行了军事侵略和经济掠夺。日本的国民经济继续军国主义化，垄断资本发展为国家垄断资本，除三井、三菱、安田、住友四大财阀外，还产生了新的财阀，如靠战争起家的日本军火大王中岛，以及依靠侵略中国起家的财阀鲇川等，日寇在华势力不断加强，首先可从在华投资的急剧增长来看。在这时期日寇在华投资数额不但最大，而且发展速度也最快。1936年帝国主义列强在华投资共有44亿3 000万美元，其中20亿是日本投资，差不多占有半数，较1931年日本投资的11亿3 000万美元增加90%。日本帝国主义对中国的掠夺和进一步侵略，也极大地触犯了其他帝国主义主要是英美帝国主义在中国的利益。首先是英国在华北的煤矿、铁路和天津的大量商业权益，其次是美国在中国的投资和贷款。于是英美帝国主义便采取了一系列的措施来进一步控制蒋介石反动中央政权，与日本进行争夺侵略中国的斗争。1933年，蒋介石反动政府和美国签订了5 000万美元的借款，1934年，蒋介石反动政府又同国联实行所谓技术合作，1935年夏，美国派经济考察团来中国，1935年冬，英国派政府最高顾问来中国帮助蒋介石反动政府改革币制，1936年，蒋介石反动政府又和美国订立"中美白银协定"。这些活动，充分表现了帝国主义进一步扩大在中国市场的角逐与投资的争夺。

日本帝国主义自从发动"九一八"事变侵占东北以后，为了要变东北为其殖民地，作为南下华北的军事根据地和战争物资的丰富源泉，对这块比其本土大6倍，拥有5 000多万人口和丰富宝藏的东北，进行了极其残暴的剥削和统治。首先在政治上，日本帝国主义在1932年3月组织了傀儡的"满洲国"，并且明文规定"满洲国"的防务由日本担任，日本军队得长期永驻在东北。"满洲国"还明文规定承认日本在东北所独占的一切权益。日本帝国主义在经济上首先是操纵了整个东北的金融。"九一八"以后，日本帝国主义把原有的"东三省官银号""边业银行""永衡官银号""黑龙江官银号"等东北四大金融机关合并起来，组成为伪满洲国的"中央银行"，发行伪币，代理了日本银行，统制了东北的金融。然后以"开发实业"的幌子，对东北进行大量的投资，1932年到1936年，日本在东北的投资总数达11.6亿元以上，而其中3/4是用在掠夺性的新建铁路和开发矿藏。这些投资绝大部分集中在负有特殊掠夺使命的"特殊会社"和"准特殊会社"的手中。自"九一八"以来到 1937 年初，日本在东北新设立的各种会社就有 369 个。其中从事重要资源的开发和军事工业重工业经营的，是 28 家所谓"特殊会社"和"准特殊会社"，其资本总额占整个 369 个会社总资本的 59%。他们垄断着整个东北的经济命脉。在商业贸易方面，日本商品垄断了整个的东北市场，1932 年到 1937 年中，日本商品输入又增加了 3.5 倍以上。同时东北输向日本的原料，特别是军需工业原料，1937 年比 1932 年增加了 36.4%。至于东北的整个对外贸易，也完全掌握在日寇手里。此外，日寇还不断地组织退伍军人进行武装移民，侵略和掠夺我国广大农民的土地、房屋和粮食。此外，还通过伪政权向农民横征暴敛，增加田赋负担。其他各种苛捐杂税名目繁多，层出不穷。在这种政治上经济上残暴的压迫剥削和掠夺，使东北已沦为日本帝国主义奴役下的殖民地。

日本帝国主义不只统治了整个东北，之后还加紧向华北和内地进行经济侵略和掠夺。日寇先后控制了河北、山东、山西的棉花生产，吞并了天津的许多纱厂，掌握了北平天津的电力实业，控制了华北大沽、塘沽、北戴河、秦皇岛等港口，垄断华北的金融和矿业，并对中国大量倾销商品，进行大规模的偷运和走私。从 1935 年 4 月到 1936 年 3 月一年中，日本在华北走私入口的商品价值，约占我国国外商品输入总价值的 30% 强。日本纱厂在上海等地大力扩充和吞并，仅 1936 年在上海、唐山和天津等地被吞并的中国纱厂就有 6 家。在日丝排挤下，1930 年上海、无锡、苏州、镇江等地丝厂有 161 家，可是到了 1933 年仅剩下 23 家。日本帝国主义对中国的掠夺和进一步的侵略，企图变东北为它的殖民地，进而从东北到华北，从华北再到华南华中，乃至整个全中国变成替日本生产廉价原料的工业原料基地和倾销过剩商品的市场。使中国广大农民的血汗，通过日资控制下的垄断组织而成为日本帝国主义者们的超额利润。日寇的侵略使中国农村经济从半殖民地向着殖民地经济发展，也就扩大了由一般帝国主义和中国的矛盾为由日本帝国主义想变中国为其独占殖民地所引起的中日民族矛盾。日寇侵华所进行的极端野蛮政策，并不能达到其灭亡中国并把中国变为殖民地的目的，勤劳勇敢的中国人民，在中国共产党的领导下，英勇抗战，坚持了十多年的抗日战争，终于打倒了日本帝国主义。

二、日寇对中国农村土地和劳动力的掠夺

日本帝国主义者对中国农村的土地掠夺日益加深，其中尤以用移民为手段来大批侵占我国农村土地为甚。"九一八"事变前，日本在东北进行"韩民移满，日民移韩"，以朝鲜人作为侵略中国的先遣队。事变后，日寇更极力向东北大批移民（包括日本人和朝鲜人）。事变前后移民东北的日本人和朝鲜人共有 80 多万，其中 2/3 以上是朝鲜人，日本人只有 20 多万，不到 1/3，而这些移民中仅有 2 000 多人是农民，不到全部移民总数 1%。事变后日寇又订立"殖民计划大纲"与伪满合组"日满移民会社"，进行有计划有组织的大规模移民。1932 年日本拓务省开始办理第一次武装移民，共 500 户，移往的地区为佳木斯东南十四里的永丰镇。经过对该地农民的清洗，后改为弥荣村，没收我国农民的土地 3 万垧。1933 年进行第二次移民，地点是依兰县千振村，侵占地约 2 万垧。1934 年进行第三次移民，地点是绥棱县王荣庙地区瑞穗村，侵占土地约 3 万垧。1935 年及 1936 年进行第四次及第五次移民，又约占 10 万垧土地。1937 年以后，日本的野心就更大了，计划在 20 年内移植 100 万户"开拓民"。其步骤大体如表 14-1 所示：

表 14-1　日本"开拓民"计划情况表

时期	集团开拓民（由政府组织的）	其他	合计
第一期	70 000 户	30 000 户	100 000 户
其中：			
1937 年	5 000 户	1 000 户	6 000 户
1938 年	10 000 户	5 000 户	15 000 户
1939 年	15 000 户	6 000 户	21 000 户
1940 年	20 000 户	8 000 户	28 000 户
1941 年	20 000 户	10 000 户	30 000 户

（续）

时期	集团开拓民（由政府组织的）	其他	合计
第二期	120 000 户	80 000 户	200 000 户
第三期	140 000 户	160 000 户	300 000 户
第四期	170 000 户	230 000 户	400 000 户
各期总计	500 000 户	500 000 户	1 000 000 户

根据这一移民百万的计划，拟占土地 1 000 万町步（每町步合中国 14.88 亩），实际上从 1933 年到 1939 年就强占了土地 3 000 万垧，使中国农民 20 万户、100 余万人失去土地，无家可归，到处流亡。

日寇对我国农村进行武装移民，这些移民都是具有自卫能力，曾经过严格训练的在乡军人，称之为"特别农业移民"。日寇还由政府组织"移民团"，进行军事训练，并移随在乡军人及家族，在东北独自组织村落，武装自卫。其他移人所办移民公司也很多，大批的朝鲜移居我国东北，仅 1934 年一年内，朝鲜人移居我国东北达 10 万之多。其中 90% 移民从事农业，种植水田。日本人在移民中所占的比重在事变后也随之增加。如 1930 年日本移民只有 248 000 人。1932 年日本移民增至 269 000 人，1934 年又增至 334 000 人，到了 1935 年就已经达到 501 000 人之多。总计 5 年内日本移民增加一倍以上，同时移民集中地点，逐渐由铁路沿线进向我国内地，具体情况见表 14 - 2。

表 14 - 2　1930—1935 年日本移民中国内地具体情况

年份	旅大移民百分率（%）	铁路沿线移民百分率（%）	内地移民百分率（%）
1930	47.5	43.2	9.3
1935	32.6	38.3	29.1

日寇对我国进行积极武装移民的结果，战前在华人数仅 8.6 万余人，到 1941 年秋，就增加到 67 万余人。其中以华北等地为最多。日寇对我国农村进行武装移民，不但加强了沦陷区殖民地的统治，并缓和日寇国内及朝鲜等地经济恐慌和革命危机，同时劫夺了中国广大农民的田园和房屋。中国广大的劳动农民即日寇统治下被驱出的背井离乡，间有无处可以投奔，

不得不留下继续耕作的中国农民，实质上也都成为日寇垦殖会社的农奴。

日寇在华的农业政策，第一个目标就是侵占土地，以土地集中在它的手里为前提，基本上维持小农经济的经营，从中进行封建性的剥削。事变前日寇即已利用政治特权在我国东北以及华北农村中兼并土地，种种非法商租、购买等活动，实质都是一种霸占和掠夺。事变后日寇对中国农村土地的掠夺，更是畅所欲为。日寇在东北或将一部分土地宣布为前清皇室直接所有，或借口说是以前的旗地而算作官地。或者采用没收原军阀官僚地主的土地的方法而直接霸占。例如"中日实业公司"经过伪政权之手，没收北洋军阀段祺瑞等人经营的军粮城和茶淀两大农场，并计划侵占冀东津浦路线沧州一带、山东黄河下游一带以及山西河南等地合计约 3 000 余万华亩的土地。再如伪中央兴农试验场在德县与唐山等地也抢占了不少民田。同时钟渊纺织株式会社投资 600 万元，利用永定河灌溉工程，强占南苑一带民田，开辟了一个大规模的种植棉花的农场。"冀东种植公司"所组织的"东洋民生农场"所占民田亦达几万亩。1940 年日伪合办的垦殖公司成立后，又图定冀省沿海新田 100 万亩，冀东沿海地区 7 万顷。此外，日寇还采用低价收买、长期租借、债权借口和销毁地契等办法侵占我国农田。1933 年，伪满颁布"商租权登记法"，日寇所需用的土地，名义上是可以"自由商租"，但租期须订 30 年，并且还可以延长，实际上日寇是以租佃的代价攫取了我国农村土地实际所有权，进行永久霸占。再如1932 年成立的"日满土地开拓公司"和伪满颁布的"外人租用土地章程"规定了日寇在东北能获得永久的承佃权，这就使日寇在华对广大中国农民进行残酷剥削获得无限的凭借。此外东北还有一个专门从事收买地产的日商公司，曾将沈阳地契案卷保管处烧毁，以便日满当局宣布某地无主，转交日寇侵占。沈阳以西一带好多土地都是类似这种情况而落在日寇手中的。在低价收购方面，如 1934 年安东的农民曾被迫以 1/4 或 1/5 的地价将土地卖给日寇。有的日本人和朝鲜人往往在沈阳、抚顺、辽阳和海城等地用强力圈占中国农民的土地，不予分文赔偿。此外日寇还强迫中国农民建立"集团村落"。由于"集团村落"的建立，引起了大量土地的荒芜。

因为集团村落破坏了构成村落的自然条件，随耕地距离村落的远隔而发生了耕作上的困难因而引起抛荒。例如间岛在村落集中前，每户平均耕地面积有 4.9 垧，集中后成为 3.7 垧。又如通化辑安县大荒淘屯集团村落，建设前大部分耕地（74.1%）距离农家在一里以内；建立集团村落以后，一里之内的耕地只有 6.1%，三里之内者变为 25.8%，五里之内者变为 17.3%，十里以内者 23.5%。建立集团村落前大部分农家在离家一里以内保有自己的耕地，可以有效地利用劳力、农具和耕畜；变成集团村落以后，耕地的总距离和平均距离都增大了，耕地的地点也分散，这就使农田耕作上产生很大的困难，不仅阻碍农业劳动生产率的提高，而且产生大量地的抛荒。总之，由于日寇对我国农村土地大量地侵占和掠夺，使中国农民沦为日本掠夺者的半农奴式的佃农，而被逐于自己的田地之外。所以事变后我国广大农民群众，不但出关者人数锐减，而且由于日寇对关外农民的排斥，由关外回乡者日渐增多。

日寇对中国农村不仅大量侵占和掠夺农民土地，而且还用进行强制抽丁和欺骗性招募劳工等方法在中国农村搜刮劳动力。日寇在华大批招募劳工，只 1934 年一年中，被招募的工人就有 38.8 万人。其中以山东人为最多，约占 50%。一般在地租、高利贷苛捐杂税重重压迫下无法生活的贫苦农民，受了日寇的哄骗和诱惑，背井离乡应募出关。例如华北苦工被骗出关，更是多到可以惊人。单就当时苦工出关聚集地的天津来说，当地组有三共公司，专事经营代雇及运送劳工事项。他们都是在登记后集体出发，一两天一次，每次都有数百人或数千人不等。据调查，1937 年以来，登记出关的华工达 16.6 万余名。被迫背井离乡的出关华工，大部被押运内蒙古，担任后方筑路工程，以便军事运输。这些劳工日间被强迫着做牛马不如的工作，夜间则以电网围绕工人住室，防其脱逃。所受到的苦难，犹如人间地狱。而那些从事敌方军事秘密工作的劳工，等到工作完毕，为了防免泄露机密，往往遭到活埋或被投入海中消尸灭迹。其未遭毒手者往往被迫做终生苦役，永远不能回家乡。此外，日寇还在中国农村强制抽丁，例如热河农户有 5 个壮丁必须抽 3 个，有 3 个的抽 2 个或 1 个，甚至有时所有的农民，完全不准下田耕作，随时随地被日寇军队官厅强迫征发抛弃自己的农作，大部分无代价地去替他们建筑汽车路。此外按伪满法令，20 至 23 岁人民，均有应征"国兵"的义务。不合"国兵"标准者改服劳役。服劳役年龄是 17 岁至 56 岁。劳役种类有两种，即"勤劳奉侍队"和普通劳工。普通劳工又分 3 种，即"紧急供出劳工""行政供出劳工"和"军属供出劳工"。而对伪组织之中下级职员，又组织有所谓"官吏挺身队"等。所以在 1944 年，全东北做劳工者达 120 万人，1945 年上半年则达 300 万人。病死虐死者，平均为 20%。日寇掠夺我国农业劳动力的结果，使东北的农业生产力在伪满时期几乎没有发展，特别是 1937 年以后，农村人口在总人口数的比例日见减少：1937 年占 76.48%，1940 年占 73.36%，1943 年占 72.73%。这充分表明了由于日伪强制征兵招募劳工以及其他残杀所造成农村劳动力枯竭的必然结果。

三、日寇对沦陷区农产品的控制

日寇不但强占大量农村土地和掠夺农村劳动力，而且还对沦陷区的农产品进一步地控制。首先通过关税政策。日寇劫夺我国东北关税权后，于 1933 年施行大规模地减低关税，以便于倾销日货和掠夺我国的原料品。在输入方面，设定无税者 4.5%，减税者 11.5%。输入方面，设定无税者四种，减税者一种。但是对于我国国货和西洋货入口关税则加重税率。如中国普通货物征收 40% 的关税，绸缎、茶、瓷器等，按所值加倍抽税。实行关税政策的结果，东北市场国货绝迹。东北全境已成日寇独占市场。1937 年东北的对外贸易就已大部分被日寇所独占。出口值中，日本（包括朝鲜等）占 49.9%，进口值中，日本占 75.1%。到 1940 年以后，包括东北及日寇占领下的关内各地在内，日寇独占了出口总值中 95%～98%，进口总值 93%～97%。伪满贸易发展全是以日寇的需要为转移。1936 年以后，日寇为了统治我国的农民经济和控制农产品的产销，在各地普遍设立逐渐代替 1936 年前设有的"农事组合"，接着又在 1940 年把这种组织发展成为兴农合作社。创立"兴农合作社中央社"为总管机构，各省设"联合会"，各市、县、旗设合作社。各乡村设办公处。个个村落则设"兴农会"。于是"兴农合作社"遍及穷乡僻壤。

日本帝国主义者控制农产市场，是采取着特殊方式。它并不利用巨大资金去摧毁中小商人和其他帝国主义竞争，而是利用政治势力，实施统制贸易政策。在东北，各种农产品，从棉花、烟草、大豆，到米麦粮食，都在统制之列。用掠夺般的低廉价格，强迫农民将农产品卖给日寇资本家的垄断组织，如满可棉花公司、满可烟草公司等等。甚至对粮食也进行严格的管制。如对粮食的"出荷"，即以低价按照指定数量，将粮食售与日寇控制下的伪政府。例如农民每耕一垧，预计可产粮一吨，日寇统制机构即令"出荷"七八百公斤。仅余下二三百公斤作为农民食用。伪满时吉林省年种大豆75万公顷，预计可产85万吨，"出荷"数竟达70万吨；水稻年种78万公顷，稻谷产量约为90万吨，"出荷"数竟为100万吨。另种高粱、苞米、谷子共178万公顷，产量约320万吨，"出荷"数则为110万吨。同时"出荷"的时限非常急促，稍迟必罚，农民不等收割完毕，就不得不被迫按照规定"出荷"量自备车马伙食送往指定地点。如果收获量不足规定"出荷"量时，还需要出价购买或借贷来补足。农民送缴出荷粮食时，收获者乘机敲诈，大秤收进，百端挑剔，农民稍事分辨，立遭鞭挞。至出荷所付官价与市价相差很远。农民出荷100公斤大豆，仅得款17元，但市价实值200元。农民所得之现款，还须强迫储蓄2%，余款由敌伪配给棉布。通常出荷大豆100公斤配布4丈，每丈折价4元，合计16元，加以所征储金2%，农民已分文不得。此外，农民还须忍受敌伪颁行的"报恩出荷"和陆续不断的苛捐杂税和非法摊派。在此重重剥削下，农民辛勤劳动的结果，都被榨取无遗，难得一饱。

日寇不仅在粮食收获时，用低廉的价格来收购粮食，到了青黄不接时，又用高价将贮存的粮食卖给中国农民。更毒辣的是禁止粮食出口，实行谷贱伤农，甚至日寇还在收购时用股票来收买，农民只准取得1/10之现款。农产物价暴跌的情形，可以从每公顷收获物价格指数的变化情况见表14-3：

表 14 - 3　主要农作物价格指数变化情况

年份	大豆价格指数	高粱价格指数	米价格指数
1920	100	100	100
1929	67	77	62
1930	48	56	38
1932	39	28	29
1933	26	23	17

在日寇贸易统治下的城乡关系是不断恶化的。农产品与农用品之间，形成显著的剪刀差。比如 1936 年农民贩卖品与购买品批发价指数为 100 的话，则二者在 1937 年到 1943 年的变化情况见表 14 - 4：

表 14 - 4　农民贩卖品购买品价格对比表

	1937 年	1938 年	1939 年	1940 年	1941 年	1942 年	1943 年
农民贩卖品	111.6	110.3	154.0	189.6	190.1	201.0	235.0
农民购买品	119.0	146.5	170.5	215.0	247.5	267.1	291.4

这样就使农民生活更加恶化。日寇除公然实施农产贸易统制外，在东北及华北还实行粮食配给制，以及其他消费品配给制等。伪满一些重要工农业产品，都被列为实行配给制对象，其中一些农产品实行配给制时间，如米谷是从 1938 年 11 月开始，特产物（大豆）是在 1939 年 11 月开始，小麦面粉是从 1940 年 1 月开始，原棉及棉制品是从 1939 年 3 月开始，柞蚕是从 1939 年 7 月开始，麻袋是从 1929 年 1 月开始。值得注意的是这些重要物资的"配给"，主要是为日伪统治者而进行的。显而易见，日寇统治对中国农产品进一步的控制，也就迫使中国广大农民对这些物资的需求，几乎完全成为不可能。

日寇的实施统制贸易政策，非但通过垄断公司控制了中国农产品市场，而且还进一步根据日寇的需求，对沦陷区农业生产进行殖民地性的统制。东北地区由于气候环境的影响，农作物种类不多，但都是些最能耐寒耐旱生长季节较短的作物如大豆、高粱、粟、小麦、玉蜀黍和水稻等。农作物总面积在 1939 年到 1945 年期间大致在 17 万平方千米以下，约占土地总面积的 14%。其中以大豆所占面积为最广，所以大豆是东北最重要农产品，同时又是重要的工业原料。东北所出产的大豆平均约有半数以上是被日寇搜刮而去，输出量最少时也需占总产量的 45%，最多时则可占到总产量的 75%。如从大豆的输出价值来看，在东北全部输出品总值中，大豆的输出价值最少可占到 33%，多时可以增加其食粮的需要，一部分大豆的耕作面积被改成了水田，促使大豆的产量趋于减少。1940 年大豆的产量为 4 271 496 吨，到 1945 年，产量为 3 476 728 吨。同时也因为东北所出的大豆其中一部分是作为榨油工业的原料，榨油工业的副产品豆饼，可供家畜的饲料和肥料之用。后来由于日寇化学肥料之增加，豆饼需求量从而减少。同时也因为欧洲榨油工业之发展，因而影响中国豆油的输出量亦日益减少，1932—1938 年中国豆油豆饼产量和输出具体情况见表 14-5：

表 14-5 1932—1938 年中国豆油豆饼产量和输出情况

年份	豆油产量（吨）	输出量	豆饼产量（吨）	输出量（吨）
1932	143 232	128 000	1 493 734	1 420 000
1933	45 308	81 120	1 060 834	1 040 000
1934	128 505	91 200	1 182 246	1 200 000
1935	110 899	89 000	1 093 871	980 000
1936	94 656	60 000	870 835	849 000
1937	55 120	69 654		802 000
1938	58 353	57 248		869 000

从表 14-5 反映出东北的豆油与豆饼年产量是在逐渐减少。大豆的输出量在 1938 年为 2 164 889 吨，而到 1940 年，骤然减少为 602 976 吨。从大豆的生产量的指数来看，如以 1935 年为 100% 的话，1939 年为 82.7%，1941 年是 83.5%。然而大豆、豆饼和豆油是我国东北的主要输出品，三者输出量的增减，直接影响着我国东北农村经济的发展。高粱在东北农产品中原居第一位，种植面积最广，大部分是作为当地人民的主要食粮，部分作为饲料和酿酒之用。输出量原来不大。但高粱经过酿酒可以用作制造酒精的原料，因此在日寇统治下，东北高粱年产量多数年份在 12 万至 22

万吨之间，1932 年达到 30 万吨。高粱年产量的增加是由于日寇用高粱酒制酒精，以供动力燃料及多种化学工业原料的需要，所以 1938 年日寇在东北境内设有酒精厂 15 家之多。至于粟是次于高粱的食粮作物，原仅部分输出，但在 1935 年到 1939 年间，输出量最多达 21 万吨，最少也在 10 万吨以上，并且主要是输出到朝鲜等地。因为朝鲜在日寇占领时期内，被迫以其所生产之稻米供日寇消费，而以东北所生产的粟运销朝鲜境内。此外玉蜀黍也是东北的一种重要农作物，早年的产量在 170 万到 200 万吨之间，后由于日寇对东北农村土地的开拓，地势较高区域均适宜种植，所以玉蜀黍产量有显著增加。1939 年产量为 242 万多吨，1945 年增加为 412 万多吨，几乎增加一倍之多。同时由于日本朝鲜的大量移民的缘故，使原来在东北食粮中并不占主要地位的水稻种植面积也随之很快地增加。如水稻的产量从 1932 年到 1940 年 9 年中增加 7 倍以上。1932 年陆稻产量超过水稻，而到 1940 年，则水稻已超过陆稻 7 倍以上。到了 1945 年，水稻产量更达到陆稻的 17 倍以上，形成水稻在东北农产作物中占重要地位。日寇为防止我义勇军和抗日联军的攻击，从 1935 年起，规定公路两旁 200 米以内，铁路两旁 500 米以内，禁止种植玉米高粱等高棵作物，因此又形成铁路公路沿线农村主要粮食作物面积减少，造成粮食缺乏。由于东北不适于植棉，所以原棉和棉制品均为东北的重要输入品。"七七"事变以前，曾计划在东北发展植棉，1934 年植棉面积较前一年增加 40%，预期 10 年内东北及朝鲜所产棉花可供日寇工业之需要。嗣后由于日寇占领华北后，随之在华北主要进行对棉花的掠夺。日寇纷纷派出调查团，考察华北棉花种植情况，并设立试验场及改进所。由兴中公司投资，开辟植棉农场由日寇直接经营。1934 年，日寇即开始实施华北战区各县之植棉计划，该项计划决定发展棉田 30 万亩，并由日本大阪实业公司投资 100 万从事经营，不仅扩大华北棉花生产，进而统制华北棉花生产，并且由对生产的统制形成对运销的统制。根据日寇所谓"远东棉业集团的扩大计划"，不仅华北各省河北、山东、山西、河南北部发展为棉区，甚至连江苏也包括在内，到 1930 年必须种植棉花 200 万英亩以上。并规定所植棉花需用美棉种子，需请日本专家指导，并设立种种机关负责推广和监督各地农民栽培棉花。1936 年日寇还拟定"华北棉花五年计划"，先从冀东开始，逐步建立华北的几个棉产中心。当时还在冀东伪组织区域内，派有军队前往通县四郊，强迫农民种棉。日寇对华北植棉业的统制，以致华商都无法前往采购，非但影响着中国农村经济，而且威胁着中国民族纺织工业的发展。此外，麻亦是作为现代重要工业原料之一，日寇的三井洋行出资 600 万元设立"满洲亚麻株式会社"进行麻业的生产统制。此外日寇还极力提倡种植鸦片及其他供日本需要的经济作物如甜菜和烟草等，这些作物，也都列入发展计划之中。由于日寇对甜菜生产的控制，致使甜菜制糖从 1933 年的 1 500 余吨到 1940 年增加到 14 660 吨，即增加将近 10 倍之多。在畜产方面，日寇设有"日满绵羊协会"作为繁殖绵羊的直接指导机关，以十年为期，进行绵羊的改良和繁殖。以后日寇所需之羊毛，就可以全由东北供给。

总之，在沦陷区内，日寇对于农作物生产和对农产品的控制，是完全根据日本帝国主义的需要，以日本垄断财阀的最高利润为转移，在殖民地性的搜刮下，使其占领区成为日寇的原料基地。在这种殖民地侵略政策下，我国广大农民遭到残酷的剥削，农民生活困难万状，农业生产力遭到严重的破坏，形成农村经济破产的巨大危机。

四、日寇铁蹄下沦陷区农村的封建剥削

日寇不但强占沦陷区人民的土地，日寇还通过伪政府的统制机构对农产品进一步控制，用"征发"与依价"收购"的方式下掠夺农民劳动的成果。所谓"征发"，就是在华敌军于给养困难时"就地取粮"。所有在华日寇官兵所需食米、菜蔬、肉类、鸡蛋等，完全向沦陷区人民"征发"。至于"收购"，即就日寇所需，随时透过华北的"食粮公社"和华中、华南的华商总会及各种"物资贩卖组合"以低价强制收购棉花、小麦、大豆、杂谷等产品，和皮革、蚕丝等物资。此外，日寇还随时随地加征花样百出的苛捐杂税，以维持其镇压沦陷区民众的开支。在华北各省，农民所负担

的租税，竟达 120 种之多。大致可归纳为下列几种：县税，包括口县派款等，村公费，伪干部薪金及村公所费，村杂支，修筑碉堡费用，据点粮秫军需，区公所的不定期征收粮款，以及带有特务性的教门费等。其中勒索所占的比重最大，一般占全负担一半左右。从东北 1935 年赋税来看，不但是负担苛重，而且下等田地的负担比上等田地还重，具体情况见表 14-6：

表 14-6 1935 年东北赋税情况对比表

田级	每垧收入（元）	每垧赋税负担（元）	赋税负担占收入的百分比（%）
上	12.0	5.6	46.6
中	8.5	4.2	49.4
下	5.0	3.4	68.0

以上数字，其中并未包括各种杂税在内。按 1937 年的记录，每垧赋税有增至 20 元。农民所得收入，仅能交税，甚至入不敷出。再加苛杂重重，农民负担更为沉重。如从冀东 22 县的田赋来看，伪组织成立后，不仅田赋正税大有提高，而且还巧立各种附加名目，冀东 22 县的苛捐杂税的种类（田赋等正税不包括在内）如表 14-7 所示：

表 14-7 冀东 22 县苛捐杂税情况表

县名	苛捐种类数	伪组织成立后新立者	伪组织成立后加重者	伪组织成立后仍旧者
通县	26	9	13	4
滦县	26	6	17	3
临榆	14	2	11	1
遵化	12	1	7	4
丰润	33	10	16	7
昌黎	12	2	6	4
抚宁	8	0	8	0
迁安	26	6	18	2
密云	12	1	3	8
蓟县	14	3	7	4
玉田	12	0	10	2
东亭	21	5	14	2
卢龙	13	0	13	0

（续）

县名	苛捐种类数	伪组织成立后新立者	伪组织成立后加重者	伪组织成立后仍旧者
宝坻	19	3	10	6
宁河	60	19	31	10
昌平	10	0	5	5
香河	15	1	7	7
三河	17	0	10	7
顺义	8	1	6	1
怀柔	25	3	13	9
平谷	33	1	21	11
兴隆	7	0	3	4
共计	423	73	249	91

资料来源：米平：《冀东伪组织下的苛捐杂税》《东方杂志》34 卷 15 号第 33～34 页。

在苛重的税捐榨取外，日寇还要强迫种植鸦片。据官方规定，每百亩田要种大烟 5 亩；不足百亩的，按百亩种 5 亩的比例折算；百亩以上的照例递加。每亩抽烟捐 5 元，在播种前预先缴纳，不许不种。如果发现已纳捐而未曾种烟或少种的，即以违背法令的罪名加以惩办。在日寇铁蹄下，沦陷区的农民不仅遭受伪政权的苛捐杂税的榨取，同时还要负担日寇军事徭役。如察北六县在敌伪统治下，家家户户抽拨男丁。年壮力强的编制成地方保安队和正式军队，比较老弱的驱使筑路、掘壕和运送粮秣。随着战局的扩大与日寇的劫夺、蹂躏，耕地被大量侵占和破坏，牲畜农具与种子亦大量被摧毁。据 1939 年 1 月，伪经济部农本局的调查，在全国耕地 76 亿余公亩中，就有 40 余亿公亩被毁，全国 2 300 余万头耕牛，损失了 800 余万头。主要农产品的损失量，少者有百分之十几，多者竟达 80%。据调查，仅在江苏省江宁、句容、溧水、江浦及六合的半个县内，无辜被杀害的农民达 4 万人。农民所遭受的损失：房屋可值 2 400 万元，牲畜为 670 万元。农具为 524 万元，藏谷为 420 万元，农作物损失 78.5 万元，平均每家损失 220 元。如果以东南农家每年入款 289 元作标准，则江南农家损失就等于其他收入的 3/4。而且在这种残酷的殖民地性质的掠夺的同时，日寇又极力维持旧的封建土地关系。在地租形态上，由实物分租逐渐转化为实物额租。在 1934—1936 年，东北各地各种地租形态百分比如表 14-8所示：

表 14-8　1934—1936 年东北各地地租形态百分率

项目	总计	货币租额百分比	货币分租百分比	折银额租百分比	折银分租百分比	实物额租百分比	实物分租百分比	榜青租百分比	白租百分比	其他百分比
北部	千亩100	2.2	0.8	1.9	0.3	39.3	43.7	8.8	3.0	—
	面积100	0.2	0.2	2.3	10.1	37.7	50.4	8.0	1.3	—
中部	千亩100	1.23	1.23	—	—	86.16	11.38			—
	面积100	0.77	2.10	—	—	84.72	12.41			—
南部	千亩100	36.88	—	—	—	45.91	15.57			1.64
	面积100	26.48	—	—	—	29.11	33.10			1.31

地租量和地租率的提高，可以分租成数表现出来。1934 年东北北部 17 村租额统计中主四佃六分成租额占总数 50.52%，主佃平分的占总数 21.05%，而 1935 年南部十村租额统计中，分租成数主佃平分的竟达到契约总数的 89.48%；1935—1936 年中部十村租额统计中的分租成数中，主佃平分竟占 90.24%。在地租量不断增加的基础上，高利贷剥削也进一步加强。事变后在货币资本借贷形成之外，又出现了农产品借贷形成的重利盘剥。地主商人均兼营高利贷的盘剥。借贷的农民常需以地照作抵押，月利四分左右，到期不付本息，土地所有权即被没收。广大的农民群众通过"金融合作机关"来获得贷款。"九一八"事变前，东北是没有所谓"金融合作社"，由于事变后日本商业、金融、高利贷资本家们，为着掌握东北农村金融的命脉，于 1932 年 4 月在东北成立起所谓金融合作社。随后在日本帝国主义的政治、经济和暴力的支持下，这种金融合作社数量逐渐增多，业务范围也越加扩大。据日寇统计 1932 年沈阳和复县二地各设金融合作社一所。1933 年增设 11 所，1934 年增设 39 所，1937 年达 60 所。在 1936 年末，共有社员 14 万人，存款 500 余万元，放款约 900 万元。金融合作社的社员并不是真正需要农业资金的农民，而是以地主和富农占主要成分。例如 1937 年，黑龙江省拜泉县的金融合作社员的财产状况：百垧

以上土地者占总额的 18.2%；50 垧以上者占 21.3%；30 垧以上者占 23.9%；10 垧以上者占 21.2%；至于 10 垧未满者，只占 5.4%。同时在存放款的业务活动方面，保证放款 1934 年只占 0.4%，而到 1937 年 12 月末，保证放款 27.9%，由于各金融合作社都极力进行所谓特别保证放款的结果，形成保证放款额的相对增加。然而保证放款是采取所谓保证人制度，这种保证制度只是有利于农村中地主富农和商人，至于贫农和雇农就很难得到他人的保证；而且即使得到了，也只能借到极其有限的现款。例如在辽阳县某村中，有 6 户贫农加入了金融合作社，但在请求借款时，受到了严格的拒绝。但保甲长、牌长以及自卫团长等，却借到巨额的现款。此外，"九一八"事变后，"大兴公司"把东北各官银号所经营的当铺全部接收而成为伪"大兴系"当铺。当时约占全部当铺的总数的 30%。在放秋款额方面约占放款总额的 4%。许多当铺都是月利三分，以 18 个月为限。而据伪"大兴公司"调查小农半雇农以及雇农，占当铺抵押者的 50% 以上，而大地主和富农是很少走进当铺的地狱之门的。

在日寇以"近似殖民地的开展方法"与前资本主义的封建剥削相结合的殖民地的封建经济剥削下，农民生活愈加贫困，农家负债现象显著增加。事变前，农家负债北满占有 30.66%，1932 年增加到 69.34%。南满事变前占有 49.71%，到 1932 年增加到 52.29%。此外，还有负有长期债务的农户，无力偿还本金，只能勉强交纳利息，无力付息时利息又生利息，负债累累，日趋严重。变成农业经营上的坚牢桎梏。由于贫农脱雇，雇佣劳动力过剩，而同时富农经营衰退，对雇农需求减少；在这种供求矛盾关系下，对雇农的半封建剥削造成雇农工资减低，大部分减少了一半或一半以上工资。这种劳动力相对过剩现象，成为日寇浩劫下中国农村经济中的严重问题。中国农村在日寇残酷的经济掠夺和国民党反动政府的黑暗统治下，连年不断的天灾都是由于人祸所导致。在农业生产力的急剧衰退的情况下，农村地价不断下跌。从 1931 年到 1935 年，东北农村土地价格指数来看：如以 1931 年地价指数为 100，则 1935 年上田为 32，中田下田为 29。换言之，也就是 4 年之间地价跌落了 2/3 以上。

　　同时农业生产的萎缩还表现在耕地面积的缩小。如东北 1935 年的耕地面积较 1931 年减少 1/10。各种主要农作物的种植面积的指数，如以 1927 年为 100，1934 年已减到 96；各种主要农作物的收获量的指数，如以 1927 年为 100，1934 年大豆减至 74，高粱减至 78，玉米减至 94；如以 1927 年每公顷产量指数为 100，1934 年大豆减至 73.3，高粱减至 66.5，玉米减至 69.0。不只生产锐减，而且土地经营亦愈加细小分散。同时农村社会阶级也进一步分化，富农经营衰落，自耕农成为佃农，雇农再度破产变为苦力乞丐等。农民生活日益贫困化，土地荒芜，饥民遍地，农村经济破产，在日寇殖民地的残暴侵略和掠夺下，全国各阶层的中国人民都卷入抗日斗争的浪潮中，进行决死的战斗。

第十五章　国统区农业经济的总崩溃

（1937—1949 年）

一、四大家族成为全国最大的封建主和高利贷者

在新民主主义革命时期，在全国各解放区内，革命政权下的农业经济，蓬勃发展，欣欣向荣，农村呈现一片经济繁荣，生活幸福的景象。与此相反，在国民党统治区却是暗无天日，农村经济凋敝，民不聊生。在国统区内，整个经济命脉操纵在蒋宋孔陈四大封建买办家族的手里。四大家族的统治特点是经济的与政治的直接结合，而且经济的力量是直接利用政治的力量公开强制的掠夺方法发展起来的。抗日战争时期，四大家族利用法西斯独裁政治的特殊势力，假借"抗战"名义，用种种超经济的极端野蛮的掠夺方法，强征暴敛，囤积居奇，走私资敌，大发国难财。日寇投降后，更在美帝指使下，变本加厉地对中国农民进行疯狂的压榨和掠夺。在四大家族封建的买办的和法西斯的统治下，旧中国半封建半殖民地的生产关系发展到空前恶劣的程度，农业经济全面陷于崩溃。

近代中国的官僚资本是代表帝国主义与封建主义的利益而在政治上当权的人物，利用政治的强制方法而集中起来的金融资本。官僚资本一方面掠夺农民及其他小生产者，一方面压迫民族自由工业，它是依附于帝国主义国家独占的金融资本，由帝国主义扶持起来的。因此近代中国官僚资本同时也是买办资本，是由近代中国买办制度和封建制度的结合而派生出来的。官僚资本标志着大买办与大地主在经济上的结合，而四大家族与他们所统治的金融资本，又是近代半封建半殖民地社会金融资本最集中的体现。四大家族的封建的买办的军事的金融独占、商业独占、工业独占都得

到了美帝的扶持与豢养，这些罪恶活动的主要对象，乃是剥削农民，四大家族残酷地集中全中国的财富，主要是从农民手里掠夺来的。半封建半殖民地的落后的农业经济就是美帝和四大家族封建买办进行掠夺的基础。

四大家族通过掌握所谓"国家"银行的支配权来进行金融垄断，以"法币"政策和发行内债搜刮民间的财富。"法币"的无限制发行形成恶性通货膨胀，给人民带来无限的灾难。恶性通货膨胀的结果，1937年至1948年这11年中，物价上涨了600万倍。100元的"法币"在1937年可以买两头黄牛，到1941年只可以买1头猪，1943年就只能买1只鸡，到1946年，这100元"法币"就勉强可以买1个鸡蛋，到了1949年就只能买1粒大米了。

四大家族滥发通货，摧毁了生产，劫夺人民财产，得到美英借款的很大帮凶。外债不只保护和促进了"法币"的无限制发行，而由外债所获得的外汇又成为四大家族商业垄断的一个资金来源。在通货膨胀引起的物价不断暴涨的情况下，农村经济也就急剧地濒于破产。

田赋征实是四大家族利用政治特权加重压榨农民中一种最残酷的掠夺方式。由于国民党统治区通货膨胀法币贬值的缘故，国民党政府把用货币缴纳的田赋改为用实物——主要是粮食交纳，借以维持国民党政权的财政收用，同时又控制了作为农民基本生活资料的粮食，以达到其经济统制粮食统制的目的。在田赋征实的过程中各级政府层层加码管理征实粮食的机关，又从贪污舞弊，形成变相地增加田赋。如1942年，四川省农民收获物的59％都被征实掠夺了去，超过地租剥削量以上，给农民造成很大的困苦。日本投降后，国民党又玩着欺骗人民的把戏，曾效法古代帝王，宣布1945年在所谓"收复区"及1946年在所谓"大后方"——也就是国统区内，免征田赋一年借以麻痹人民，维持它的摇摇欲坠的封建法西斯统治。但是名义上虽然标榜着免征田赋，实际上各县区乡政府，强迫农民献金献粮，再加上各式各样的摊派征发，农民的负担并没有减轻，而且更比"免征田赋"前加重。

田赋征实之外，还实行着田赋征借，这是有历史以来，封建统治者从来没有过的穷凶极恶的横征暴敛。征借也就是预借田赋，如四川省内江县在 1937 年已经借征到 1952 年的田赋。有的农民受不了这种残暴的压榨，索性把田契贴在大门上，表示将土地交给反动政权，然后偕老携幼全家逃亡。

在田赋征实征借之外，还实行农产征购。这是强制性的低价收购。不只收购价非常低，而且有时农民连收购的价款都得不到。倘若得到了，也是经过县、区和保甲长的层层克扣。如江西某些县份，农民交出十石粮食只能拿到一石粮食的价款。有时钱发下来的很迟，等农民拿到手里，货币又贬值到原值的几分之一。江西峡江县，经过日寇窜扰，人口只剩 3 万多，但是 1946 年征购的任务却有 10 万石之多。农民交了地租和田赋之后，连吃的都没有了，还从哪里可以拿出平均每人 3 石多的粮食来？

无论是征实、征借、征购，都交的是实物。在各级政权经办征实征借征购和专门管理粮食的机关，都毫无例外的大斗大秤进，小斗小秤出。任意评定等级，以好报劣，以多报少，在稻谷中掺水掺杂，从中获得暴利。

在田赋征实征借农产征购等直接剥削外，在国统区还有数不清的苛捐杂税。有时名义上取消了某些苛捐杂税，但实质上又增加了更多的苛捐杂税。抗日战争期间，四川省农民每年要负担一百几十种的摊派，此外，地方性的种种勒索也是层出不穷。如保甲长家中有婚丧嫁娶，过年过节，生辰做寿，也向农民临时摊派。到了日本投降之后，苛捐杂税仍是漫无止境，好多直接负担隐藏在物价里面，从外表看不出来。例如食盐是由四大家族专卖公司统制的，在消费者所付出的每 1 斤盐的代价中，有 90％ 以上是税。四川沱江流域是产糖区，蔗糖的生产有税，加工有税，运销有税，消费者为每 1 斤食糖付出很大的代价，而蔗农的收入微乎其微，到了将近解放时蔗糖产区的蔗田面积和总产量，都一落千丈地在萎缩着。

农民的这些负担，一部分落入四大家族的手里，一部分落入四大家族的家奴手里。已经使农民生产所得被压榨得一干二净了，而四大家族除了对农民的劳动生产物加以攫取还不算，而且还掠夺到农民的劳动力。掠夺劳动力的形式是多种多样的，其中最主要的是征丁。征丁的负担主要是落在贫苦农民身上。因为在规定适龄壮丁要服兵役之外，又实行交纳免役费可以免除兵役的办法。一般贫苦农民没有经济能力交免役费，也就不得不被强迫去应征。但是保甲长及乡绅子弟，不只不用交免役费，而且还可以冒用种种适合于免役条件的名义，如残废、疾病、参加兵工生产、行政人员……以取得"当然免役"。地方部有时完不成兵役任务，就到处强拉壮丁，甚至两个不同番号的部队再彼此"抢丁"而发生武装冲突。兵役和强拉壮丁的结果，造成农村劳动力的枯竭，严重地破坏了农业生产力。

在掠夺土地收获物、掠夺劳动力之外，四大家族还利用种种农业公司，专门从事兼并土地和剥削农民。仅是属于中国农民银行投资的就有农业企业公司、肥料公司、农具公司、农业机械公司、农业保险公司及中国林业公司等；借中国农民银行与各省合办的新疆林垦公司、广西水利垦殖公司、浙江林垦公司及福建林垦公司等。这些公司都是披着资本主义公司企业的外衣，进行种种封建剥削，不只从事农业垄断与民争利，而且无偿征用农民土地，强迫贱价收购土地，然后高价卖出或招佃耕种，坐收高额地租，而成为新式的大地主。

四大家族不只拥有大量地产，而且通过田赋征实征借征购等直接剥削，横征暴敛，又从种种政治力量上与农村地主阶级和乡绅以极大的支持，因此四大家族集中了旧中国的一切封建势力，成为全国最大的封建主。

四大家族同时也是全国最大的高利贷主。四大家族是以金融和资本起家的，而四大家族凭借金融资本的力量总揽全国政权之后，又利用政治力量从事金融垄断。四大家族掌握了中、中、交、农四大银行（即中央银行、中国银行、交通银行和中国农民银行），在金融垄断的基础上，进行商业投机、证券投机、操纵外汇等活动，兴风作浪，扰乱市场，从中获得暴利。同时又垄断了全国的农业金融事业，以中国农民银行为首的官办农贷事业，不只不能活泼农村金融，帮助贫苦农民取得生产资金而是滋润了农村高利贷和商业投机。在农贷事业中占主要位置的合作金库贷款，名义上是给农村信用合作社社员以融通资金的便利，实际上合作社被地主乡绅保甲长等所操纵，他们以低利从合作金库借得农贷，又以高利转贷给农民。农业仓库借款对农村商业投机者来说，是给予种种调转商业资本，助长囤积居奇的便利，对贫苦农民则无异于变相的农村典铺。虽然仓库抵押贷款利率比当铺为低，但是把仓租、利息、保险费加在一起计算，再加上储押期间自然霉变、鼠耗、虫伤等损失，以及农民去储取赎往返挑力等消耗，农民并没有得到什么好处。官办农贷虽然标榜着低利贷款，但是贷款利率究竟比当时农村农业生产的平均利润高出几倍，而且春借秋还，农民在青黄不接农产物价腾贵时借得现款来购买种子、粮食，而在新谷登场粮价低落时卖掉农产偿还农贷，一出一入间，蒙受双重损失，因此所谓农贷的本身即是有高利贷性。

四大家族利用银行金融资本进行种种商业垄断，并设中国粮食公司、中国茶叶公司、中国蚕丝公司等专业公司进行专买专卖，对主要粮食、棉花、棉纱、棉布、食盐、食糖等日用品加以垄断。又通过上述专业公司和复兴公司、富华公司等机构，垄断了茶叶、生丝、桐油、猪鬃、羊毛、皮革等农产品对外贸易，从中窃取大量外汇。这些统购统销专买专卖的商业垄断，在买的方面掠夺了农民、手工业者和民族工商业的利润；在卖的方面，又侵蚀着农村和城市一切社会消费者的利益。其结果不只直接破坏农业生产，也严重地破坏了农村经济。

四大家族银行系统和各种商业垄断机构狼狈为奸，对农民进行剥削的活动，可以蚕农生产贷款为例加以说明之。1946 年，伪中国农民银行向四大家族中陈家系统的中国蚕丝公司发放一笔数额巨大的农贷。中蚕公司就拿这个本钱向浙江的蚕农贷款 200 亿元（当时的伪币），规定借款的农民无条件把产品卖给中蚕公司。事先规定收购价为每担 10 万元。新茧上市后，实际只给价每担不到 7 万元。而蚕农的生产成本至少每担要 15 万元。这就使借过农贷的蚕农不只出卖蚕茧毫无盈利可保，而且每卖掉一担蚕茧就要赔本 7 万多元。

四大家族在他们当权的 20 年中，集中了数量惊人的土地和财富，垄断了全国的经济命脉，财产总值可达 100 亿至 200 亿美元。这个垄断资本主义不但压迫中国的工人、农民，而且压迫城市的资产阶级，损害中等资产阶级，这个垄断资本主义，同外国帝国主义、本国地主阶级和旧式富农密切地结合着，成为国民党政权经济基础的买办的封建的国家垄断资本主义。这个国家垄断资本主义与抗日战争时期和日本投降以后到达顶峰，也就使旧中国半封建半殖民地的生产关系发展到最高阶段。

二、美帝通过国民党政权对中国农民进行疯狂的掠夺

美帝垄断资本对中国农民掠夺的野心，由来已久。在很长的一段时间内，由于日、英等帝国主义的竞争，美帝在中国的利益略受限制。由于国民党政权与美帝的勾结，美帝侵华活动日益加深，日本投降之后，美帝对中国农民的掠夺，从而变本加厉。在第二次世界大战期间，德意日轴心国家倾向崩溃之际，美国代表垄断财阀利益的战时生产局局长纳尔逊于1944年9月拟出计划，打算尽可能地廉价取得用来保证其所投资本的原料，以便在销售原料或原料加工中可以获取最大限度的利润。为了对中国原料进行疯狂的掠夺，纳尔逊计划对中国实行以下措施：

1. 保证中国农村的低下生活水平和中国工业上的低廉工资。

2. 规定农产品的工业原料的价格高于工业品的价格，以此损害中国工厂的利益而刺激原料出口。

3. 禁止组织工会，并镇压国内民主运动，使中国人民不可能组织起来反抗美帝的经济侵略。

纳尔逊所定的美国对华政策是："美国商人必须将中国视为美国之工业边界，其重要纵不比 20 世纪美国西部之边界更大，至少与之相同。"这样一个工业边缘政策，正是要实现"工业美国，农业中国"，把中国变为美帝的原料附属国，而使中国的殖民地化不断地加深。纳尔逊的工业边缘政策非常符合于美国垄断资本家的意图。

有保证地从中国源源不断地取得廉价的原料，这是美国垄断资本家的长远打算，而在日寇投降之后，他们却首先要在这个市场销售很大一部分

在国内没法处理的"作战剩余物资"。这些排山倒海地被送到中国来的作战剩余物资，包括粮食在内，就给刚刚摆脱了日寇的凶恶统制的中国农产品市场以极大的冲击和压迫，使中国广大农民陷入于极度迷惘和恐慌之中。日寇投降后，美国商品通过了它在华直接开办的商业公司，或和中国官僚资产阶级合办的商业公司，或四大家族自己开办的商业公司等方式，把中国变为它的独占市场。从日本投降到1946年5月，运到上海报关的美货价值在7亿美元以上，而走私的美货还不包括在内。事实上，走私美货比经过海关的美货还要多出几倍。从此美货充斥了全中国市场，四大家族也从中获得了超额利润。

四大家族为了讨好美国，于1945年10月由国民党政府向美国政府提出农业技术合作的建议，中美双方合组中美农业技术合作团，借以"设计中国农业改进缜密之计划"，并授意该团"对于中国历年输出占重要地位之外销农产品特别注意"。合作团由美国政府选派专家18人参加合作团的组织，除双方正式团员外，双方又聘请专门人员若干人协助工作。合作团于1946年6月成立，先在京沪两地与政府要员，农商教育各界人士"商讨当前农业现况及其与全国经济有关之问题"。接着又分组去东北、华北、西北、西南、东南、沿海地区及台湾考察。美国大使馆农业参赞也加入考察和草拟计划的工作。根据合作团的建议，中国农业技术与经济的行政机构、农业金融机构、农业推广机构、农业科学研究机构、农业教育机构，都要经过一番改组，他们所做的工作，也要经过重新安排，借以使中国农业生产更适合于美国垄断资本家的需要。尤其反动的是计划与建议是在维持小农经济，保持封建的租佃制度与限度人口的基础上提出来的。在合作团考察报告的提要里首先就认为"本团深信完善之农业计划，对于农民物质及精神生活，当有切实之改进，亦即大有助于中国内政问题之根本解决"所谓"内政问题"是什么，"根本解决"究竟是何所指，不言而喻。

把中国农业生产殖民地化最突出的条约是1948年签订的"中美双边协定"，即"中美关于四亿美元经济援助协定"，其中规定美帝有权全面监督贷款的使用情况，并监督用以偿还贷款的中国原料生产。这就使美帝在中国取得了对原料（主要是农产品）生产的广泛的最高的监督权与控制权及决定权。

在双边协定之后，紧跟着在 1948 年 8 月，美国与国民党政权又缔结了"中美农业协定"，其中规定，由美国总统派两名私人代表来华，参加政府的中国农村复兴委员会，美帝控制了这个委员会之后，就可以使中国国内农业，使中国农产品在国内外市场的销售都符合于美国利益。这一系列的辱国丧权条约，使美帝独霸中国市场的迷梦在四大家族的效劳下实现了。美国财阀巨头的兴奋程度不亚于鸦片战争结束后的英国工商业资本家。在签订"中美农业协定"之后，杜鲁门总统为了执行美国垄断组织的意志，便担任起直接领导美国商人在华活动的职责，并计划着对华输出商品价值在美输出商品总值中所占比例由 2.5% 提升到 20%；美国商品在中国市场大量抛售，不只解决了美国国内生产过剩的经济危机，也进一步在中国榨取价值低廉的原料品。这样，对美帝垄断资本是极其有利的。四大家族对美帝的卖身投靠，也就把几亿中国农民作为农奴出卖给美帝垄断资本家了。

中国农业生产的殖民地化，也体现在四大家族经营的美式配备的"国营"农场上。日本投降后，四大家族广泛地利用残废军人和退伍军人的特别低廉的劳动力，以"垦殖"的名义在各省大办其所谓"国营"农场和"集体"农场。这些农场除了接收日寇强占农民土地而建成的农场外，又侵略了大量的官地和无数的农民土地。如华北垦业公司的农场占地 50 多万亩，军粮城农场占地 43 万亩，东北盘山营口之间的大农场面积也不少于 30 多万亩。连华北农事试验场也都占地 27 万亩。其余像苏北黄泛区的农场以及广西、云南等省地方军阀留下来的垦区等，还没计算在内。兴办这些农场的最终目的，并不是要发展生产，改善农民生活，而是为美帝供应原料，为国民党军队提供给养。

这些大农场在中美农业技术合作名义下，大量地为美帝作战剩余物资找出路，国民党反动派对这些农场的美式配备，标榜为"中国农业机械化"，实际上是全盘的美国化，不只使用美国进口的机械、农具、器材、化肥、农药、种子、种苗、种畜等，而且还配备美国技术人员，完全按美帝的需要进行生产。

日本投降后，美帝也帮助国民党建立农业机械制造及修配工业，如农林部所属的现代化经营的"农垦处机械装修厂"和四大家族孔家的"中国农业机械特种有限公司"等，都是在美帝军火工业财阀直接投资直接控制下建立起来的。这些机构不足对农业生产工具加以垄断，同时也是以农业机械化为名，变相地帮助国民党政权建立军火工业。四大家族所谓农业机械化，使封建的买办的官僚资本附庸于美国垄断资本，有利于美帝垄断资本对中国农业生产的全面控制，以满足于美帝控制物资及扶持国民党反动派屠杀人民的要求。

三、半殖民地半封建农业经济的总崩溃

在四大家族的黑暗统治下，农村封建势力非常猖狂。以地租剥削为中心，一切封建剥削都不断在加深。

抗日战争开始后，不只农村大地主通过地租剥削加速土地集中，城市工商业资本家鉴于军事形势影响，货源时有断绝，敌机骚扰，危及存货，纷纷投资农村地产，这也就助长了农村地主经济，产生了不少的新兴地主。

在这一时期，地主阶级利用提高地租，增收押租以及增添种种附租等方式加深向农民剥削。"七七"抗战前，一般押租不超过一年的租额，抗战开始后，不只押租远远超过正租，而且在一年内就加押了几次。

在残酷的地租剥削下，封建地主不只掠夺了农民的全部剩余劳动，而且也侵占了农民的一大部分必要劳动。佃家维持生活都很困难，于是不得不向地主借高利贷。这时农村高利贷大为活跃，利率飞涨，复利盛行，借贷条件更加苛重，大一分利对本利大为流行，有时利率涨到这种情况还不容易借到。由于通货膨胀的缘故，农民借到的现款，要按当时物价水平折成粮食或布疋，在归还时再按这些数量的粮食或布疋加上利息以还款时物

价标准还原折成现金，这样就使农村高利贷资金得到保本保值。

由于战争影响，运输交通困难，再加以通货膨胀，"法币"贬值，生活日用品价格飞涨，农村商业资本乘机兴风作浪，囤积居奇。农村地主阶级纷纷参加商业活动，重庆市郊区地主在抗日战争时期，甚至有乘飞机来往香港重庆跑单帮的。农村商业资本剥削，最突出的是在经济作物地区，农村封建地主不止直接经营商业，控制商品肥料及其他农业材料，在赊卖上获取高额利润，同时在实物贷放用农产品偿还本利的过程中，放时高价、小秤，压低品质。还时压低价格，大秤收进，并附以种种苛刻的条件。

农村地主阶级经营的作坊手工业，如农村的糖坊、槽坊、油坊、磨坊、碾房等，利用农产加工生产工具的占有关系，向生产原料的农民进行残酷的剥削。如四川内江的蔗农，不止受到地租剥削，而且经营漏棚（精制蔗糖产品）的大地主对经营糖坊（粗制蔗糖）的中小地主放高利贷，糖坊又向农民放高利贷，农民受到双重剥削。

在地租高利贷、商业资本的剥削下，再加上国民党政府的种种直接剥削，农民的经济地位日益下降。据广西桂林农村典型调查，1936 年到 1946 年的 10 年之间，有 80％左右的中贫农出卖了土地，这些土地有 63％卖给新兴地主和官僚，25％卖给旧封建地主。12％卖给富农。这就在农民处于水深火热的境地中加速了土地兼并。

在国民党血腥统治和农村三位一体的封建剥削下，农村耕地面积缩小，生产量大减，遍地灾荒。1942 年河南 110 个县中，受旱灾蝗灾的有 70 多个县。据官方公报即有灾民 1 140 万人，而当地驻扎的军队还在不断勒索征收，拉夫要粮。农民吃完草根树皮之后，挖观音土吃以致死亡。有的县份还发生人吃人的现象。真是惨绝人寰。在征兵拉夫的暴力下，农村劳动力受到严重破坏，土地成片地荒芜。1946 年河南、湖南、广东三省抛荒土地共达 5 800 万亩，几乎达到耕地面积的 30％～40％。农民受到压榨和剥削已达忍无可忍的境界，纷纷起来对国民党的政治独裁和经济掠夺进行反抗，正义的斗争此起彼伏，有时达到很大的规模。如 1945 年河南信阳、唐河、桐柏一带，农民联合数万人，揭竿而起，提出"反对不抗日的军队""反对军队勒派壮丁"等口号，缴了驻当地国民党汤恩伯部队的枪。湖南湘西起义农民也曾经一度攻入大庸县县城。

四大家族肆无忌惮的劫掠，使国统区农村趋向于总崩溃。农民生活愈困难，农民要求改变旧有的生产关系，要求推翻封建的买办的法西斯的统治，要求迅速获得解放的愿望，也就愈来愈强烈。各阶层人民一致要求实现民主的呼声和各地风起云涌的反帝反封建及官僚资本的政治斗争，标志着国民党政权的日暮途穷。

第十六章　共产党在新民主主义
革命中的土地政策

（1927—1949 年）

一、党领导下的土地革命的开始

农民运动是中国共产党领导中国人民进行反帝国主义及封建主义革命实现民族独立的一个重要内容。早在 1921 年，澎湃同志已在广东进行了农民运动，进行了反豪绅和减租的斗争。1923 年 10 月，共产党在湖南衡山一带组织农民，领导农民向湖南地主军阀展开了流血斗争。1925 年 1 月，中国共产党在上海召开第四次全国代表大会，指出："农民是民主革命运动中的主要力量，农民是工人阶级的主要同盟军，而决定普遍地组织农民协会，建立农民自卫军，使农民参加政治和经济的斗争。"此后全国农民运动有了迅速的发展。"五卅"反帝运动极大地推动了全国农民运动，农民斗争和民族革命斗争开始结合起来，使农民运动成为整个革命的一支突起的新军。到 1926 年，全国农民协会已有会员 98 万人。1926 年 4 月，在第一次全国农民代表大会上，党中央给这次大会的信上指出："农民运动必须和民族革命运动和工人运动相结合，并且在工人阶级的领导下进行斗争，才能获得解放。"这一切，都促进了农民运动的高涨。

1927 年 4 月，共产党在汉口召开第五次代表大会，提出实行土地革命，建立人民政权是当前两大任务。关于土地问题方面，这次会议上分析了中国封建制度是帝国主义奴役中国的社会基础，农民是中国革命的基本力量。接着在武汉革命政府建立之后，农民运动在湖南、湖北、江西等省，在革命政府领导下，暴风骤雨般地爆发起来。到 1927 年 6 月，全国农民协会已经有 915 万人，其中湖南有 451 万人，湖北有 250 万人。农民协会成为农民的革命政权，成为当时农村唯一的权力机关，"一切权力归农会"的很响亮的口号，说明了农会是农民革命专政的政权形式，农民经过自己的农会进行了猛烈而坚决的经济上政治上思想上的斗争。如 1926 年 12 月在长沙召开的湖南全省农民代表大会，就通过了减租减押，禁止高利贷，反对苛捐杂税，铲除贪官污吏土豪劣绅，建立农民政权，取消团防，组织农民正式武装等关于农民解放自己的重要提案，并在大会后正式成立了领导全省农民运动的领导机关，统一全省各县区农民运动的领导。

毛泽东同志在 1926 年 3 月写成了《中国社会各阶级的分析》这一个重要的历史文献。毛泽东同志在这篇名著里根据马克思列宁主义的立场、观点、方法和列宁关于民族革命及民主革命的学说，奠定了无产阶级领导的工农联盟为基础的人民大众的新民主主义革命的根本思想，科学地分析了中国社会各阶级的经济地位及其政治态度，并根据国际国内条件，阐明"中国革命必须由工人阶级来领导，中国革命中最重要的同盟军是工农联盟问题"的革命基本政治路线。毛泽东同志于 1927 年 1 月到湖南考察农民运动，写成了《湖南农民运动考察报告》这一篇马列主义的调查研究报告。在这一个著名的历史文献里总结了当时农民革命的各方面的经验，总结了劳动人民的智慧及农民革命斗争中所收到的实际效果，热烈地歌颂农民的英雄和革命创造的伟大成就。在这一篇著名的历史文献里充分估计到农民在中国革命中的作用，分析了农民的各个阶层，指出占农村人口最多的贫农是农民中最革命的力量，并明确地指出在农村建立农民政权和农民武装的必要性和放手发动群众进行革命斗争的重要意义。这是在第一次国内革命战争时期党的关于农民问题所做出的科学概括"土地革命是中国资产阶级民主革命的主要内容，农民是这个革命的基本力量"这个主要思想，明确地指出工人阶级能否实现对农民的领导，是中国革命成败的关键。这些科学的论点，引导农民革命步入正当的方向。

1927 年 8 月 7 日，党在江西九江召开紧急会议，提出"土地革命是中国民主革命的中心问题"这一个历史性的论断。认为党必须领导农民，用革命手段来解决土地问题。并号召各地农民举行"秋收起义",首先在革命基础最强大的地区湘鄂赣四省发动。"八七"会议后,毛泽东同志首先到湖南领导秋收起义,其他地区的广大农民也同时在党的领导下行动起来,以斗争土地为中心的革命运动,如火如荼地发展到一个高潮,直接对作为帝国主义统治中国的经济基础的封建势力进行冲击。这样就开始了伟大的十年土地革命,给中国的民主革命铺平了道路。

二、十年土地革命战争时期的土地纲领

红色政权和农村革命根据地的建立,是把革命的农民武装起来,用武装向反革命进行斗争的唯一依据。毛泽东同志在《井冈山的斗争》里指出"以军事发展暴动"是以农业为主要经济的中国的革命的一种特征。毛泽东同志的"在长期中用主要力量创造农村根据地,以农村包围城市,以根据地发动全国革命高潮"的思想,反映了当时的具体历史条件:没有武装就谈不上进行土地革命。在第一次国内革命战争时期,就是由于放弃了武装斗争,以致招来了许多地区的农民革命运动之失败。武装斗争、土地革命和建立革命根据地,三者之间是不可分割的。革命实践证明了只要是边战斗、边分土地,同时巩固和发展革命根据地,就一定能取得革命的胜利。

为了进行长期斗争,就一定需要开辟革命根据地,而这种根据地又一定是广大农村。这一个原理是因为由帝国主义国家在中国的矛盾所引起国内各地方反动势力之间的对立和接连不断的冲突,使农民武装有可能在那些间隙地区建立红色政权,并且长期地保存下来。此外,又由于中国社会经济是很落后,全国总生产中十分之九是农业生产,中国农村经济对城市的依赖程度还很有限,这就使建立在农村的革命根据地在很大程度上能够维持下去,使革命立于不败之地。只有在农村建立革命根据地,进行长期斗争,积蓄力量,而后可以逐步扩大根据地,进而以农村包围城市,最后夺取城市,取得全面的革命胜利。

井冈山建立根据地的经验，充分说明在武装斗争和土地革命密切结合起来的基础上发展起来的革命根据地，确有极其强大的生命力。其发展前途是十分光明的。井冈山上燃起的"星星之火"不久就形成了燎原之势。这个湘赣边区的根据地很快就发展到赣南和闽西一带，形成土地革命时期广大的中央根据地，在井冈山的影响下，其他各省的革命武装也都先后走上同样的道路。紧接着湘鄂赣边区、鄂豫皖边区、洪湖湘鄂边区、闽浙赣边区以及广西广东陕西等省的革命根据地都陆续地建立起来了，形成空前浩大的革命声势。给了全国各地革命农民以极大的鼓舞，也给了反动政权以极大的威胁。革命根据地的巩固和扩大，替开展和深入土地革命创造必要的条件，在反动的封建政权和帝国主义势力长期统治着的中国境内，已然有些地区的农民推翻了半封建半殖民地的生产关系，摆脱了受压迫受剥削，开始走向繁荣与幸福的生活。这是中国农业经济史上的一个重要转折点。

党领导农民在湘赣边区开辟了第一个革命根据地之后，随即着手解决土地问题。当时边区土地分配情况，可以说是全国的一个缩影。大体说来，地主阶级占有60%以上，农民占有的不到40%，个别地方，地主占有土地百分数达到70%至80%。党采取了没收一切土地，彻底分配的政策。具体的做法是：首先由基层民主政府调查本区内土地和人口的数量。求出每人应分田地数量，然后召集群众大会进行讨论，在原耕基础上"抽多补少"。由于富农占有土地多半是较好的，在分配时，他们总是拣那比较坏的田拿出来，因而还要经过继续斗争。最后经过"抽肥补瘦"，做到好坏搭配扯平为止。当时由于军事行动很多，各地实际情况又极复杂，所以关于分配土地的办法一时还没有统一的规定。到了1928年年底，边区工农政府正式颁布了"土地法"。它的重要内容包括以下各点：

1. 没收一切土地归苏维埃政府所有。

2. 土地主要是分配给农民个别耕种，在特殊情况下，也兼采分与农民共同耕种和由政府组织模范农场的办法。

3. 土地一经分配，不得买卖。

4. 除老弱病残以及服务公众勤务的人以外，都要强制劳动。

5. 土地按人口平分，不分男女老幼。在特殊情况下，也可以劳动力为分配标准。

6. 分配的地区主要以乡为单位。在特殊情况下，也可以几个乡合起来为一个单位，或以区为单位。

这个土地法是经过 1927 年冬到 1928 年冬，整整一年内土地斗争实践的经验而制定出来的。这些规定并不是完全妥当的。毛泽东同志在当时就已指出，没收一切土地而不是仅仅没收地主的土地，是不对的。同样，宣布土地所有权属于政府，农民又有使用权，因而也不得买卖也是不对的。这显然是因为当时进行的革命是民主革命，它的一项主要历史任务是推翻封建土地制度，把土地交给农民，而不是什么彻底的土地国有化。多少世代以来，渴望得到土地的农民，应当通过这次革命得到满足。因此，否定农民对土地的所有权，是同革命的性质不相符合的。1929 年 4 月制定的《兴国县土地法》里面，就把"没收一切土地"改为"没收一切公地及地主阶级的土地"，这是一个极为重要的原则性的改正。此外，过去以村为单位分配土地，往往利于富农而不利于贫农，因此兴国县土地法改为以乡为单位进行分配。

兴国县土地法是在井冈山土地法公布后，革命武装由井冈山地区进到赣南兴国县时制定的。兴国县土地法没有再提"共同耕种"的话。共同耕种的办法，毛泽东同志在当时是认为不妥的。这显然是因为在土地斗争的初期，主要的还不是在什么方式之下进行耕种，而是让农民分得土地，那样的规定是不现实的。此外，关于土地所有权以及禁止土地买卖的规定，兴国县土地法同井冈山土地法是一样的。到了 1930 年，全国苏维埃区域代表大会上通过了一个"土地暂行法"，那里只规定没收地主及积极参加反革命者的土地，以及祠堂、庙宇、教堂、官厅占有的土地，一律归政府分配给地少与无地的农民使用。没有明言土地所有权属于国家。在法规的条文解释中，也是肯定了农民对土地的使用权。此外，为了避免新的地主、豪绅的发生，还规定禁止一切土地的买卖、租佃、典押……在当时同反动势力进行激烈武装斗争的情况下，这些规定也都是必要的。1931 年 11 月中华工农兵苏维埃第一次全国代表大会上通过的《中华苏维埃共和国土地法》里边，就没有提到土地国有和禁止买卖。

在土地革命的过程中，最重要的是贯彻阶级路线的问题。土地斗争的基本政策旨在打倒地主阶级，使没有或者缺乏土地的广大农民得到土地。因此就必须分清了农村社会的阶级关系。毛泽东同志根据对中国社会阶级的科学分析，提出了"依靠贫农雇农，联合中农，限制富农，保护小工商业者，而仅仅消灭地主阶级"的土地革命总路线，这是中国共产党在资产阶级民主革命时期正确的土地革命路线。对于土地革命的发展有极其重要的指导意义。历史经验证明，凡是正确地执行这个路线的地区，广大群众都发动起来，推翻了封建势力，进行了胜利的土地斗争。

农村的情况是十分复杂的，虽然经过了几次的分田运动，应该没收的土地还是没有完全清理出来。农村中的封建残余仍然没有肃清。1933 年初，在党和中央政府的号召之下，广泛地展开了一次"查田运动"，目的是检查一下土地分配是否完全确当。这个运动发展很快，在短短的半年之内，已经形成了一个广大的群众运动，并且取得了巨大的成绩。例如光是中央所在的瑞金和博山两县，就查出了 2 900 家地主富农。在一切查田有成绩的乡，广泛的群众斗争也开展起来。封建残余势力在群众面前遭到惨败，在成功的查田的基础上，一切革命工作也都更便利地展开了。成绩最突出的是瑞金县的壬田区。发动了全区的群众，彻底消灭了封建残余，在 55 天之内，查出的地主富农 300 家，镇压了反革命活动，查出的土地合 27 000 担，全区 20 000 多群众差不多每人重新分到了一担二斗谷的土地，另外还有许多浮财。这个胜利使群众的革命积极性空前高涨，全区另换了一番新气象。

为了更好地贯彻党的阶级路线，正确地划分阶级是十分重要的。在查田运动之后，毛泽东同志在 1933 年 10 月为纠正在土地改革工作中发生的偏向，正确地解决土地问题，写出《怎样划分农村阶级》，对于确定地主、富农、中农、贫农、工人的阶级成分作了十分细致的科学指示。这个文件随即由当时的中央工农民主政府通过，作为划分阶级成分的标准。这对以后土地革命的推进，提供了极其重要的条件。

总之，党的土地纲领体现了解决中国土地问题的正确路线，在土地革命的过程中，党也坚决地贯彻了阶级政策。因此，对于土地问题的解决，获得了显著的成功。苏区土地斗争的经验，对于以后广泛开展土地改革运动，具有十分重大的历史意义。

三、抗日战争时期的土地政策

抗日战争前，国民党统治区的农业经济，由于帝国主义、封建主义和以蒋宋孔陈四大家族为首的官僚资本主义相互结合，对农民疯狂地压榨掠夺，残酷剥削，形成严重的危机；农民的土地问题成为当时农业经济问题的核心问题。地主拥有大量土地，通过以地租为中心的种种封建剥削来实现对农民的经济统治。地租、田赋、苛捐杂税使农民在水深火热中过着牛马不如的生活。农民的经济地位不断下降，土地集中情况日益严重，这期间国内封建地主阶级与农民之间的矛盾处于主要地位。

日寇入侵之后，首先武装占领我国东北，其次华北华东华中相继沦陷，最后除川康黔滇西南省份外，到处遭到日本帝国主义铁蹄蹂躏。日寇的猖狂进攻和殖民地统治，使我国广大的土地、劳力、耕畜和农作物受到严重的破坏。仅关内3.8亿万亩土地中，就有2.8亿万亩遭到破坏，农作物有80%受到损失。由于日寇妄想灭亡中国，独霸中国为殖民地，在这时期，国内阶级矛盾虽然并未减少，但中日民族矛盾却已上升为主要矛盾，而且还不断加强。

为了解决这一个矛盾，以适应中华民族利益的要求，党在建立根据地的地区把第二次国内革命战争时期没收地主土地的政策，改变为"减租减息交租交息"的政策，使土地问题的解决，服从于抗日民族统一战线。所以减租减息的政策是抗日民族统一战线的土地政策，也是在抗日战争时期抗日民主政权解决农民问题的基本政策。

党在不同革命斗争时间阶段在农民土地问题的具体措施上采取不同的策略，在这一时期，既要解决农民的土地问题，又要解决中日民族矛盾，团结广大群众及一切积极抗日力量，形成强大的抗日民族统一战线。

减租减息交租交息的政策，一方面规定地主必须减租减息，一般以实行二五减租为原则，在社会经济借贷关系所许可的程度以内减低利息，地主的土地权财产权不动；另一方面，规定农民交租交息。实行这一政策，虽然暂时不取消地主的所有权，但是限制了地主阶级的剥削量，保证了农民的经济收入，削弱地主经济，这样就能一方面发动了基本农民群众的抗日积极性，同时也减少了地主阶级对于抗日斗争可能产生的阻力。这一政策保障了农民的人权、政权、地权、财权，提高农民的抗日积极性与生产积极性。无产阶级领导下的农民，特别是贫农、下中农，在反帝反封建斗争的历史中，一直是骨干力量，在抗日战争中也作出极大的贡献。

地主阶级本来是帝国主义统治中国的主要社会基础，是在封建制度下剥削农民和压迫农民的反动阶级，无论在政治上、经济上、文化上都是阻碍中国社会前进的反动阶级，作为阶级来说是革命的对象而不是革命的动力。在抗日战争时期，一部分大地主跟着买办资产阶级投降日本帝国主义。一部分大地主跟着民族资产阶级走，他们虽然不反对抗战，但是非常动摇。而许多中小地主出身的开明绅士，即农村中带有资本主义色彩的地主们，还有一些抗日积极性，有必要团结他们一道抗日。这就是为什么要提出抗日民族统一战线的原因。我们必须用阶级分析的方法来认识农村各阶级各阶层对于抗日所能起的作用，否则就不容易理解为什么党在这一历史时期提出这样的土地政策和经济政策的精神实质。

减租的具体措施，一般是照原租额减 1/4，也就是 25%，因之习惯上称之为"二五减租"。不论公地、私地、定租、分成租、钱租、物租，都适用这种办法。各种不同形式的伙租地，依照业佃双方所出劳动力、畜力、农具、肥料、种子及食粮之多寡，确定分成比例，然后再按原来租额比例减低 25%。在游击区及敌占点线附近，可比二五减租还少一些，只减二成、一成五或一成，以能相当发动农民抗日积极性及团结各阶层抗战为目标。在减租的同时也规定地租一律于产物收获后缴纳，出租人不得向承租人预收地租，并不得索取额外报酬。对于定租和钱租因天灾人祸其收成之全部或大部被毁时，得停付或减付地租。此外也规定了多年欠租应予免缴，并确定公粮公款按累进原则由业佃双方负担。土地税由土地所有者负担之。这不仅限制了地主阶级的剥削量，也杜绝了地主阶级在正租以外的种种超阶级剥削。

减息是对于抗战前成立的借贷关系，为适应债务人的要求，并为团结债权人一致抗日起见而实行的一个必要政策。一般是以一分半为计算标准（或再少些到一分），当时通称为"分半减息"。同时又规定如付息超过原本一倍者，停止还本，超过原本两倍者，本利一并停付。对新成立的借贷，依当地社会经济关系由双方自行处理，不规定过低息额，以免借贷停滞，不利民生。天灾人祸或其他不可抗之原因，债务人无力履行债约时，得请求政府调处，酌量减息或免息及本。此外对于一切高利盘剥不合法的高利贷，如驴打滚、臭虫利等复利，一概加以禁绝。

在减租减息的基础上，还实行交租交息，是在不取消地主所有权的情况下，只要剥削量减轻了，还暂时允许地主得到在规定限额以内的地租。这只是对于赞成抗日及民主改革的可以团结的那些开明绅士而言，至于坚决不愿悔改与人民为敌的汉奸恶霸，不止没收他们的土地，取消他们封建剥削的一切凭借，而且还要依法惩处。

在抗日战争时期对地主阶级只实行减租减息，不取消地主的土地所有权，同时又奖励地主的资财向工业方面转移。对于富农则鼓励其发展生产。在减租减息政策中如何对待富农问题，必须从中国富农经济的特点来进行分析：富农的生产是带有资本主义性质的。富农是农村中的资产阶级，在抗日和发展生产中，都能尽一定的力量。因此对待富农的政策不是削弱富农阶级和限制富农生产，而是在适当地改善农业雇佣劳动者（雇农）的生活条件下，鼓励富农生产和联合富农抗日。另一方面富农还有一部分封建剥削，为贫农、中农所不满，所以对半地主式的富农也一样实行减租减息，同时也一样地交租交息。在农村中还有极少数的经营地主，因为经营土地的方式也是资本主义方式的，与富农受到同样待遇。

在抗日战争时期将"耕者有其田"的政策改为减租减息的政策的政治意义在于，这一个让步推动了国民党参加抗日，又使解放区的地主减少其对于我们发动农民抗日的阻力，从而有利于加强抗日民族统一战线。这一政策也收到很好的经济效果：首先是封建剥削制度虽未取消，但已经在一定程度上被削弱；其次是农民负担减轻，农民生活普遍得到改善；最后是农民生产积极性得到很大的鼓舞，为开展大生产运动提供有利的条件。

这一政策在各解放区实行之后，获得广大群众的拥护，团结了各阶层人民，支持了敌后的抗战，加强了对敌斗争的力量，稳定解放区的生产，同时也巩固了抗日民主政权。

减租减息政策的执行所以获得成功，是由于发动农民自己进行斗争，而不是单纯地依靠政府的一纸法令给群众以恩赐。首先是启发农民的阶级觉悟和阶级情感，理直气壮地起来对所受的剥削压迫进行斗争。然后告诉他们组织起来才有力量，并彻底交代这个政策的基本精神和界限；并告诉他们如何分别对待不同对象，如对开明地主或顽固地主、一般地主或恶霸地主、大中小地主等，应采取不同的斗争方式。历史经验证明了只有农民发动起来，自己向地主阶级进行面对面的斗争，这才能发挥农民的积极性，加强了对敌斗争力量，并且搞好了生产运动。

减租减息只是一个既允许地主阶级拥有土地所有权，又减轻地主阶级封建剥削的政策，是在抗日民族统一战线的要求之下提出来的。由于农村封建势力仍然存在，地主阶级仍然占有较一般农民多的土地，基本农民群众对于土地的要求仍然不能满足。因此随着抗日战争的胜利，抗日战争时期的土地政策，也必然相应地改变。在1945年日本投降之后，又重新实行没收地主阶级土地归农民所有的土地改革政策。

四、"五四指示"和1947年的土地法大纲

中国封建地主阶级与广大农民之间的矛盾，在抗日战争时期，只是暂

时退出于比较次要的地位，并没有得到解决。在这时期，四大家族又在其直接管辖区内对广大农民进行疯狂的掠夺，原来已经十分紧张的阶级矛盾，现在更是空前加深了。1945 年日本投降以后，国民党政权又把内战强加在人民的头上，依附美帝，屠杀人民。这时封建买办统治阶级和广大农民之间的矛盾，发展到了极峰。当前展开的是全面的决战，为了巩固革命斗争的果实必须继续坚持解决土地问题的方针，也只有在解决土地问题上面不断地发展着，才能使伟大的解放战争引向胜利。

抗战结束后的最初一个时期，在解放区还是继续实行抗日战争时期的减租减息的政策。1946 年初，党在整个解放区，特别是在广大的新解放区还发动起来一次大规模的减租运动，普遍地实行减租减息，从而激发了农民群众的革命热情。当时在山西、河北、山东以及华中各解放区，都形成了极其广泛的群众运动。在反奸、清算、减租减息斗争中，农民直接从地主手里取得土地，实现耕者有其田。群众斗争情绪极高。在运动深入的地方，基本上解决了土地问题。有些地方，运动的结果甚至实现了"平均土地"。在这一时期，群众已经创造了多种多样的解决土地问题的方式。包括：

1. 没收分配大汉奸土地。

2. 减租之后，地主自愿出卖土地，而佃农则以优先权买得此种土地。

3. 由于在减租后保障了农民的佃权，地主乃自愿给农民七成或八成土地，求得抽回二成或三成土地自耕。

4. 在清算租息、清算霸占、清算负担及其他无理剥削中，地主出卖土地给农民来清偿负欠。

这些斗争事实说明在抗日战争胜利结束和国民党发动内战之后，广大农民对于彻底解决土地问题的要求比过去更加迫切了。为了适应这种新的形势，1946 年 5 月 4 日，党发布了"关于清算减租及土地问题的指示"。决定改变党在抗日战争时期的土地政策，即由减租减息改为没收土地分配给农民的政策。指示中指出："解决解放区的土地问题是我党目前最基本的历史任务，是目前一切工作的最基本环节。"又指出：必须"坚决拥护广大群众这种直接实行土地改革的行动，并加以有计划的领导，使各解放区的土地改革，依据群众运动发展的规模和程度，迅速求其实现。""五四指示"号召："坚决拥护群众反奸、清算、减租减息、退租、退息等斗争中，从地主手中获得土地，实现耕者有其田。"并强调在进行斗争中必须完全执行群众路线，酝酿成熟，绝对禁止使用反群众路线的命令主义包办代替及恩赐等办法来解决土地问题。当时解决土地问题的办法是与 10 年土地革命战争时期大不相同。在当时各地亦不尽相同，"五四指示"认为各地可以根据不同对象分别采用不同方法，使农民站在合法和有理的地位，取得了土地。无论采取哪种方式，其结果都是基本上解决了农村的土地问题。由于解放区的不断扩大，各地具体情况是不可能尽相同的，具体采取的办法不作统一规定是完全必要的。

"五四指示"对于解决农村阶级矛盾，支援解放战争起着很大作用。由于农民土地革命斗争运动在"五四指示"后获得迅速的发展与正确的领导，农民得到土地，生产情绪高涨，生产安定，根据地巩固，大批青年壮年参军，农民积极拥护和支援解放战争，军事战线的节节胜利正反映了土地革命不断进展。

解放战争的迅速推进，使广大地区获得解放，新的形势要求对土地改革有新的安排。1947 年 9 月，共产党召开了全国土地会议，制定"中国土地法大纲"，宣告废除封建性及半封建性剥削的土地制度，实行耕者有其田的土地制度，废除一切地主的土地所有权和一切祠堂、庙宇、寺院、学校机关及团体的土地所有权，废除一切乡村中土地制度改革以前的债务。这是二十年来土地革命斗争的总结。确定农会为改革土地制度的合法执行机关，由乡村农会接收一切地主的土地及公地，连同乡村中其他一切土地，按乡村人口全部，不分男女老幼，统一平均分配，在土地数量上抽多补少，质量上抽肥补瘦，使全乡人民均获得同等的土地，并归各人所有。在土地法大纲中又规定乡村农会接收地主的牲畜、农具、粮食及其他财产，并征收富农上述财产的多余部分，分给缺乏这种财产的农民及其他贫民，并分给地主同样的一份。分给各人的财产归本人所有，使全乡村人民均获得适当的生产资料及生活资料。分配给人民的土地，由政府发给土地所有证，并承认其自由经营、买卖及在特定条件下出租的权利。土地制度改革前的土地契约一律缴销。土地法大纲颁布后，农民群众斗争情绪更加高涨，一年之内，解放区内大约一亿农民获得了土地，摆脱了封建压迫，农村生产关系发生了根本变化，农业生产力获得解放，农业生产的水平与农民生活水平不断提高，农村经济呈现空前未有的繁荣景象。影响所及，国统区的广大农民也受到很大的鼓舞，纷纷起来对反动派展开了顽强的斗争。

由于解放战争的迅速发展，解放区的陆续扩大也就自然地出现了。老解放区、半老解放区和新解放区的差别。在解放先后不同的地区，群众觉悟程度和组织程度不同，因此在进行土地改革的具体做法上，也应当有所区别：

①在老解放区，土地改革进行得较为彻底，土地已经平分，封建土地制度已不存在，农民各阶层占有土地的平均数不甚悬殊，地主和旧式富农大大减少，在民主政权下由于劳动生产而上升的新富农已经出现，农村中中农成为多数，其中新中农在有的地区占到半数以上。贫农雇农变为少数。在这种地区，就不再根据土地法进行平分土地，而只是在较小范围内进行一些"填平补齐"的工作，调剂土地及一部分其他生产资料。在这一类地区由于民主政府业已巩固，也吸收中农当中的积极分子参加农村政权的领导工作。

②半老区是指日本投降至大反攻，即1945年9月至1947年8月两年间所解放的地区，这种地区占当时解放区的绝大部分。经过两年的清算斗争，经过执行"五四指示"，群众的觉悟程度和组织程度已经相当提高，土地问题已经初步解决，但群众的觉悟程度和组织程度尚不是很高，土地问题尚未彻底解决，这种地区就完全适用于土地法，普遍地彻底地分配土地。

由于半老解放区的时期先后不同，就依土地改革彻底程度，分为两类：一类是土地平分不够彻底，封建制度还有残余，农民各阶层占有土地的平均数相差较大，地主和旧式富农还比较多，中农所占的比重还不很大，而其中新中农又是少数。全部农村人口一半以上仍为贫农雇农。像这类地区，也只是在较大范围内进行调剂，而不是再来一次全面的平分。另一类是土地改革进行得很不彻底的地区，还没有发动土改工作，封建制度依然存在，土地关系和阶级情况，仅有若干变化，这类地区就要以贫农为中坚，依照土地法普遍地彻底地分配土地。

③新解放区是指大反攻后解放的地区，群众尚未发动，国民党和地主富农的势力还很大，因此并不一下立刻实行土地法，而是分两个阶段来实行。第一阶段，先中立富农，专门打击地主，首先是大地主，分大地主浮财，分大中地主土地，而照顾小地主；然后进到分配地主阶级的土地。第二阶段将富农出租和多余的土地及其一部分财产拿来分配，并对前一阶段中分配地主土地尚不彻底的部分重新进行分配。

无论在新区和半老区，总的打击面一般不超过总户数的 8%，总人口数的 10%。

在不同地区进行土地改革，分别采用不同的策略，是以实际的需要与可能出发的。这就使土地改革工作得以顺利进行。

总起来说，党在这一时期领导农民进行土地改革，始终坚持依靠贫雇农，巩固地联合中农，消灭地主阶级和旧式富农的封建的和半封建的剥削制度的方针；同时也和"五四指示"一样地贯彻党的阶级路线，而且更为具体化。在这一时期，由于革命形势的要求和为了发展农业生产力，必须把农村中 80% 以上的农民团结在党的周围，仅仅依靠贫雇农，坚固地团结全体中农，不侵犯中农的利益，并吸收中农参加农村政权的工作是十分必要的。保障中农的利益，对于发展生产上就有很大的好处。

同时把富农和地主阶级区别开，缩小了打击面，也把旧富农和新富农区别开，也是符合于客观要求的。因为新富农是在民主政权下，由于勤劳生产而上升为新富农的，应当受到一定的保护。这样就可以稳定中农的生产情绪，对于刺激中农努力生产，起很大的作用。

对地主是采取消灭地主阶级的政策，除少数汉奸及内战罪犯依法惩办外，对地主本人还是留给他同农民一样的一份土地和生产资料，强迫他们从劳动中得到改造。这也增加了农村中的一小部分生产力，对地主斗争的方法采取分别对待，有利于从地主阶级内部进行分化，从而消灭了敌人。

土地法大纲规定了保护工商业者的财产及合法营业不受侵犯。这也有利于在解放战争时期巩固解放区的经济，促进城乡关系。

这一切措施，不只改造了农村的生产关系，而且都有利于在新的生产关系下，生产力的迅速恢复与发展。

在党的领导下，解放区的翻身农民以极其英勇坚强的姿态，排除了巨大的困难，在生产战线上获得了优异的成就，在大力支援了解放战争的同时，还在一定程度上改善了自己的生活。党的土地政策的成功，说明了中国的农民阶级有了无产阶级及其政党的英明正确的领导，就能战胜三大敌人，实现了摆脱封建剥削关系的伟大目的。

新民主主义革命时期，农民的土地问题，是在各地革命民主政权建立起来之后，陆续得到解决的。因为共产党是采取发动农民群众直接地向地主阶级斗争，所以各地土地问题的彻底解决，都需要一定的过程，也就是需要一定时间做好了一切必要的准备工作，因此，全国规模的土地改革，就留给 1949 年以后去彻底完成了。

第十七章　新民主主义革命时期革命政权下农业经济的蓬勃发展

（1927—1949 年）

一、农业的迅速发展和大生产运动

革命根据地农业的双重任务，在于改善人民生活和支援革命战争。早在第二次全国工农兵代表大会（1933）上，毛泽东同志就正确地分析了经济建设在革命战争中的重要性，指出了为保证红军战争的物资供给和改善人民生活条件，我们必须进行经济战线上的斗争的重要性。当时江西瑞金的中央苏区首先组织了劳动互助组，除了社员互助之外，还优待红军家属和帮助孤老，妇女也纷纷加入了生产战线。中央区又组织了犁牛合作社，解决了农民没有或缺少畜力的问题。到 1934 年，有些地方的农业生产量，不但恢复而且超过了革命前的水平。保证了红军战争的粮食供应。同时群众的生活水平也因此提高。革命前，福建上杭县的才溪乡，贫农雇农每年只吃 3 个月的米饭，其余九个月都吃杂粮，并且都吃不饱。1934 年就能吃 6 个月米饭 6 个月杂粮，而且吃得饱。湖南兴国县长冈乡，贫农吃肉增加了 1 倍，农民买布比以前多了 1 倍，食油也有了多余。由于人民群众生活有了改善，群众从他们切身问题上认识到革命战争的意义，因此在战争动员上取得很大的成就，长冈乡青年和成年男子出外当红军和做工作的占 80%，上才溪乡占 88%，下才溪乡占 70%，苏区贯彻在革命战争中进行经济建设的政策，不只保障了红军战争的物资供应，改善人民生活的条件，也打退了敌人的残酷的经济封锁，给粉碎敌人的五次围攻，创造了有利的条件。

在抗日战争时期，为了克服由日本和国民党的进攻和封锁而造成的经济上和财政上的严重困难，党中央号召解放区军民实行精兵简政政策和开展大生产运动。当时党中央在经济问题上进行两条战线的斗争，既反对不去发展经济而企图从收缩不可少的财政开支去解决财政困难的保守观点，也反对不顾具体环境而空喊不切实际的大计划的冒险观点。在这个基本方针下，党中央提出军民大生产运动，包括公私农业、工业、手工业、运输业、畜牧业和商业，而以农业为主。号召军队和农民，大家动手，克服困难。当时的客观条件是：由于敌寇的猖狂进攻及经济封锁，使解放区财政经济遇到很大困难，但是由于贯彻了抗日战争时期的土地政策，解放区生产关系的改变，使农村经济有了蓬勃发展的新面貌，农业生产力的解放也就有条件带动农村手工业、工业、商业贸易及运输交通各业的繁荣。

发展国民经济以农业为基础是我党一贯的方针。早在1934年毛泽东同志就指出："农业生产是我们经济建设的第一位。"在抗日战争时期解放区农业经营还是以个体经营为主，经过长期的游击战争，我们的财政经济力量还是来自农村。农村的生产基本是农民，生产品基本上是农产品，特别是粮食。为了保障战争胜利及人民生活需要，又要粉碎敌寇的进攻和封锁，我们一定要掌握大量农产品。当时粮食是敌我斗争的焦点，直接关系到生死存亡。因此党的领导和抗日民主政府，用最大的努力加强对农业生产的组织和领导，各级政府把组织领导大生产运动作为自己工作中压倒一切的中心内容。

在农业的领域中，大生产运动的主要内容是组织劳动互助，开垦荒地，发展粮棉畜牧业生产，开展劳动竞赛，实行为军烈属代耕等工作；同时民主政权采取一系列措施，如奖励移民、兴修水利、发放农贷、改良作物、家畜品种、推广农业技术、提倡农村手工业等，以推动这一个群众运动的发展。大生产运动不只保证了解放区粮食棉花及其他生产必需品的自给，当时党还提出"耕三余一"的口号，使解放区有富裕粮食可以储备和支援前线，有利于巩固解放区的财政经济。

大生产运动的经济效果，可以陕甘宁边区为例以说明之：仅仅经过几年的大生产运动，耕地面积从 800 多万亩增加到 1 500 多万亩。几乎增加了一倍。牛驴头数从 10 多万头增加到 40 多万头，增加了 4 倍多，羊的只数也增加了四五倍（表 17-1）。

表 17-1　陕甘宁地区大生产运动经济效果简表

时间	耕地面积	粮食产量	牛、驴头数	羊只数
1937 年前	842 万亩	—	10 余五头	40～50 万只
1937 年	862.6 万亩	110 万石	—	—
1938 年	899.4 万亩	130 万石	—	—
1941 年	—	163 万石	—	—
1942 年	1 248 万亩	—	36.4 余万头	180.2 万只
1945 年	1 520.5 万亩	—	40.4 余万头	195.5 万只

陕甘宁边区在发展经济作物上也获得很大的成就。1942 年只有棉田 9.4 万亩，1945 年已增加到 35 万亩，这也就推动了纺织工业的发展。1937 年以前还没有地方性的棉纺织工业，1942 年公私各厂合计产土布 10 万疋。由于农产品丰足起来，织布、榨油等工业也都兴办起来，在发展生产的实践中有力地证明了农业为国民经济基础这一理论的伟大意义。

在晋察冀边区，因为敌寇占领铁路沿线及某些城市据点，不时向农村进行残酷的所谓"扫荡"及"三光政策"，党领导人民群众在展开英勇的对敌斗争的同时，坚持发展生产救灾度荒。在秋收日，群众白日藏在山里并严密警戒，夜间下山突击收割，保证了军民粮食的供应。1939 年晋察冀边区好多县雨涝成灾，河流泛滥，日寇又疯狂地破坏，农田受到很大损失。党领导农民积极兴修水利，1940 年不只克服了灾害的损失，还获得了很大的丰收。冀南游击区的 17 个县，1942 年到 1943 年增加了水浇地 300 万亩，1944 年发生空前的蝗灾，党及时组织群众胜利地扑灭蝗灾。晋冀鲁豫边区，在 1939 年至 1942 年开荒 40 万亩，1943—1944 年军民开荒达到一个空前的高潮；同时又大规模开渠打井，全面地解除了这一地区历年来于干旱的威胁。

在党中央"精兵简政，休养民力"的号召下，不但农民组织起来，踊跃从事生产，部队、机关、学校也都投入生产长期战争所需要的足够的物资。由于农村经常被敌人摧残，人民群众的负担不应再有所增加，党特别强调军队和机关学校自己动手，做到发展生产保证供给；并一再指出大家都分散在一定的地区作战和工作，进行生产也是可能的。部队和机关学校因自己动手而获得解决的部分，占整个需要的大部分。这是我国历史上从来未有过的奇迹。这也是我们不可战胜的物质基础。陕甘宁边区部队在1939 年即开荒 25 136 亩。当时的八路军一二〇师三五九旅以高度的革命热情，克服了种种严重的困难，在大生产运动中把荒凉的南泥湾用战士的双手改变成"陕北江南"，成为富裕的粮食棉花和副食品基地。各根据地的部队都继承了中国工农红军的优良传统，无论何时何地，都把帮助群众生产当作自己的重要任务。据不完全统计，晋冀鲁豫边区的太行部队在救灾度荒和 1944 年大生产运动中，帮助老百姓耕耘锄草和收割合计达42 900 亩。其他帮工约 5 万多个工作日。在救灾度荒当中，机关学校在1939 年也开荒达 11.34 万多亩，收获粗粮 1.13 万多石。一二〇师三五九旅在南泥湾的丰功伟绩带动了整个大生产运动。南泥湾精神象征着勤劳勇敢的中国人民在党的领导下，移山倒海革命创造的精神。这一个革命创造的精神不只在中国革命史和农业生产建设史上留有光辉的史迹，在今天我们的社会主义建设上，南泥湾精神仍然继续发扬，永远放着万丈光芒。

大生产运动的经验总括起来，所收到的效果有以下四个方面：

1. 在经济战线上取得伟大的胜利，打击了日寇和国民党的进攻和经济封锁，保障解放区物资供给，并进一步发展工农业生产，给抗日战争及解放战争的胜利打下了巩固的物质基础。

2. 培养出一大批领导生产的干部，使各级干部学会了财政经济工作和组织群众生产自救的本领，对于巩固解放区经济更进一步开展工农业生产起着促进作用。

3. 广大农民群众受到很深刻的教育，初步养成集体劳动习惯，并学会了社会主义劳动竞赛，给日后开展互助合作运动准备良好的精神条件。同时也在运动中克服了农民的生产到顶的保守思想，有利于实行农业技术改革。如改良品种、防治病虫害、兴修水利、改良土壤、水土保持……

4. 在减租减息的同时开展大生产运动，大大发挥农民生产积极性，有利于巩固和加强抗日民族统一战线，巩固民主政权，巩固解放区财政经济。

二、组织起来互助合作

开展大生产运动的最关键性的工作在于组织劳动互助。为了发展农业生产，支援革命战争，必须在个体经济的基础上组织起来，发展互助合作。我国革命战争的特点，是长期在农村进行武装斗争，建立革命根据地。在革命根据地进行经济建设，而农业生产又在经济工作中占首要位置。由于自然灾害、疾病和国民党反动派、日本帝国主义的残杀，农村劳动力非常缺乏。同时，广大农民群众为了夺取革命的胜利，大批参军，亦相对地减少了农业劳动力的供应量。再加上战争的破坏和敌人的"三光政策"，使耕畜和农具受到很大的损失。这就使小农经济的经营方式无法克服农业生产上存在的困难。这也就显示出组织起来的客观必然性。

毛泽东同志运用马克思列宁主义的普遍真理，结合中国革命的实践和在江西苏区发展劳动互助的经验，在1943年老区实行土地改革的时候指出："在农民群众方面，几千年来都是个体经济，一家一户就是一个生产单位。这种分散的个体生产，就是封建统治的经济基础，而使农民自己陷于永远的穷苦。克服这种状况的唯一办法就是逐渐集体化，而达到集体化的唯一道路，依据列宁所说，就是经过合作社。在边区我们现在已经组织了许多农民的合作社。不过不是苏联那式的被称为集体农庄的那种合作社。我们的经济是新民主主义的，我们的合作社是建立在个体经济基础上的集体劳动。"（毛泽东同志1943年11月29日在招待陕甘宁边区劳动英雄大会的演说——《组织起来》）这一指示是完全符合列宁和斯大林所提出的关于在工人阶级领导下的农民经济发展的原则的，也就是马克思列宁主义农业集体化的理论在中国具体环境中的应用。

劳动互助的习惯在中国农村中早已存在。如陕甘一带的"变工"和"扎工"，东北地区的"换工"和"插犋"等等，都是农民为了挽救自己破产的命运而自发地组织起来的，多是亲朋四邻之间一种临时性的互助，并没有严格的齐工算账等制度，因而它对于提高生产效率的作用是有限的，在党领导的革命战争中，在土地改革和减租减息的反封建斗争中，劳动互助组织的性质、形式和内容都发生了变化，成为农民群众为着发展自己的生产，争取富裕生活的一种方法，成为人民群众得到解放的必由之路，由穷苦变富裕的必由之路。这也就说明真正群众性的互助合作运动，乃是党领导下的农民运动中出现的；由于党的正确领导，这一个群众互助合作运动就获得蓬勃发展。

在抗日战争时期，各地涌现出拨工组、换工组、变工队、互助组等组织形式，一般是临时性的换工互助，逐渐经过群众经验的总结发展到季节性的和常年性的互助组织。这些互助合作组织普遍地提高劳动效率，提高劳动生产率。同时这种组织形式又是"劳武结合"，一方面互助生产，另一方面组织起来共同打击敌人。这种组织形式，只可以在较短的时间内完成较大规模的农田基本建设工作，在劳动力缺乏情况下，扩大了耕地面积，同时也有利于新的农业技术的推广。更重要的是劳动互助在思想建设上的成就，它培养了个体农民的集体劳动习惯，培养了社会主义的协作精神，给进一步合作化奠定思想基础。因此这种劳动互助组织的发展，具有伟大的经济意义和政治意义。

这一时期的互助组织，一般是在个体农民间相互调剂劳动力的组织，有人工换人工，牛工换牛工等方式。齐工等价，多退少补。虽然计工和管理制度不甚完备，但是非常解决问题，因此也就很快地传播起来。1943年陕甘宁边区，组织起来的劳动力已占全区总劳动力的24％，淳耀县就有变工组193个，为前一年的8倍，参加人数2 304人，为前一年的20倍。陇东分区，过去没有劳动互助的习惯，当时组织锄草变工的劳动力也占到33％。

第三次国内革命战争时期，互助合作运动有了更进一步的发展，并且得到了巩固。这时期经过第二次国内革命战争和抗日战争时期互助合作运动的发展，农民觉悟有了很大的提高，在组织互助组方面，也取得了一定经验，同时农村遭受长期战争的破坏，农民迫切要求恢复经济，而且土地改革的彻底开展，消灭了农村的封建势力。这一系列有利的条件，都促进了互助合作的提高与发展。当时的基本形式是互助组。除临时互助之外，常年互助也有一定的发展。在组内一般地都建立了比较完善的计工和管理制度，坚持自愿互利和等价交换原则。常年互助组内还实行了技术分工和农副业结合，少数互助组还积累了部分公有农具。参加互助组的人数，如1946年华北太行区昔阳、壶关、邢台三县，约占总人口的70%，平顺、黎城、和顺三县约占50%，而且参加人数还逐年不断在增加。1944年24县中，平均每县9 000人。1945年20县中平均每县21 000人。1946年14县中平均每县39 000人。1946年全区英雄模范228人，包括劳动、合作、运输、纺织、民兵各方面的先进工作者，他们带领群众生产、组织互助、影响和推动一村一区以至一县的农业生产工作。据冀中区18县统计，1948年已有互助组35 000个，1949年发展到75 000个，增长了一倍多。

组织起来对于提高农业生产的作用很为显著，1946年华北太行区平顺、黎城、潞城三县，组织起来之后，深耕细作改良种子，增施肥料，因而增产粮食55万石。当时采用金皇后玉米，169小麦、蜡烛黍子等，每亩比平常品种多产2/3至1倍多。由于组织起来，有了剩余劳动力，可以从事于修筑水利工程和扩大耕地面积。仅和顺、平定、昔阳等6个县，因修滩修渠增加了耕地50万亩，因修渠打井浇地78万亩，增产粮食19万石。

1946年在山西已经出现了按土地劳力比例分红的土地社，这是后来农业生产合作社的雏形，虽然具有很重要的历史意义，但是当时由于合作化的条件还不很成熟，只能引导农民组织带有社会主义萌芽性质的互助组，培养农民集体劳动的习惯，而不能废除生产资料所有制，马上组织半社会主义性质的或完全社会主义性质的农业生产合作社。这种组织形式虽然没有推广，但是已然反映了农民要求组织起来的积极性。

有些地区组织劳动力与资金结合的综合性合作社，从事农副业生产，有的组织专业性质的运输合作社，并在新的城乡关系下推广了供销社，对于发展农业生产支援工业发展整个国民经济都有着一定的积极作用。

与大生产运动和组织起来互助合作的同时，在解放了的东北地区更出现了社会主义的农业企业，1948 年在黑龙江省赵光县办起了第一个国营机械化农场。这一个国营农场的建立，标志着新中国完全社会主义性质的现代化农业企业的开端，它为组织起来的农民，做出大规模经营的示范，为国家建设社会主义农业积累经验，培养干部，在我国农业经济发展的历史上有着十分重大的意义。

三、解放区的农业税收政策

在贯彻减租减息的土地政策与开展大生产运动的同时，农业税收政策的贯彻对削弱地主经济扶持贫农经济上升和支援抗日战争方面也起了重要作用。早在江西苏区，共产党就提出了"苛捐杂税，扫除干净"，到抗日战争时期又在废除苛杂的基础上提出"有力出力，有钱出钱"的口号的合理负担政策。在根据地初建时，农业税以征收粮食为主，所以多数地区叫作"救国公粮"，有的地区则叫作"合理负担"或"公平负担"。如晋察冀边区所属的北嶽区的"村合理负担办法"规定，每人收入不足 450 斤小米者免收，每人平均收入的超过 450 斤小米的税率为 5％，以后随着每人平均收入的增加而提高税率，依次递增到最高税率为 20％。这种办法实施的结果，负担人口占农村总人口之 40％到 60％，免税人口有时超过半数以上。这在根据地初建，地主占有大量土地，而农民则无地少地的情况下，这种办法是适当的。随着减租减息与大生产运动的开展，农民收入水平普遍上升，免征点就有必要加以调整。毛泽东同志在 1940 年 12 月《论政策》一文曾指出："除了最贫苦者应该规定免征外，80％以上的居民，不论工人农民均应负担国民赋税。"因之，北嶽区于 1942 年改由 120 斤起征。这样就能按照适宜的负担水平来保障边区政府的农业税收。

随着农业生产水平的不断发展，这就要求在农业税收办法中更明确地体现鼓励生产的政策，来更有力地促进生产的恢复与发展。所以要制定一种能够提高农民生产积极性的农业累进税则。过去的救国公粮虽然也是按累进原则征收，但是每年征收总数多少不一，主要缺点是税率不确定，影响农民的生产积极性。以后发展为农业单一累进税，并制定出一系列的优待和减免办法，以鼓励生产。优待和减免的办法包括以下的内容：

1. 按常年产量计征，增产不增税。

2. 兴修水利变旱地为水地时，在 3 年至 5 年内仍按旱地计征。

3. 开垦熟荒或生荒在一定年限内免征（陕甘宁边区还规定移民和难民在一定年限内免征财产税）。

4. 对技术作物予以优待，如陕甘宁边区为打破敌人封锁，争取棉麻和染料自给，规定种棉花、蓝靛的收入减税 50%，种麻的收入减税 30%。此外，对特别困难的减征一部分或全部免征。如①受自然灾害者；②缺乏劳动力者；③遭受敌伪烧杀掠夺或破坏者。在各种减免征税中，军属烈属优先给予减免。

农业统一累进税是包括收入税和土地财产税两个部分。土地财产税主要是对地主和富农征收的，缺地和少地的贫农自然就免征或少征。在收入税的计算中，要从总收入中扣除一定比例的生产消耗。这样就适当地增加了地主的负担，并给农民以应得的照顾。当然，当时对地主负担的增加，是有一定限度的。而农民中除极少数贫苦者外，都要缴纳农业税，在降低免征点之后，纳税人口已达到农村人口 80% 以上。这是符合于抗日民族统一战线的政策和人民群众的根本利益的。为了鼓励生产，边区政府对每一个计算税款的单位折征公粮数还是逐年降低的。晋察冀边区政府规定每"分"应纳税额，1941 年为 1.35 市斗小米（每斗重 16 斤），1942 年为 0.9 市斗，1943 年至 1945 年减至 0.85 市斗。由于发展工商业的结果，边区财政收入除农业税以外，还有工商业税，而且工商业税逐年增加很快，因此农民公粮负担逐年减轻。如陕甘宁边区 1943 年共收入公粮 18 万石，1944 年收入公粮 16 万石，1945 年收入公粮 12 万石。公粮收入总数虽逐年降低，但边区政府财政总收入还是逐年不断增加，因而保障了边区的经济建设。

农业税的计算有几种不同的方式。1942 年，晋察冀边区按不同税等制定扣除免征额后，每人平均富力数（每个富力相当于平均每人口的基本生活费）和按累进税率计征的每个富力折合的"分"数。每"分"应纳税额的实物数量每年调整。办法虽然精确，但不易被群众所掌握。纳税农民不能预知应纳税额，因而不能很好地刺激他们的生产积极性。1942 年晋绥边区采用分数制，根据平均每人收入，按累进税率计征，农民收入每"分"的负担量每年可以根据实际需要及农民的负担能力适时调整，而农民应纳税额的分数可以几年不变。1944 年陕甘宁边区实行百分比例计征的办法，按农民收入的百分比来规定税率。如某家 5 口人，种地 10 亩，常年产量 3 000 斤，按税率表属于第一税级，税率为 10%，应纳税 300斤。这种计算方法简单明了，农民群众很容易知道自己应纳的税额，这也是一种最常见的税率形式。

四、解放区的新的城乡关系

随着土地革命的发展，在新的生产关系下，必然出现新的城乡关系。中央苏区的消费合作社已然在解决群众经济生活上和沟通城乡贸易上有着良好的作用。属于福建上杭县的才溪区，1934 年全区 8 个乡就成立了 14个消费合作社。毛泽东同志在第二次全国工农兵代表大会（1934 年 1 月22 日）指出苏区的国民经济是由国营经济、合作社经济、私人经济三方面组成的。首先尽可能地发展国营经济和大规模地发展合作社经济，对于私人经济在法律范围之内加以奖励和帮助。毛泽东同志着重说明国营经济对私人经济的领导，是造成将来过渡到社会主义的条件。

到抗日战争时期，由于实行了减租减息政策与普遍开展大生产运动的结果，农民生产积极性空前高涨，经济收入很快地增加，农民购买力水平也不断上升，这时就在生产关系起着质的变化的同时形成了城乡互助内外交流的新的城乡关系。在新的城乡关系下，不但合作社经济急速地发展，国营经济也愈来愈居于领导地位。1937年至1938年间，党中央和陕甘宁边区政府一方面采取休养民力政策，一方面采取发展农业和工商业政策。在工商业方面，废除苛捐杂税，奖励手工业生产，严禁垄断居奇，保护正当商人利益，同时加强公营经济，以适应部队和机关学校的需要。

在新的城乡关系下，国营经济不断成长和壮大起来。边区政府已先后建立了公营的纺织、榨油、造纸和粮食加工的工业企业，同时也建立了商业贸易系统，这些工商业同农村的手工业生产合作社、副业生产合作社等合作组织密切联系起来，保障了边区物资的流通。

农村和城市的部队机关学校的消费合作社，从国营工商业和私人企业批进商品，廉价卖给社员，基本上已经废除了中间剥削和资本剥削，对于沟通城乡关系起一定的作用。毛泽东同志在陕甘宁边区劳动英雄和模范工作者会议上的讲话——《必须学会做经济工作》（1945年1月10日）特别指出部队和机关除利用战斗、训练和工作的间隙集体加入生产之外，应组织专门从事生产的人员，创办农场、菜园、牧场、作坊、小工厂、运输队、合作社，或者和农民伙种粮、菜。部队机关学校消费合作社在抗日战争和解放战争期间成为组织群众经济生活的重要工具，直到1949年以后才逐渐由供销系统接办。

在抗日战争和解放战争时期，农村和城市小生产者的供销合作社在促进和改善城乡关系上起着更大的作用。供销合作社在国营经济的支助下，一方面发展了国营经济，并消灭了中间剥削，但同时也发展了小生产者的私有经济，使工农业小生产者不只通过供销社顺利地销出他们的产品，同时也从供销社获得物美价廉的生产资料和生活资料。这也就是为什么这种半社会主义性质的供销合作社在农业生产合作社还未曾出现或还未能普及以前，已然在农村里普遍大量存在的一个重要原因。

农村信用合作社的发展，也标志着在新的城乡关系下农村生产的活跃。因为劳动互助提高了生产效率，农村有了剩余劳动力。接连的丰收又使农民有了余粮余款。这些人力和资金都要求一个出路，所以信用合作社把"资金组织起来",开始经营信贷业务,在"变死钱为活钱"的口号下,组织游资、活跃金融。由于信贷业务满足农民群众的需要,许多综合性的合作社也附设有信用部。

信用合作社的信贷业务活动最初是在"劳动互助,等价交换,定期算账"的要求下,替社员兑换互助组的工票,这是一种"无利贴现贷款",嗣后发展到实物借贷,存款和合作社往来透支等。信用合作社除了成为国家银行的基层机构,成为政府对农民发放生产贷款的助手之外,同时也吸收私人存款,利用小生产者的存余资金,贷给社员,因而便利了社员的资金周转与生活需要。1946 年华北太行区陵川平城就建立了一个全区性的以信用社为主的合作社,他们在"入股当东家借款方便"的口号下迅速动员了 2 741 500 元(边币)的股金,社员达 4 171 户,占全区总户数的 6.31%。为了便利农村生产资金的周转,他们还提出"款不离村,随放随收"和"长年收放及时借还"的口号,大大鼓励了农民的节约储蓄,因而组织了农村的游资,活跃了农村金融,并为杜绝农村高利贷的剥削、消灭高利贷准备了条件。

国家银行对于巩固城乡关系起着很大的作用。从苏区土地革命时期起,国家银行就在农村发钞票,放农贷,帮助农民发展农副业生产。抗日战争以至人民解放战争的十余年战争时期,其中一个很长时间我们连一个中等城市也没有,那时国家银行的业务活动是在农村。当时农村贫雇农的比率很大,战争使农村经济受到严重的破坏,农民负担很重,国家银行的工作,就以帮助农民进行生产为基本任务,通过行政系统,普遍发放救济性的农贷,主要是帮助农民继续进行生产,谈不上扩大和发展生产,在可能条件下,帮助农民发展一些副业生产。有些边区银行,管理地方纸币,发行统一的货币对于平稳物价安定农村生产与农民生活起很大的作用。随着解放战争的进展,国家银行进入城市又负起统一货币接收官僚资本银行,稳定金融和物价与调整工商业的新任务,虽然当时农村金融工作暂时有些收缩,但是仍然间接地起着促进形成新的城乡关系,活跃农村经济的作用。

五、农村社会阶级的变化与农民生活水平的提高

在减租减息和土地改革的整个过程中，农村社会阶级关系起着根本的变化。土地占有关系的改变，对解放农村生产力，提高农民经济收入水平提高农民生活水平起决定性的作用。根据 1945 年 5 月，华北太行区 12 个县 15 个典型村的调查，地主（包括经营地主）户数占农户总数的比例，在 1942 年 5 月减租运动前为 3.25％，减租后降成为 2.43％，1944 年查减后又降为 1.98％。地主所占有土地在减租前占土地总面积的 24.63％，减租后只占 9.7％，1944 年查减后更降 4.22％，两年之间地主户数减少了 4/10。占有土地除那些因改变成分而被列入其他阶层的以外，地主已不足原数的 1/5。在减租前后富农的户数略有增加，虽然有不少地主下降为中农，并有若干中农上升为富农，但总的说来，这一阶层也是继续被削弱着。另一方面，贫雇农的户数大为减少，没有上升的贫雇农减租后有了较过去为多的土地，中农户数更迅速地增加至 55％以上。1942 年 5 月减租前，中农户数占农户总数 37.8％，减租后增至 46.99％，1942 年查减后又增至 55.20％。据太行区另一个 22 县典型村的调查，1945 年抗战胜利前，中农已占农户总数的 64.08％。农村阶级的两极大为缩小，中农化的趋势极为明显，这就意味着土地已经逐渐转移到自耕农手中来了，这也就实现了耕者有其田。

农村社会阶级关系的变化也就是土地关系的变化，同时也表现在租率的降低和租佃方式的变化：首先是减租后一般活租都变为死租，农民的佃权得到保障，一切押租附租等超经济的剥削都一扫而光，定期租佃的最短期限为 5 年，佃农可以安心生产。其次是租率降低并逐渐做到可以按土地质量作物产量订定租率。据黎城一、四两个区 30 个村和平顺一区 40 个村的调查（1942），减租前后的平均租率，前者由 35.7％减至 16.2％；后者由 57.69％减至 25.24％，一般都超过了减低 25％的界线。

1942 年后减租减息和 1943 年后互助合作运动的结果，农民收入水平普

遍提高。据太行区晋东和冀西的 7 个县 7 个典型村 4 415 户的调查，尽管从 1942 年后连遭灾害，农民收入仍是在逐年增加着，具体情况见表 17 - 2：

表 17 - 2　晋东冀西 7 县 4 415 户收入调查

年份	总收入（石）	平均每人收入（石）
1942	38 842.88	2.21
1943	47 325.33	2.90
1944	56 334.28	3.27

1946 年，这个"糠菜半年粮"的贫瘠地区，就已经大部分做到了"耕三余一"了。

土地改革之后，农村社会阶级关系的变化更为明显，据东北区吉林蛟河县 4 个屯的调查，1948 年土改后，原 27 户雇农中，12 户上升为中农，13 户上升为贫农；原 108 户贫农中，56 户上升为中农。总计贫雇农中，有 50.4% 上升为中农，原有中农中有 33 户上升为新富农。4 个屯土改后保持中农生活水平者占总户数的 56% 强。

土改后生产力的提高是提高农民生活水平的物质基础。华北太行区黎城县 1946 年实行土改后，农业生产即迅速增加，全县已做到"耕三余一"的地步。在这一年总收入为 927 000 石，总支出为 679 000 石，净余 248 000 石。在总收入中，农业增产 250 000 石，副业增产 127 000 石，全区土改以后，农业生产已提高了 37%，增产量占总收入的 33%。平顺县 1945 年土改前总收入为 338 200 石，1946 年土改后总收入为 608 000 石，增产量占总收入的 41%。

华北太行区涉县 1944 年平均每人收入 2.6 石，支出 2.3 石，剩余 0.3 石。1946 年土改后平均每人收入激增至 4.5 石，支出 3.0 石，剩余 1.5 石。剩余量为 1944 年的 5 倍。这也就奠定了丰衣足食的基础。

第十八章　中国封建土地制度的彻底消灭和农业生产力的解放

一、封建土地制度在全国范围内彻底消灭

消灭封建的土地制度是中国革命的中心问题。中国的农民群众，为了完成这个革命的基本任务，已经在中国工人阶级领导下进行了近 30 年的顽强的规模宏大的斗争。在历次革命战争的历史时期内，土地革命斗争都起了巨大的作用。无论是在中央苏区还是在新老解放区，都安定了后方生产秩序，巩固了人民民主政权，积极支援了战争前线，有力地推动了革命事业的进展。到了 1949 年，这个斗争已经取得了宏伟的胜利：帝国主义、国民党在中国的统治已经被推翻，人民的全国性的政权已经建立，并在 1/3 人口的地区已经完成了土地改革。但是在未经土地改革的广大地区土地集中的情形仍然是很严重的，农村中 90％的土地由中农贫农及雇农耕种，他们只对极小的一部分土地有所有权，绝大部分土地所有权还是掌握在地主阶级手中。1936 年，中国农村经济研究会根据充分的调查材料估计，占中国农村人口 4％的地主占有 50％的土地。这个情况经过十几年的战争，土地更加集中在地主手上，1949 年之前，四川及其他地主占有约 80％的土地，个别的地方，如重庆，占农村人口 2％的地主，竟占有 95.6％的土地，在湖南的湘阴县，占户数 1.8％的地主，竟占有 71％的土地。有步骤地在其他 2/3 人口的地区来继续完成土地改革，以最后完成新民主主义革命的消灭封建剥削的任务，是当时的一项重大的历史任务。

地主阶级封建剥削的土地所有制"是我们国家民主化、工业化、独立、统一及富强的基本障碍。这种情况如果不加以改变，中国人民革命的

胜利就不能巩固，农村生产力就不能解放，新中国的工业化就没有实现的可能，人民就不能得到革命胜利的果实"。（刘少奇同志 1950 年 6 月 14 日在人民政协全国委员会第一届第二次会议上的报告：《关于土地改革的报告》）因此在中国工人阶级夺得了全国政权，中国革命已结束了新民主主义革命阶段而进入社会主义革命阶段，对于前一个历史阶段所遗留下来的一部分革命任务——主要是在广大新解放区的土地改革任务，还必须彻底完成。摆在面前的任务也正如同《中华人民共和国土地改革法》所规定的，是要"废除地主阶级封建剥削的土地所有制，实行农民的土地所有制，借以解放农村生产力，发展农业生产，为新中国的工业化开辟道路"。

因此在人民共和国成立，人民政权巩固之后，进行全国范围的规模空前巨大的土地改革运动，不只有很重大的实际意义，同时也具备了一切必要的条件。

废除封建土地制度消灭封建剥削制度是新中国政治经济文化建设事业大规模展开的前提，也是新中国在经济上走向繁荣，政治上巩固人民民主专政的基本条件。土地改革不只结束了几千年来的封建土地制度、封建剥削制度，根除了帝国主义奴役中国和官僚资本主义搜刮掠夺的凭借，同时也给新中国财政经济基本好转，国民经济恢复、发展和逐步走向现代化打下稳固的基础。只有在全国范围内完成土地改革的历史任务，根本改变农村生产关系，这才有可能使农村经济与城市经济相适应地发展，农业生产和工业生产相适应地发展，新中国才有可能从贫穷落后的农业国变为繁荣富强的工业国。只有在全国范围内胜利地完成土地改革，才有可能把个体分散的小农经济组织起来，走合作化集体化的道路。通过农业社会主义改造，为逐步实现农业机械化、电气化、现代化创造条件。这也就是为什么土地改革运动必须在全国范围内彻底完成的一个重要原因。也就是因为如果旧中国农村生产关系不经过彻底改变，也就不能使整个国民经济基本好转并很快地走向更大的繁荣。

不论是在中华人民共和国成立前进行土地改革的地区或是中华人民共和国宣告成立后进行土地改革的地区，广大的农民群众在工人阶级领导下，在土地革命斗争胜利的基础上，都建立起来以贫下中农为骨干的农村人民民主政权，加强党的领导，巩固工农联盟，并建立起互助合作组织开展着大生产运动。这些互助合作组织虽然是建立在个体经济的基础上的集体劳动，但已孕育着社会主义的萌芽。这些互助合作组织不只在提高领导效率，提高劳动效率发展农副业生产上起着重大的作用，同时也奠定了农民走合作化道路的物质基础与思想基础。中国农民不只在工人阶级领导下胜利地完成土地革命斗争的历史任务，而且还在工人阶级领导下进一步组织起来，沿着合作化集体化的道路胜利地建立起来社会主义农业并为了向共产主义过渡准备条件。

综上所述，历史证明，土地改革的完成彻底消灭封建土地制度是农业社会主义改造必经之路，是实现农业现代化的一个不可缺少的步骤，具有极其重大的政治和经济的意义。想要不必经过土地改革就直接实现社会主义的主张，是极端荒谬的，这是违反革命阶段发展论的脱离实际的空想，也是违背历史唯物主义和辩证唯物主义的看法。不能想象如果不经过一场轰轰烈烈的土地革命的流血斗争就能取得民主革命的胜利，更不能想象不经过土地改革组织起来走合作化的道路而能进入社会主义。同时也必须指出，那种认为土地改革后形成的新的生产关系应当维持一个很长时期不去变化的论调，这也是极端错误的，这是违反不断革命论的右倾机会主义思想，也同样是唯心论者的看法。由土地改革进入互助合作，这是继土地改革这一个革命斗争之后，在农村进行的第二个革命——生产制度的革命。由个体经济到集体经济，是农村生产关系上的一个质变，一个飞跃，这是在农业经济史上一个极其重要的变革。只有建立互助合作的生产关系，才有可能进一步提高生产力。6亿中国农民在共产党的领导下，充分发挥不断革命的精神，不只在顺利完成土地改革的历史任务之后，又胜利地完成互助合作运动，而且经过了半社会主义性质的初级农业生产合作社和完全社会主义性质的高级农业生产合作社两个阶段，迅速地实现了农村人民公社化。伟大的毛泽东思想不只具体地体现了马克思列宁主义关于小农经济社会主义改造的普遍真理，又结合中国革命和生产建设的实践，丰富了马克思列宁主义的内容。

二、中华人民共和国土地改革法的
颁布与土地改革的胜利完成

在每一个土地革命斗争的历史阶段，共产党针对当时国内阶级矛盾的情势，制定出符合每一个时期客观要求的土地改革总路线。

1949年10月1日，中华人民共和国宣告成立。我国从此进入社会主义革命的新的历史时期，这时全国尚有2/3人口的地区正待进行土地改革，人民政协共同纲领就规定了"……凡未实行土地改革的地方，必须发动农民群众，建立农民团体，经过清除土匪恶霸、减租减息和分配土地等步骤，实行耕者有其田"。

1950年6月12日，刘少奇同志在人民政协全国委员会第一届第二次会议上作了《关于土地改革问题的报告》，明确地指出在今后土地改革的总路线是"依靠贫雇农，团结中农，中立富农，有步骤有分别地消灭封建剥削制度，发展农业生产"。同年6月30日中央人民政府又正式颁布了《中华人民共和国土地改革法》及其他有关规定，同年10月又颁布城市郊区土地改革条件。此外，各大行政区也先后按照中央法令的规定，拟定适合于各行政区的实行条件及补充规定等，从此全国新解放区的土地改革就迅速推向一个新的高潮。

土地改革的总路线，体现了党的土地革命的阶级路线，是中国共产党根据农村各阶级阶层的经济地位和他们的政治态度，并总结历次农民群众进行土地斗争的经验而制定出来的。坚持党的阶级路线是土地改革运动所以获得成功的一个基本原因。

人民共和国土地改革法的总则是："废除地主阶级封建剥削的土地所有制，实行农民的土地所有制。解放农村生产力，发展农业生产为新中国工业化开辟道路。"因此法令中的许多规定，如在没收地主土地以及处理征收没收土地上，在执行保护富农经济上，在保护工商业等问题上，都具体体现了这一总则的基本精神。

人民共和国土地改革法规定，对于地主的土地、耕畜、农具、多余的粮食及其在农村中的房屋予以没收，这是消灭地主阶级必要的措施。对于祠堂、庙宇、寺观、教堂、学校和团体在农村中的土地及其他公地予以征收。但对于依靠这些土地收入以维持费用的学校、孤儿院、医院等事业，由当地人民政府另筹解决经济的妥当办法，清真寺所有的土地，在当地回民的同意下，得酌予保留。半地主或富农出租的大量土地，超过其自耕和雇人耕种的田地数量者，只征收其出租的部分；富农租入的土地与其出租的土地相抵计算。富农所有之出租小量土地，亦予保留不动。

革命军人、烈士家属、工人、职员、自由职业者、小贩以及因从事其他职业或因缺乏劳动力而出租小量土地者，均不以地主论（阶级成分为小土地出租者）。其每人平均所有土地数量不超过当地每人平均数 200％ 者，均保留不动，超过此标准者，只征收其超过部分之土地，但如该项土地确系以其本人劳动所得购买者，或鳏寡孤独残疾人等依靠该项土地为生者，其每人平均所有田地数量虽然超过 200％，亦得酌情予以照顾。

对于征收没收的土地进行分配时，以乡或相当于乡的行政村为单位，在原耕地基础上，按土地数量、质量及其位置远近用抽补调整办法，按人口统一分配。这些措施一方面消灭地主经济，一方面使无地或少地的贫苦农民得到必需的土地和一部分其他生产资料。同时也保存了富农经济，照顾了小土地出租者。这就很容易在进行土地改革的同时安定了生产秩序发展生产。在分配土地和生产资料上，对地主亦同样分给一份，以便使他们依靠自己的劳动维持生活，并在群众监督下进行劳动改造。

中华人民共和国土地改革法改变了过去征收富农多余的土地和财产的政策，实行保存富农经济的政策。对富农所有的自耕和雇人耕种的土地及其他财产均加以保护，不得侵犯，对富农出租的小量土地亦予以保留不动。这一项新的措施主要是因为：过去我们是处在残酷的解放战争环境中，胜负未确定，富农还倾向于地主和国民党一边，那时最中心的任务是要求农民出兵、出力、出粮来争取战争的胜利。为了更多一些满足贫苦农民的要求，所以要征收富农的多余土地财产。中华人民共和国成立后，情势已经根本不同，当前的中心任务是要在全国范围内为恢复和发展经济而奋斗，同时富农的政治态度亦有了改变，因此需要采取保存富农经济的政策，以便争取富农的中立而能更好地保护中农。这些措施都是从发展生产的要求出发，保存富农经济，争取其中立，就能孤立地主，集中力量消灭地主经济。这种政策是完全符合于发展生产这一中心任务的。富农虽然也从事剥削，但他们同时自己参加劳动又直接经营生产，而且他的剥削方式也与地主有所不同。同时保存富农经济，争取富农中立，以便更好地保护中农，去除中农在发展生产上某些不必要的顾虑。这不只有利于发展生产，也是巩固工农联盟的政策，更有利于工人阶级争取广大的农民群众到自己的周围来，并且鼓舞他们去放心努力生产。列宁斯大林关于以无产阶级为领导的工农联盟的政策，在革命胜利之后，即以争取占人口最大多数的劳动农民，使之成为新社会的积极建设者这一任务为主要内容的。因此保存富农经济有助于农村经济迅速发展，是完全符合于当时客观实际的。

不但在中华人民共和国土地改革法中进一步强调团结中农的重要性，特别提出保护中农（包括富裕中农）的土地及其他财产不得侵犯，而且刘少奇同志在全国政协第一届第二次会议上关于土地改革问题的报告，也强调指出必须吸收中农积极分子参加农民协会的领导，在各级农会的领导成员中应有 1/3 从中农挑选。这就做到了以贫雇农为中心，又把中农团结在里边，从而壮大了土地改革的基本队伍。

中华人民共和国土地改革法积极地贯彻保护工商业的政策，对地主兼营的工商业及其直接用于经营工商业的土地和财产保留不动，工商业家在农村中的土地和原有农民居住的房屋，予以征收，但其在农村的其他财产和合法经营，均予以保护不受侵犯。在土改中实行保护工商业的政策，有利于繁荣城乡经济，推动农业生产的恢复与发展，同时也免得地主阶级对这些财产的隐藏分散以致引起社会财富的破坏和浪费。保护工商业是党的一贯政策，在每个土地革命斗争的历史阶段都在贯彻着。毛泽东同志在《目前形势和我们的任务》（1947 年 12 月 25 日）里曾经指出："由于中国经济的落后性，广大的小资产阶级及中等资产阶级所代表的资本主义经济，即使革命在全国胜利之后，在一个长时期内还必须允许他们存在。并且按照国民经济的分工，还要他们一切有益于国民经济的部分有一个发展。他们在整个国民经济中还是一个不可缺少的部分。"

为了适应城市建设与工商业发展的需要及城市郊区农业生产的特殊情况，中央人民政府于 1950 年 11 月颁布《城市郊区土地改革条例》作为中华人民共和国土地改革法的补充规定。条例中对于土地的征收、没收及分配原则，按照中华人民共和国土地改革法的有关条文来规定。只是征收和没收的土地一律收为国有。国有土地分配给农民使用时，发给《土地使用证》以确定土地使用权限。国有土地分配给农民使用后，不得出租或荒废，如不需要时要交还国家。国家因城市基本建设或其他需要而收回农民耕种的国有土地时，对农民在该项土地上的生产投资及其他损失，予以公正合理的补偿，同时也给耕植该项土地的农民以适当的安置。国家因城市基本建设或其他需要征用私人所有农业土地时，予以适当的代价，或以相等国有土地调换之。此外，也同样地对耕种该项土地的农民予以适当的安置，并对其在该项土地上的生产投资及其他损失予以公平合理的补偿。根据北京市的经验，郊区土改后，城市建设迅速开展，在政府收回或征用的农业土地上的农民，或者拿到一笔很优厚的补偿费或地价，就地转业为企业工人或职员，或者转移户口到另一个农业区域内，很愉快地继续从事农业生产，在西郊扩建市区时，不少对种植蔬菜有经验的农民迁移到东南郊原棉粮区内，又在东南郊建立许多新的蔬菜生产基地。

在城市郊区土地改革条例中对于城市郊区使用机器耕种或有其他进步设备的农田及试验场、果园、菜园等，无论其为地主或农民所经营，无论其土地使用权有无变更，均由原经营者继续经营使用。这样便能使这些具有资本主义农业企业雏形的农业生产在土地改革中保存不动。日后再经过社会主义改造，予以必要的调整。

中华人民共和国土地改革法颁布之后，迅速地在新解放区展开史无前例的大规模土地改革运动，并收到辉煌的战果。到 1953 年底，全国除新疆、西藏等少数民族地区和中国台湾以外，基本上完成了土地改革。新疆也在 1954 年完成了土地改革。土地改革中获得经济利益的农民，占全国农业人口的 60%～70%，约有 7 亿亩土地分配给无地和少地的农民。在土地改革前，农民为了耕种这 7 亿亩土地每年要给地主交纳相当于 3 000 万吨粮食的地租，废除封建土地制度之后，这一笔巨大的社会财富仍归农民所有，并转化为农业再生产资金，对于迅速恢复农业生产，提供了极为有利的物质条件。

这次土地改革运动取得伟大的成就的主要原因，首先是坚决贯彻党的"依靠贫雇农，团结中农，中立富农，有步骤地有分别地消灭封建剥削制度，发展农业生产"的总路线。在土改过程中，基本上满足了贫雇农的要求，切实保护中农的利益，巩固团结中农，广大的中农都参加了农民协会，少数缺地的下中农也补给了土地。富农经济得到应有的保护。对一般服从土地改革的地主分子，亦分给他们与当地农民同样一份土地及其他生产资料，使他们在群众监督下接受劳动改造。对恶霸地主和破坏法令的地主，则予以应得的镇压或惩处。这样就在团结中农中立富农的局势下，使地主更加孤立，中农生产情绪更加高涨。同时由于对地主阶级中不同分子采取分别对待的政策，也从内部瓦解了敌人。在土改过程中，切实保护工商业，采取措施合理解决城市各阶层与农民间的问题，进一步密切了城乡关系。

其次，是坚持了党的群众路线。在土地改革过程中实行了广泛的宣传政策，放手发动群众的办法。同时批判了恩赐观点及和平土改思想，发动农民起来直接面对面地向地主斗争。土地改革既然是广大农民群众的迫切要求，也是他们摆脱封建枷锁的唯一出路，如果不去放手发动群众，形成一个声势浩大的反封建斗争，也就不能制止地主阶级垂死的挣扎与反抗，也就不能彻底摧毁农村封建势力，切实保卫了土地革命斗争的胜利果实。在土地改革过程中，在共产党的直接领导下的土改工作队深入群众，访贫问苦，扎根串连，贯彻与农民同吃同住同劳动，通过种种形式的群众会、诉苦会、控诉会，揭发敌人的罪恶活动，提高农民的思想觉悟。在农村建立以贫雇农为核心的领导骨干，团结农村 90% 以上的人口，形成坚强的战斗力量，对地主阶级的破坏活动，随即予以猛烈的打击。在划分阶级，查田定产，分配土地及其他斗争果实时，都是经过农民群众的充分酝酿，民主讨论，反复商量，然后公布周知，三榜定案。

第三，是成功地运用农民协会和其他群众组织，并加强党对土地改革运动的领导，在这次土地改革中，除动员大批干部下乡，并调动领导土地改革有经验的干部以老带新之外，还在新解放区事先训练了 36 万人的土地改革工作队，配合各级农民协会，在各级党的领导下，进行发动群众组织群众的工作。在工作方法上采取了典型示范、重点突破、以点带面、点面结合、稳步发展、积极前进的方法。各级领导机关运用了各种方式，密切上下级的联系，建立统计报表制度、阶段总结制度、汇报请示制度等。

在运动过程中，各级领导随时掌握运动的真实情况，随时发现问题，及时解决，随时纠正偏差，定期总结经验，推动了运动的健全发展。在运动中以农民协会为中心，建立起各种农民组织，如妇女联合会（妇联）、青年联合会（青联）、儿童团、民兵队（农会武装部）等，在共产党的领导下，协助农会进行一切工作。

此外，在这次土改运动中，还动员了城市中大批机关干部、民主人士、知识分子和工商业者，下乡参加或参观土地改革。这不仅直接支援了农民，对封建势力给了一个有力的打击，而且对参加者本身更是一个很好的教育改造。

三、土地改革胜利的伟大历史意义

土地改革胜利的伟大历史意义在于不只作为中国革命的根本问题的农民问题得到解决，从此结束了几千年来悠长的封建历史阶段，而且也证明了马克思主义在小农经济占优势的国家也可以用土地归农民所有的办法来解决农民土地问题的理论。中国共产党领导农民进行 30 年的土地革命斗争的实践，不只是中国历史上的光荣的一页，同时也具有世界历史意义。

土地改革胜利的伟大历史意义也在于工农联盟在土地革命斗争的作用。只有在工人阶级领导之下，巩固地结成工农联盟，农民运动才有可能获得成功。资产阶级革命不能提出彻底解决农民问题的土地纲领，自发的农民运动也不能获得胜利，在中国近代历史上已经得到充分的证明。

土地改革胜利的伟大历史意义也在于它为我国向社会主义过渡奠定了必要的经济的和政治的基础。只有打倒帝国主义、封建主义和官僚资本主义的统治，摧毁了封建土地制度、封建剥削制度，才可以建立人民民主专政，进一步巩固工农联盟，才可以把农民组织起来，走合作化的道路，发展农业生产，从而以农业为基础，促进整个国民经济的恢复和发展。土地改革的胜利所以成为农业经济史上的重大成就，也就在于摧毁旧的农村生产关系，建立新的农村生产关系，解放农村生产力，发展农业生产，为农业集体化、合作化铺平道路，为建立社会主义农业创造条件。

土地改革胜利的伟大历史意义也表现在对国民经济的恢复和发展起着促进和推动的作用。中华人民共和国的建立，迫切要求整个国民经济迅速恢复，并获得长足的发展。

土地改革对于解放农业生产力、恢复和发展农业生产力的作用非常显著。尤其是在经济落后地区，这种变化更为突出。以全国而论，1950年全国粮食总产量比1949年增加了16.7%，恢复到战前最高年产量的92.8%。1950年全国棉花总产量比1949年增加了58.9%，超过了战前1933年至1937年平均产量的11%，到1951年已超过战前最高年产量的33%。1952年全国棉花总产量更超过1949年前最高年产量的53.6%，从此改变了我国棉纺织工业数十年来依靠外棉供应的局面。随着土地改革的胜利而展开的大生产运动，特别是1951年以来的爱国丰产运动，各地涌现出大批的农业劳动模范，创造了许多在我国农业史上空前的丰产纪录。

新的生产关系下，农业生产力之所以获得迅速恢复与提高是由于以下的原因：

1. 农民在土地还家后，生产情绪空前高涨，大大地发挥了主观能动性，积极开展农业副业生产。

2. 土改后通过劳动互助，充分使用劳动力，提高劳动效率和劳动生产率，而且农村中过去 10％左右不事劳动的人口，包括地主、懒汉、二流子等，经过教育改造也参加了生产。

3. 土改前被地租剥削去了的大量社会财富回到农民手中，转化为农业再生产资金，在农业生产中，开始有了条件使用新式生产农具，改良生产技术，实行农田基本建设。如进行水利灌溉、改良土壤、保持水土、防御灾害等等，从而保证了丰产增收。

土地改革后，不止农业生产迅速恢复与提高，农民的收入水平和购买力水平也不断上升。东北黑龙江省克山县民主村，1948 年进行了土地改革，当年平均每户支出 361.0 万元（东北币），每人 76.7 万元；1949 年平均每户支出 431.0 万元，每人 114.7 万元；1950 年平均每户支出 949.6 万元，每人 339.8 万元。如以 1948 年购买力指数为 100（按户计），则 1949 年为 130；1950 年为 263；三年之中增加了一倍半还多。

农民经济生活的好转，一方面表现在有余粮可以出售，提高了收入水平，另一方面表现在消费品数量的增加与质量的提高，显示着生活水平的提高。克山县民主村 1948 年平均每人购买 16.3 尺布，1949 年 27.8 尺，1950 年仅前三个季度就已经达到 36.5 尺。根据商业部门一般的报道，土地改革后，农村市场不只要求商品数量增加，而且要求花色增加，质量提高。许多土改前从来不出现在农村市场的商品如手电筒、暖水瓶、橡胶鞋、自行车等也很快地成为农村供销社的畅销品。1950 年 6 月 22 日新华社通讯有一个很生动的描述："去年（1949）冬天，东北农民一下子买了九十万疋棉布，今年（1950）四月以前又买了九十万疋；历年惯例，开春以后农民即退出市场，可是今年到了夏锄的时候，依然不断要求工业品。买了粗布还要买细布、花布、斜纹布，但市场上却没有结实美观的货色；买了手工做的靰鞡还要买橡胶鞋和水鞋，现有的胶鞋都不适合于下地耕作；买了纸笔还要给小孩、妇女和秧歌队买洋袜子和花花衣裳，但市场上丝袜子之类的虚华存货却不合农民口味。当市场上还在着急拿不出适于农村需要的货色的时候，春耕又带来农民的新要求了。农民要改良农具，要新农具，要鞍、鞭、缰、套……连饮马也要买个洋铁吊桶。"

在土地改革后，各地农民购买力的提高已经成为一种趋势，而且其中生产资料的需要量又是不断增加，这就标志着农民在丰衣足食的基础上，扩大再生产也是欣欣向荣。从克山县民主村农民购买生活资料与购买生产资料的比重的变化，就可以看出农村经济的繁荣，具体情况见表18-1：

表 18-1　克山县农民购买生活资料和生产资料比重表

年份	生产资料支出（％）	生活资料支出（％）
1948 年	11.8	88.2
1949 年	10.7	89.3
1950 年	23.0	77.0

华北区供销系统1952年上半年销出商品，肥料7.8亿多万斤，相当于1951年全年供应量的142％，新式步犁约3万部，相当于1951年全年供应量的164％，水车9.29万部，相当于1951年全年供应量的128％，这还仅仅是一个不完全的统计。

旧中国的城乡关系是被帝国主义封建地主和官僚资本所操纵的，他们通过工农业产品不等价交换对广大农村劳动人民进行残酷的剥削掠夺。在地租、高利贷、贱买贱卖、苛捐杂税、横征暴敛等阴云笼罩下，农民过着暗无天日的生活，城市经济对农村经济，是处在统治者和被统治者、剥削者和被剥削者的地位。城市经济的繁荣，足以反映农村经济的枯竭。土地改革后，在新的经济关系下，农村为城市提供大量的商品粮食和工业原料品，城市为农村提供不断在增长着的农业生产资料及农民生活资料，在城乡互助内外交流的新的形势下，农村又为城市工业品开辟了广阔的市场。土地改革后的新的城乡关系进一步巩固工农联盟，并为国家社会主义工业化铺平道路。在新的城乡关系下，国营商业及国家银行起着主导作用。国营贸易和供销合作社随着城乡关系的改变都有着长足的进展，并且有了更大的组织和经济力量来掌握市场，深入农村，使农村的生产得到保障，加强了国家对农业生产的计划领导，促进农、副业的进一步发展。同时人民政府对农村的经济作物如棉、麻、烟、茶……采取了土特产品与粮食固定比价的办法，又不断降低工业品的价格，这样就保障了农民的收入，促使城乡物资的通畅。在新的城乡关系下，国家银行的农村金融事业，从单纯的农贷工作转向存款、放款、储蓄、保险和信用合作等全面业务活动，并协助商业部门，大力组织农村土特产的收购和加强农业生产资料的供应工作等。这都使土地改革后的农村经济蓬勃发展，日益繁荣。

土地改革后，农业生产的恢复与发展促进了工业生产的繁荣和整个国民经济的好转，强有力地说明农业为基础工业为主导，工农业相互支援相互促进地发展国民经济这一个普遍真理。土地改革后，农产品商品率的增加，为工业发展提供丰富的粮食和原料的巨大作用，根据1949年12月13日《东北日报》的报道："在新的情况下，商品粮食和当作商品的副业产品日益增多起来。据榆树县委统计：去年全县播种大豆面积不到20%，今年是35%，明年将达半数左右，而农村养猪、喂鸡等副业也有很大的发展。种植经麻、火麻、亚蔴、火麻子等作物也在增加；稻田面积也有很大增加，看着稻子值钱，许多中国农民也种了水田，水田面积今年增加很多（编者按：当地1949年前主要是日本和朝鲜移民种植水稻）。据我们在榆树县三合屯了解，今年每人平均收入粮食三石有余。五口之家，扣除人吃喂马交公粮等，可作为商品的粮食约有一半左右……而副业收入据榆树县委说一般可占农业收入15%到20%左右。"这个材料正好说明土地改革促进了农村商品经济的发展，而农村经济的商品化，恰恰是工业发展的温床。农产品商品化对发展工业的作用，从棉花来看是非常突出的。在1949年前官僚买办资产阶级和帝国主义狼狈为奸，力图倾销美棉，直接操纵国内棉花市场。如全国棉纺织工业中心的上海，在1949年前99%用的是美棉。1949年后，中央人民政府号召棉纺织工业原料自给，要求在1950年全国棉花产量在原有的基础上再增产1 300万担，土地改革后，翻身农民热烈响应这一号召，不但胜利地完成了这一项增产任务，而且还是超额完成任务，这是中国历史上空前未有的成绩。

土地改革为国家工业化积累资金的作用也是不容忽视的。土地改革前，地主阶级用于兼并土地、个人挥霍、投入高利贷剥削和进行商业投机的资金，土改后都变成为扩大农业再生产与国家工业化的资金。农民剩余劳动所产生出来的大部分财富，通过土改后日益发展的农业生产互助合作组织，在新的城乡关系下，向城市交换所需要的生产资料和生活资料，也逐步转化为工业生产与国民经济建设的资金。土地改革后，农业生产稳定，国家的农业税收也有了保证。土地改革后，农业生产发展的结果，除了为国内市场提供商品粮食及工业原料外，许多对外输出的农副业产品土特产品如茶叶、桐油、猪鬃、肠衣、蚕丝等等，也都迅速地恢复了生产，通过国营对外贸易机构的组织出口，支援兄弟国家，换取社会主义工业化所需要的原料器材与外汇，也给国家积累了国民经济建设所需要的资金。

由此可见，土地改革的胜利，使农村生产力获得解放，农业生产获得迅速恢复与发展。农业生产的恢复与发展又有力地推动了工业生产和整个的国民经济的恢复和发展。因此，在全国范围内胜利地完成土地改革，就成为1949年后财政经济基本好转的前提条件，成为中华人民共和国国民经济走向繁荣的基本因素。

土地改革的胜利，根除了数千年来的封建土地制度封建剥削制度，摧毁了帝国主义赖以掠夺中国农民经济的基础，摧毁了官僚资本榨取农民的凭借，以此结束了一个世纪以来的半封建半殖民地的统治，结束了一个世纪以来的半封建半殖民地的农业经济。实现了"耕者有其田"，解放了农村生产力。但是土地改革后的农民经济，还是分散的个体小农经济，生产方式还是很落后的，而且小农经济是十字路口的经济，终归要出现了自发的农村资本主义，发展到农村阶级的两极分化，仍旧摆脱不开剥削的生产关系，摆脱不开农民的贫困。小农经济始终是我国社会进一步发展的严重障碍。中国工人阶级领导着农民，一方面完成土地革命斗争这个辉煌的历史任务，另一方面帮助农民组织起来，由带有社会主义萌芽的集体劳动的互助组，发展到半社会主义性质的土地劳力按股分红的初级农业合作社，又发展到完全社会主义性质的完全按劳分配的高级农业合作社，最后建立起现阶段的史无前例的社会主义集体所有制的农村人民公社。这一系列的历史发展过程，它的理论根据即实现了马克思列宁主义关于农业合作化的理论，又丰富了马克思列宁主义的内容。既符合于不断革命论，又实践了革命发展阶段论。同时也说明了生产关系一定要适合生产力性质的客观经济规律要求。

*   *   *   *   *   *   *

注：本讲义原稿未见，此据北京农业大学农经系经济史教研组编《中国近代农业经济史》1962 年 3 月油印本排印，与韩德章教授合撰。

附录一：学习《矛盾论》札记

中国古代社会经济关系的研究

——"……矛盾的普遍性即寓于矛盾的特殊性之中。"

无往而不在，即普遍性，变化无穷，千差万别，即特殊性。异中存同，即所谓万变不离其宗。透过现象看到本质，在现象中看到的是矛盾的特殊性，在本质中则能看到矛盾的普遍性。（？）

——"……当着我们分析事物矛盾的法则的时候，我们就先来分析矛盾的普遍性的问题，然后再着重地分析矛盾的特殊性的问题，最后仍归到矛盾的普遍性的问题。"

先笼统抓本质，即先有了一个基本认识，然后具体地、详细地分析研究各个细节，找出其中的矛盾关系。在这种分析研究的基础之上，再返回来证明原来的基本认识，或予以修正补充，如此达到最终的判断（现象尽管复杂，基本形势总是简单的，这也就是透过现象看到本质）。

譬如作画，先构出轮廓，大致安排好画面，然后一点点地细描，最后再从大处着笔进行整理。

——"人的认识物质，就是认识物质的运动形式（阶级斗争也是一种运动形式）……对于物质的每一种运动形式，必须注意它和其他各种运动形式的共同点（对立和斗争）。但是，尤其重要的，……则是必须注意它的特殊点（可以是自发的，也可以是自觉的），就是说，注意它和其他运动形式的质的区别（过程较复杂，上层建筑发生反作用）。"

——"每一物质的运动形式所具有的特殊的本质，为它自己的特殊的矛盾所规定。"

阶级斗争反映生产力与生产关系之间的矛盾，这种特殊的矛盾规定了阶级斗争的特殊性质。

——"每一种社会形式和思想形式，都有它的特殊的矛盾和特殊的本质。"

奴隶社会，封建社会……均各有其不同的主要矛盾。

——"不但要研究每一个大系统的物质运动形式的特殊的矛盾性及其所规定的本质，而且要研究每一个物质运动形式在其发展长途中的每一个过程（此处"过程"一辞，法文本即作 ètape！）的特殊的矛盾及其本质。一切运动形式的每一个实在的非臆造的发展过程内，都是不同质的。"

"一个大系统的物质运动形式"，比如说是阶级斗争，它有它的"特殊的矛盾性及其所规定的本质"。"特殊的矛盾性"应指的是生产力与生产关系的矛盾？其本质即生产关系对生产力之适应与不适应？

"每一个物质运动形式在其发展长途中的每一个过程（ètape）"有其"特殊的矛盾及其本质"，那就应当说奴隶社会、封建社会……各有其特殊的矛盾及本质。

——"不同质的矛盾，只有用不同质的方法才能解决。"

解决奴隶社会的矛盾和解决封建社会、资本主义社会的矛盾的方法自然不同。更进一步来说，中国的封建社会与欧洲的封建社会的矛盾不完全同质，其解决的方法也应有质的差异（双方的资产阶级的性质和力量大不相同！）

封建领主与农奴之间的矛盾，由封建领主让位与封建地主和农奴在法律上得到解放（可以自由买田……农民的反抗起重大作用！）而解决了。形成了代表地主阶级利益的专制封建政权。

专制政权与农民之间的矛盾，因农民逃避官府的压榨纷纷投靠势豪，最后随了专制政权的衰弱（专制政权是由农民起义摧毁的！）而转化为特权地主与依附农民之间的矛盾。

特权地主与依附农民之间的矛盾由特权地主与专制政权在分赃上得到妥协，基本上恢复了原来的专制政权与农民之间的矛盾（农民起义虽能颠覆专制政权，但不能创立起来新的政治制度，结果政权还是落到地主阶级手里！）。

社会主要矛盾一直是封建地主阶级与广大农民之间的矛盾，但每一发展阶段的不同质的具体矛盾，都没有得到合理的解决，根本原因似应是没有一个真正独立的，在政治上具有主动性的工商业资产阶级！

——"为要暴露事物发展过程中的矛盾在其总体上、在其相互联结上的特殊性，就是说暴露事物发展过程的本质，就必须暴露过程中（每个）矛盾各（两个！）方面的特殊性，否则暴露过程的本质成为不可能。"

"一个大的事物，在其发展过程中，包含着许多的矛盾……这些矛盾不但各各有其特殊性，不能一律看待，而且每一矛盾的两方面，又各各有其特点，也是不能一律看待的。我们从事中国革命的人，不但要在各（每）个矛盾的总体上，即矛盾的（两个方面的）相互联结上，了解其特殊性，而且只有从（每个）矛盾的各（两）个方面着手研究，才有可能了解其（那个矛盾的）总体。所谓了解（每个）矛盾的各（两）个方面，就是了解它们每一方面各占何等特定的地位，各用何种具体形式和对方发生互相依存又互相矛盾的关系，在互相依存又互相矛盾中，以及依存破裂后，又各用何种具体的方法和对方作斗争。"

——"……不但要在各个矛盾的总体上，即矛盾的互相联结上，了解其特殊性，而且只有从矛盾的各个方面着手研究，才有可能了解其总体。"

德文译文：……不但要把矛盾（单数！）看作一个整体，在它的对立面的两个方面的（互相）联结上加以理解，这样来了解它的那些特点（多数！）而且要研究它的每一个方面，因为我们只有这样才能在其总体上了解矛盾（单数！）。

法文译文：……不但要了解这些矛盾之中的每一个的特殊性（单数），（这些矛盾是在其总体上，换言之，在其相互联结上来看的）而且还要研究每一矛盾的两个方面，（这是）达到对总体的了解的唯一方法。

英文译文：……不但要了解这些矛盾在其总体上的，这就是说，在其（相互）联结上的特性（单数），而且要研究每一矛盾的两个方面，作为了解总体的唯一方法。

〔以上三种译法，"矛盾"一辞，德法文用单数，英文用多数，但就译文的含义言，法文与德文并不同，反而是与英文相同。就原著原文上下文来判断，德文译法是不对的。因为原文在这前面明说了"包含着许多的矛盾"，"这些矛盾"当然指的是多数矛盾，原文中"各个矛盾"不应当理解为每一个矛盾，而应理解为一群矛盾。中文中有此说法，如说"西方各国"，意思不是西方的每一个国家，而是西方那些个国家。

不过孤立起来说，德文译文所表达的意思也是有理的！]

中国历史上的封建时期算是"一个大的事物"，封建社会在其发展中有许多的矛盾，除地主阶级与农民这个主要矛盾外，还有地主政权与农民的矛盾，专制统治者与特权地主的矛盾，特权地主与一般地主以及小资产阶级的矛盾等等。这些矛盾互相之间有复杂的关系，其综合就构成封建社会发展过程的本质。每一对矛盾的两个对立方面，更是各有其特点，如同一特权地主阶级，它在同专制政权的矛盾中与其在同农民的矛盾中所处的地位是不同的，使用的斗争方法也是不同的，在斗争中与各方面的关系也是不同的，应当把这些矛盾看作一个总体，从其互相联结上研究其相互关系、影响和特点，并且从每对矛盾（特别当然是主要矛盾！）的两个对立方面着手研究。

中国历史上的专制封建制时期悠长，这一时期内社会经济的发展是"一个大的事物"，其中包含着的矛盾很多，除封建地主阶级及其政权与广大农民（贫、雇、佃农）的矛盾是主要矛盾而外，还有小资产阶级（自耕农、小工商业者、小知识分子……）以及贫苦工匠和小商贩等与地主阶级及其政权的矛盾，小资产阶级与大工商业资产阶级之间的矛盾，小工商业者与工匠、小商贩之间的矛盾，特权地主与无特权地主之间的矛盾，地主阶级与政权之间的矛盾。

地主阶级、资产阶级内部矛盾，小工商业者与工匠、小商贩之间的矛盾，一般都是不很尖锐的，其发展不会超过一定程度（双方利害不是绝对相反）。小资产阶级与地主阶级、资产阶级的矛盾也不是绝对敌对的性质，因前者之转化为后者的可能性是经常存在的，至少是前者经常有此希望。因此，地主阶级和资产阶级（此二者事实上常常融为一体！）及其政权与广大农民（劳动人民是主体！）之间的矛盾始终居于绝对主要地位。此外则地主资产阶级与专制政权之间既相需又有矛盾。专制政权常常是用提拔拉拢中小地主和小资产阶级的办法来抑制来自大地主资产阶级方面的威胁（特权地主与无特权地主之间的矛盾！）。但政权到底是地主阶级的政权，所以这种矛盾还是内部矛盾的性质，实际上也只表现为某某具体个人或家族的兴败，政权以及阶级的本质并不受任何影响（专制统治者经常是在玩弄特权地主与无特权地主以及小资产阶级之间的平衡把戏上面寻求自身的安定！）。以农民为主体的广大劳动者（有种种弱点）在对抗地主资产阶级及其政权的斗争中经常居于劣势，迫不得已时就起义（只能暂时取得优势），总是不能翻身。因为政权在剥削关系上的作用和地位太突出，所以农民起义的直接对象往往是官府。

——"不但事物发展的全过程中的矛盾运动，在其相互联结上，在其各方情况上，我们必须注意其特点，而且在过程发展的各个阶段中，也有其特点，也必须注意。"

德文译文：我们不应只（限于）注意那些表现在一事物的发展的全过程中的矛盾（或是在各对立面 Gegensatze［即矛盾！］的相互关系之中，或是在矛盾［单数］的两个方面的状态之中）的特点，而且这一运动过程的各个阶段也均有其特点，我们应看到眼里。

法文译文：我们应当不只看到一事物或一个现象的发展的全过程中那些矛盾着的方面的运动的特点（那些矛盾着的方面是在其相互联结中和其中的每一个的情况中来看的），而是也应看到运动过程的每一阶段上的特点。

英文译文：我们应当注意的不只是一事物的发展中的对立物（opposites）的运动的全过程（包括它们之间的联结以及在每一个方面之中）有其特点，而且过程中的每个阶段也有其特点，我们也应予以注意。

［以上三种译法，各不相同，按原文之意，以上言事物发展过程中包含许多矛盾，此下又讲发展中的每一阶段又各有其特点。这里几句话是承前启后的转折点，因此可知原意应是：事物发展的全过程中，许多矛盾在

运动着，这些矛盾相互之间是有联系的，这种联系有其特点，而每一对矛盾的两个方面的对立（非必对抗！）状态也各有其特点。所有这些特点，都应加以注意。除此而外，还要注意发展过程的每一阶段上矛盾运动的特点。

以这样的理解为准，则德译较正确（只"在矛盾的两个方面……"句的"矛盾"之前应加上"每个"二字！），英法译文表达的意思含混，所谓"opposites"不知是指的各种矛盾还是指的一个矛盾的各方面（大概是指的后者，因用了"aspect"这个词！）。法译用"aspects contradictoires"，显然是指的一个矛盾的两个方面，那是不对的。因为这样说，这段话里面就是完全不提事物发展过程中含有许多矛盾的意思了。

——"事物发展过程的根本矛盾及为此根本矛盾所规定的过程的本质，非到过程完结之日是不会消灭的。但是事物发展的长过程中的各个发展的阶段，情形又往往互相区别，这是因为事物发展过程的根本矛盾的性质和过程的本质虽然没有变化，但是根本矛盾在长过程中的各个发展阶段上采取了逐渐激化的形式，并且被根本矛盾所规定或影响的许多大小矛盾中。有些是激化了，有些是暂时地或局部地解决了，或者缓和了，又有些是发生了，因此过程就显出阶段性来。"

中国封建社会的根本矛盾是封建地主阶级及其政权与广大农民（农奴）之间的矛盾。在封建社会结束以前，这是没有变化的，但根本矛盾越往后来越激化，证明就是农民起义和农民战争越往后来越激烈，越频繁，而在每个阶段上，各种的矛盾也颇有变化。如第一阶段末，一般领主对农奴的剥削加强，但有的领主因另辟蹊径（主要是开荒！）缓和了同农奴以及工商业者的关系，进而"变法"，复因新型政权的建立而出现了集权统治者、当权贵族与新兴工商业地主阶级三者之间的复杂的矛盾。第二阶段上，集权统治者通过在特权地主和中产阶级（中小地主和小资产阶级）之间维持平衡来巩固自己的地位。但它同广大农民之间的矛盾却突出了，因而引起极大规模的农民战争。第三阶段上，专制政权相对削弱，因而与农民的矛盾相对减小，但特权地主得势，他们与依附农民之间的矛盾逐渐突出，专制政权与特权地主双方展开争夺农民（均田！土断！）的斗争，同时由于自然经济的恢复，商人的势力大大减小，反之，新兴起了寺院地主的势力。第四阶段，专制政权恢复了权威。由于工商业的发展，交换经济的发展，专制政权得以较易控制特权地主，双方之间的矛盾趋于缓和。但政权与广大农民及其他劳动人民之间的矛盾又紧张起来，同时工商业者虽未能作为一个独立的阶级在政治上发挥作用，但他们却加强了地主阶级的力量，因而他们不是形成了一个威胁封建制度的因素，反而是一个巩固封建制度的因素。

——"研究事物发展过程中的各个发展阶段上的矛盾的特殊性，不但必须在其联结上、在其总体上去看，而且必须从各个阶段中矛盾的各个方面去看。"

此段英、法、德三种译文，"各个发展阶段上的矛盾"应当是多数，德译作单数，是错误的。把"在其联结上"译为"在其两个方面的联结上"，就是同下面"矛盾的各个方面"的意思重复，所以致有此误。也许是因为原文下面接着讲了国共两党的关系的变化，好像只是讲的一对矛盾，其实原文并不只把国共两党作为一对矛盾的两个方面来"在其两个方面的联结上"进行分析，原文下面明明说着"……更根本的就必须研究这两党的阶级基础以及因此在各个时期所形成的它们和其他方面的矛盾的对立"，当然指的是许多对矛盾！

——"各个物质运动形式的矛盾，"

阶级斗争是其中之一，阶级的矛盾。

——"各个运动形式在各个发展过程中的矛盾，"

阶级斗争在封建时期（封建主义发展过程中）的矛盾，封建地主阶级与农奴之间的矛盾。

——"各个发展过程在其各个发展阶段上的矛盾以及各个发展阶段上的矛盾的各方面，"

中国封建时期的四个阶段：1. 封建领主与农奴的矛盾；2. 封建地主及其专制政权与农民的矛盾；3. 特权地主与从附农民的矛盾；4. 以专制

政权为代表的封建地主阶级与农民的矛盾。

——"离开具体的分析，就不能认识任何矛盾的特性。"

——"在一定场合为普遍性的东西，而在另一一定场合则变为特殊性。反之，在一定场合为特殊性的东西，而在另一一定场合则变为普遍性。"

这里面也包含了"矛盾的普遍性即寓于矛盾的特殊性之中"的道理！

——"由于特殊的事物是和普遍的事物联结的，由于每一个事物内部不但包含了矛盾的特殊性，而且包含了矛盾的普遍性，普遍性即存在于特殊性之中。所以，当着我们研究一定事物的时候，就应当去发现这两方面及其互相联结，发现一事物内部的特殊性和普遍性的两方面及其互相联结，发现一事物和它以外的许多事物的互相联结。"

中国历史上，同其他国家的历史上一样，有一个封建时期，而且封建制度发展到后来都出现专制封建制，这是事物的普遍性。但在中国，专制封建制存在的时间特别长，这是事物的特殊性。又如中国和其他国家的封建社会中，都发展起来一个工商业资产阶级，这是事物的普遍性。但中国的这个阶级没有能很早地形成一个独立的政治势力，而是同封建地主阶级几乎融合在一起，这是事物的特殊性。

在中国封建时期广大农民与封建地主阶级的矛盾和斗争中，专制封建政权占有特殊的地位。而没有能够充分发展的资产阶级则很难成为代表新兴生产力要求变革生产关系的一个因素。

必须认识到，在中国历史上的封建制度的发展上，也体现了封建制度最后发展到专制主义阶段这样的规律性（这就是普遍性！），同时中国的这个专制主义阶段却特别长而有变化（这就是特殊性！），而这个长而多变的阶段又始终是合乎封建社会发展的普遍规律的（两方面的联结！），还必须研究这个专制封建制度与其他各方面的影响的关系（中国历史上工商业资产阶级的特点，强大的游牧部族的威胁的经常存在，防治河患的必要……）

——"……而必须从客观的实际运动所包含的具体的条件，去看出这

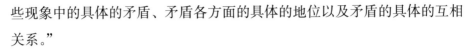

些现象中的具体的矛盾、矛盾各方面的具体的地位以及矛盾的具体的互相关系。"

——"研究任何过程，如果是存在着两个以上矛盾的复杂过程的话，就要用全力找出它的主要矛盾。"

——"无论什么矛盾，无论在什么时候，矛盾的诸方面，其发展是不平衡的……事物的性质，主要地是由取得支配地位的矛盾的主要方面所规定的。"

——"矛盾的主要和非主要的方面互相转化着，事物的性质也就随着起变化。"

——"单纯的过程只有一对矛盾，复杂的过程则有一对以上的矛盾。各对矛盾之间，又互相成为矛盾。"

各对矛盾之间又互为矛盾，这应如何理解？因为每对矛盾的两个方面之一是占支配地位的，规定事物的性质的，然则所谓各对矛盾之间的矛盾，是否即每对矛盾的主要方面与其他矛盾的主要方面相互之间又成为矛盾？例如专制封建主义社会包含有许多的矛盾，专制政权与农民之间的矛盾，专制政权是主要方面，农民与地主阶级之间的矛盾，地主阶级是主要方面，这样，专制政权与地主阶级双方也构成矛盾（事实上这两方面在瓜分剥削物上面确是互相矛盾的！）。

——"一切矛盾着的东西，互相联系着，不但在一定条件之下共处于一个统一体中，而且在一定条件之下互相转化，这就是矛盾的同一性的全部意义。"

——"缺乏一定的必要的条件，就没有任何的同一性。"

——一定的必要的条件具备了，事物发展的过程就发生一定的矛盾。"

在具备了必要的条件的情况下，某个具体的国家或民族的社会发展是可以越级前进的。

温室栽培也是这个道理！重要的是"当时的具体条件"！

——"无论什么事物的运动都采取两种状态，相对地静止的状态和显著地变动的状态……当着事物的运动在第一种状态的时候，它只有数量的变化，没有性质的变化，所以显出好似静止的面貌……而矛盾的斗争则存在于两种状态中，并经过第二种状态而达到矛盾的解决。"

——"有条件的相对的同一性和无条件的绝对的斗争性相结合，构成了一切事物的矛盾运动。"

——"对抗是矛盾斗争的一种形式，而不是矛盾斗争的一切形式。"

——"矛盾和斗争是普遍的，绝对的，但是解决矛盾的方法，即斗争的形式，则因矛盾的性质不同而不相同。有些矛盾具有公开的对抗性，有些矛盾则不是这样。根据事物的具体发展，有些矛盾是由原来还非对抗性的，而发展成为对抗性的；也有些矛盾则由原来是对抗性的，而发展成为非对抗性的。"

* * * * * * * *

——根据从《矛盾论》的学习中得到的认识，对中国封建时期的阶级斗争形势及其变化试作具体的分析。

——从毛泽东同志《中国社会各阶级的分析》中的阶级构成逐步往上推，初步看出来，悠长的封建时期，在最后这个半殖半封阶段以前，可划分为四个阶段，各阶段的主要矛盾是：

1. 封建贵族领主与农奴之间的矛盾。

2. 封建地主及其专制政权与实际上是农奴的广大农民之间的矛盾。

3. 封建特权地主与从附农民之间的矛盾。

4. 在各统治阶级及其各阶层间维持平衡的基础上的专制封建政权与广大农民之间的矛盾。

——因为主要矛盾始终是封建地主统治阶级与广大农民之间的矛盾，所以社会的性质始终是封建的，并没有改变。

——因为在整个封建时期除了几个短暂期间（农民战争胜利！）之外，社会主要矛盾的主要方面始终是在封建统治阶级一边，正是这个占着支配地位的主要方面，决定着整个社会的性质。

——但由于社会发展的内在原因（主要的！根本的！），加上外来因素的影响，中国封建社会在不同时期的具体阶级矛盾形势是有变化的，从而形成阶段。

——在不同阶段上，一方面是剥削阶级与被剥削阶级之间的矛盾激化了（农民战争越往后来越激烈！），另方面是统治阶级内部的各种矛盾发生变化（主要是特权地主与无特权地主之间的矛盾、专制政权与特权地主之间的矛盾，各封建集团之间的矛盾……），统治阶级中的不同方面在分赃上形成各种不同的结合，每种结合均有其特点。因此每个阶段也各有其特点。

——在历史上，农民阶级是不能自己解放自己的，需要一个先进的阶级加以领导。中国历史上也早出现了一种工商业者阶层，但他们由于具体的原因没有发展成为一个资产阶级，而是与封建地主合流了，这个特殊情况必须予以注意！

——根据以上的考虑，随时参考其他国家的历史发展情况，最后仍用毛泽东同志《中国革命和中国共产党》中的论断来审核，严格遵守"具体地分析具体的情况"这个原则！

＊　＊　＊　＊　＊　＊　＊　＊

——中国的封建制度是随了周族的征服东方而发展起来的，对被征服区的统治和经营方式似是一种军事殖民，派遣贵族各率臣属在各地建立据点，以发展农业生产作为统治的经济基础，逐渐扩大据点的影响，最后使之连接起来，每个据点就是或大或小的侯国。诸侯是各地的实际统治者，下面是各级贵族，分享统治权。

——当时的阶级情况：包括天王、诸侯在内的各级贵族是统治阶级，是剥削者，基层贵族是"士"，他们是土地的主要的直接占有者（"士食田"），主要的农业劳动者是"庶人"，他们是农奴（"庶人食力"）。另外贵族的经济单位中有专从事各种器物的制造的各种工匠和专为贵族从外边收购各种物品或贩卖多余物品的商贾。他们都是不独立的，对贵族有人身依附的关系，身份略同"庶人"，他们完全为贵族的经济单位服务，为贵族所豢养（"工商食官"）。此外还有许多种人，从事各种的劳动（主要是家务劳动），他们的身份比庶人、工商更低，可以说是奴隶。所有以上这种种劳动者，都是被剥削者。

——可以说，当时社会上主要是各级贵族（剥削者）与各种劳动者（被剥削者）两个方面的对立，双方之间的矛盾当然也就是社会主要矛盾。其他矛盾主要是各级贵族之间与个别贵族之间的矛盾，这种矛盾往往是很激烈的，至于各种劳动者相互之间虽然也有矛盾，但不会是很显著的（原来殷族统治下的广大奴隶，身份可能有所提高，因为新统治者要争取他们的一定程度的同情，并使发挥更大的生产积极性，他们的身份也许稍低于周族的"庶人"，也许就给了他们"庶人"的身份，这种差别不太重要。当然他们仍然是被剥削者）。

——此外，当时以种植业为主要生产的华夏各族经常与各种游牧部族处于敌对状态之中，这也是一种矛盾。这是一种特定的历史环境，用以对抗游牧部族的武装力量（车战！），是以由贵族组成的甲士为主，由农民组成的步卒为辅。

——发展到后来，陆续出现几种情况：

1. 贵族因军备需要和生活趋向奢靡，支出不断增加，就逐渐加重对农奴的压榨（"初税亩""作丘赋""民三其力，二入于公"……），因而双方的矛盾趋于紧张。

2. 耕地由平原区向草原及山区推广，步卒取代了甲士在作战中的主要地位，农民的力量因而增强。

3. 大规模开垦荒地，也就是扩大生产基地，使某些贵族与其农奴的矛盾暂时趋于缓和，贵族是利于扩大其土地占有，农奴则在新垦区可以争取到比较好的劳动和生活条件。

4. 贵族独占土地的制度打破了，出现了非贵族地主，同时也出现了契约佃农和雇农（新的矛盾！）。

5. 随了交换经济的发展，工商业者从贵族的经济单位中分化出来，成为独立的经营者，特别是商人的活动，对原来的社会组织发生了很大的分解作用，许多没落的、分不到土地的低级贵族也加入了商人的行列之中。

6. 出现了一大批自由的知识分子和特殊游民（"游士""游侠"），主要是从没落贵族阶层游离出来。

7. 出现了集权的封建政权，它主要依靠强大的武装力量（以步卒为主！）和一个官僚机构。

——社会结构发生变化，但社会的主要矛盾（贵族地主阶级与农奴之间的矛盾）并没有发展到全面武装斗争（农民大起义）的程度，封建制度维持不变，只是阶级情况与前不同了。

——原来的贵族领主逐渐让位于一个新兴封建地主阶级（组成分子：富商、中上层官僚以及能适应新情况的那些旧贵族地主），他们仍然是统治阶级。

——农奴基本上摆脱了种种旧的封建约束，变成了自由的佃农或雇农，有的成了自耕农。

——工商业者没有组成一个独立的政治势力，其上层总是转化为地主，其中层和自耕农以及一部分知识分子共同组成一个中间阶层，这是一个新的、不稳定的阶级，也是一个地主阶级与农民阶级之间的缓冲阶级。

——知识分子主要是官僚的后备军。

——在这样的基础上，形成了专制的封建地主阶级政权。

＊　＊　＊　＊　＊　＊　＊　＊　＊

——殷代是奴隶制

——周族以少数征服了多数，用军事殖民的办法统治广大东方，从而建立起来封建制，把原来殷族的奴隶改变为半自由的庶人（农奴）。周族人的身份较高，殷周两族原来都有许多等级，基本上当然还保留。因此，社会等级很多（"人有十等！"），但大体说来，属于统治阶级的贵族自天子以下是诸侯、各级大夫、士（基层贵族），属于被统治阶级的是庶人、工、贾以及圉、仆等等，而以庶人为主。

——周族对广大东方的统治力量并不平衡，各地经济发展也不平衡，故各地封建化的程度，或者说奴隶制的残余也参差不齐。

——直接占有和经营土地的主要是"士"一阶层（诸侯和各级大夫所

直接掌握的土地，也是交由其直接属下的基层贵族管理），他们与庶人直接发生关系。

——贵族之间争夺土地是经常的，东迁以前可能比春秋时期稍逊，不会是绝无仅有，只是文献缺乏。

——对庶人的具体的剥削，各地显然并不全同，但基本上都不外实物和力役两大项，任意诛求越到后来越甚。

——贵族日逐增高的奢侈生活促进了商业的发展，工商业者人数日多，与一部分比较识时务的没落的贵族（政治斗争中失败者，分不到土地的非嫡系贵族子孙……）和新兴的社会知识分子（主要来自没落的贵族！）逐渐形成一个新的社会阶层（类似欧洲中古后期的"第三阶层"），他们不尊重原来的社会制度，寻求新的社会形式。

——各国最高统治者（诸侯）与各自的高级贵族（实力派）之间的矛盾越来越大，有的高级贵族夺得了政权之后，也同样感到自己原来的有力助手而今成为高级贵族的威胁。为了抵制高级贵族，各国最高统治者就拉拢新兴的社会阶层，后者也愿借此来争取政治权力，他们致力于国王权力的提高（专制！），变法！

——变法派重视发展生产，主要是农业，大规模的垦荒，因此必须调动广大农民的积极性，于是打破传统的土地制度，人人得占有土地，土地得自由买卖。当然，庶人也取得了自由的身份，其财产得到了保障，鼓励成年农民建立独立家庭，多子继承制的确立。

——封建领主让位于一般地主，地权极不稳定，在新垦区内，新的制度更易推行。新垦区提供大量余粮（秦赵二国强盛的原因！燕似亦因此而由弱变强？楚则与水争地，魏齐似均致力于尽地力），土地自由兼并，新兴地主与商人均支持专制王权。

——法家代表中小地主，儒家代表特权地主，双方的斗争始于此时！

——秦始皇的理想是专制一切的皇帝高高在上，下面是广大的中小地主和自耕农（当然大量的贫雇农也是不可少的！），中间的大地主阶层尽可能小，尤其是不让他们拥有各种特权。如此，皇权可以永保。但事实上这是不可能的，他得不到大地主的支持，中小地主、自耕农以及商人等受不了他的压榨，也不同情他，他成了真正的孤家寡人——大起义！

——项羽代表在政治上"复六国之旧"的思想，当然要失败（广大人民怕战争！）。

——刘邦在一定意义上来说，可以说是在经济上复六国之旧，即对人民的经济活动采取放任自流的政策，"与民休息"实即"兼并自由"！素封！文帝降低选举的家资条件标准，意在扩大积极支持王权的阶层，即中小地主阶层，用以对抗必然形成的大地主阶层（因卖官鬻爵而取得了各种特权！）（儒家歌颂文景以及赞扬无为而治的原因！）。

——汉武打击一切地主与商人，与秦始皇同，所异者是他对一般劳动农民的剥削不如秦皇之甚，由于桑弘羊另辟财源，"民不加赋"，故未至覆灭，但官方对农业生产采取积极措施（兴水利、提倡种宿麦、官买农具、教田……），在官僚政治下证明是无效的。

——汉武崇儒而又行法家之术（桑弘羊！），这反映专制封建政权与特权地主阶层和中小地主阶层之间的复杂的矛盾关系！

——汉武以后，大地主阶层占了上风。

——王莽的教条主义既未能防止大起义，又使大起义没有收到应有的效果，大地主不但继续发展，而且加强了封建性（反映到政治制度方面！地方长官渐具封建诸侯色彩！）。从附！不固定的庄园！自然经济的扩展。

* * * * * * *

——奴隶社会从略

——封建制度主要应是随了周族之征服广大的东方而建立起来的（新的生产力？铁农具？灌溉？）。

——东方是逐步征服的，因此东方各地的奴隶制度也是逐渐消灭的。在一个不很短的时期内，显然存在着封建制度与奴隶制度交错并存的局面（不能想象各地奴隶制度是同时消灭的，不能想象周族在广大东方的统治是那样的完全和有力。）。

——周族征服和经营东方，似采取了军事殖民的方式，在各地建立军事据点，在据点上以大力发展农业为巩固政治势力的经济基础，即以当地的土地作为对负责该地政治军事工作的贵族的酬庸，建为侯国，使之各自图谋发展，逐渐扩大影响，通过各据点的影响面之逐渐接近，加强和巩固对征服区的控制。

——各级贵族分别占有全部的土地，基层贵族是"士"，他们应当是农业生产的直接管领者、土地的直接经营者（"士食田"！）。他们要把剥削所得的一部分或大部分上缴与上级贵族，或者直接替上级贵族经营田业，但他们是贵族的身份，不参加生产劳动（战时则参加武装斗争）。

——农业中的直接生产者是"庶人"（"庶"训"众"，他们是全部人口中的大多数），他们是半自由的身份，是农奴，从贵族受田，向贵族提供无偿劳动（"庶人食力"！）。

——"工""贾""商"都不是独立的，身份略如"庶人"，他们是在直属贵族的经济单位中服务（"工商食官"！），不是为市场而生产。

——此外，还有许多人没有自由的身份（"圉""仆""台""僚"……他们的身份更低，他们是奴隶！），而且他们中间也同贵族中间一样分为许多等级（"人有十等"！），不过那种级别的意义不大。他们同"庶人"以及"工""商"等一样，都是被压迫、被剥削者。

——周族灭殷之后，以少数统治多数，为了消弱原来殷族中贵族的影响，很可能是把原来殷族的奴隶的身份略加提高，借以争取他们的同情和支持，至少是消减他们对殷贵族的怀念，也许就给了他们"庶人"的身份，也许稍低于周族的"庶人"（"先进于礼乐野人也"的"野人"）。不过即使是后一种情况，很可能到后来同后者在事实上的差别也逐渐不显著，以致完全消灭。无论如何他们当然还是被压迫者。

——这样说来，当时的社会主要就是两个阶级，一个是占有生产资料（土地及其他生产工具）的贵族阶级，另一个是包括各种不同身份和职业的劳动者（主要是农奴！）。前者是剥削者，后者是被剥削者。双方构成社会主要矛盾，不存在或基本上不存在中间阶层（即不受他人剥削也不剥削他人者）。

——贵族所借以维持其统治地位的，主要是武装和迷信（"国之大事，在祀与戎"！）。

——各侯国以及各级贵族之间，时常为了争夺土地发生武装冲突，与此同时又不断同各方面的不同文化的部族作战，因此加速了封建社会内部的变化。这种变化应当在"东迁"以前早就趋于显著，只是史文简略，从春秋时的情况可以推想而知（不过早先未垦地还很多，为争地而冲突的机会比较少，为争劳动力的可能更多些！）。

——从春秋末期开始，阶级状况发生了比较显著的改变，最主要是出现了一个新的自由的工商业者阶级。这一阶级的成员，有的是原来的贵族，特别是基层贵族（齐之田氏、子贡、陶朱公、白圭……），他们由于自然繁殖人数越来越多，每人所能分到的土地越来越少，有的人就因应社会经济发展的形势，放弃"以贵求富"的旧想法，改而直接求富，经营起工商业来。另一部分成员原来是直属于贵族的工匠和商贾，由于贵族经济的日趋瓦解。他们事实上逐渐取得了自由的身份，因为他们都是"世其业"，所以积累了很多的业务知识和经验，现在就独立地经营起工商业来。此外可能还有一些是由农奴转化来的，不过应当不会是很多。

——封建贵族原来是有职务的，即管领农业生产和打仗，到后来从上而下逐渐趋于腐化，放弃了对生产的照顾，在作战方面，由于农业区逐渐向山区和草原推进，对游牧部族的战争，由原来的"彼徒我车"不得不改为以步卒为主（辅之以骑兵），从而导致"车战"时期贵族的绝对优势的结束（在最初军事殖民的条件下，车战是结合战斗和经济生活二者的一种很有效果的作战方式。生产上经常使用的车，随时变成战斗部队的组成骨干，而在平原地区作起战来，这种"车阵"对徒步的游牧部族的攻击也确有一定的抵制效果的）。封建贵族的社会职务都没有了，成了纯粹的寄生阶级，当然非没落不可。

——春秋末期，旧封建贵族已到了绝路，前途只有两个：一是没落，一是改弦更张，去经营工商业，把自己改造为"新富"（Nouveaux - riches）。比较识时务者选择了后一条路，旧"士"换了新"士"（士农工商之士！，当然不完全出身于贵族！），也有的成为"游士""游侠"。

——在这种社会大变革中，社会的主要矛盾始终是封建贵族地主与广大农奴（"庶人"）之间的矛盾，贵族不断加重对农奴的压榨（"作丘赋""初税亩""民三其力而二入于公"！……）农奴的反抗自然也越来越强烈，（"盗跖"极可能是农奴起义的领导者！）由于在战事中的地位日趋重要（步卒重于甲士），更主要的是由于农业中生产力的提高（铁农具的广泛使用！大规模的开荒！……），农奴逐渐争取到更自由的身份，不过还没有能够完全摆脱封建剥削。他们只是对自己的私有经济的发展前途感觉到更大的希望。他们越是企图个人私有经济的发展，也就越增加了对于完全摆脱封建压迫的要求，因而同贵族阶级的矛盾也就越紧张（贵族越是不得不放松某些方面的剥削，也就越抓紧其他方面的剥削权益！）。

——大规模的开荒也产生了缓和阶级矛盾的效果！

——一部分贵族看到了农民在军事上的重要性和在经济上的积极性，以及"新富"的日逐增高的势力，适时地改变了统治方式，在一定程度上给被压迫阶级一些好处（"庶人工商遂，人臣圉隶免"！），争取他们的同情，至少是减少他们的敌意。此外特别是拉拢工商业者（"新富"当中有的是贵族出身的，这就使这种结合更易实现！），这样的贵族在贵族大混战中就成为胜利者，建立起来新型的政权，即集权的、军国主义的国家，新型的国家！在这样的基础上，更进一步实行"变法"（自上而下的！），在法律上解放了农奴，人人可得占有土地，土地得自由买卖，布衣得为卿相……（"法家"是这种变革的理论家、鼓吹者和实行者。）

——土地自由买卖，一方面是大量土地向一小部分人手里集中，另一方面造成大量农民失去了土地，他们成为佃农或雇农。

——新的政权仍然是地主阶级的政权，只是旧的世袭贵族地主换成了以"新贵"（出身不同，非必世袭）"新富"（不同出身的大工商业者）为主的新兴地主（素封！），他们事实上照样有种种特权，广大农民（贫农、佃农、雇农）仍旧处于社会的最下层，是主要的被剥削者！剥削的性质仍然是封建的！社会的主要矛盾仍然是地主阶级与广大农民之间的矛盾（自耕农和小工商业者构成一个薄弱的中等阶层，但地位极不稳定）！主要矛盾中，地主阶级仍然是矛盾的主要方面，因此，这次的变化并不是"质变"的性质，换言之，原来的矛盾并没有得到解决，只是总的形势有了一些改变，对立面的对比关系发生一些变化！或者可以说，仍然只是在"量变"的阶段，还没有达到"质变"的地步。

——工商业确有很大的发展，但其供应对象主要限于富有阶层，经营对象则以奢侈品为主。在广大农村仍然是自然经济的天下，不像欧洲中古有利益无穷的海外贸易（只有盐、铁的供应较广，所以当时巨商也出在这方面！）。因此，工商业者的势力总没有超过一定的程度，他们把多余的资财用于收购土地，从而兼有了地主的身份，加入了地主阶级，而没有建立起来自己的特殊的政治势力。

——新型政权所依靠的，主要是武力和官僚机构（各级官僚代替了各级世袭贵族），专制统治者通过官僚机构成为全国最大的剥削者。

　　＊　　＊　　＊　　＊　　＊　　＊　　＊　　＊

——人人原则上都可以占有土地，而占有土地也是每个人（无论是官吏、商人、农民、手工业者以及文化工作者）的稳定生活的保证以及取得社会和政治地位的阶梯。

——专制的王（皇）权为了抑制特权地主阶级（大贵族），总是拉拢中产阶级作为帮手（法家的主张！），战国时期各国变法均如此！

——秦始皇想阉割了特权地主阶级，但又不肯培养中产阶级的势力，把他们同半无产者、无产者一律压榨，结果就成了孤家寡人（直接面对广大的被剥削者！）。

——汉代统治者想在特权地主阶级与中产阶级之间维持平衡（汉武的做法近似秦皇，几乎垮台！）。

——土地私人占有的高度不稳定性（土地自由买卖！多子继承制！），农业经营单位的构成简单（无牧！）也是原因之一！一方面便利了专制统治者玩弄平衡把戏（宦海浮沉！），另一方面又使相对稳定的平衡局面不易实现（只有在出现了新的、比较大的剥削机会时，各地主之间的矛盾可得稍息，如新的广大地区的开发！）。

——到汉代后期，土地兼并愈烈，地主越来越大，就越需要有人代为经理，其人与地主之间的私人隶属关系很自然地发展了。此外农民无土地者越来越多，就必须接受越来越重的剥削条件，从而也逐渐形成私人隶属的关系。这两种发展情况，促进了农村生产关系的封建性（社会和政治上的反映：长官自辟掾属，治中别驾视长官如君主！）。

＊　＊　＊　＊　＊　＊　＊　＊

1. 贵族地主阶级（独占土地，掌握政权，武力、文化）：不劳动！

各级贵族

基层贵族（士）

家臣之属

———————————————政治上有无特权极明显！

2. 被压迫剥削阶级）"民"：劳动！

庶人（农奴）圃、虞、衡⋯⋯生产劳动

工匠　　　　　　　　　生产劳动

商贾　　　　　　　　　服务劳动

小臣之属　　　　　　　服务劳动

——初级封建社会，从外表看是等级极多（"人有十等"），实际上只是贵族地主和"民"两种人，二者区分的标准是是否参加劳动，至于自由，不仅各种的"民"没有或不完全，就连各级贵族也受种种规制（礼法！）的约束，在经济生活方面，一切生产活动被贵族视为贱业，完全由各种的"民"来承担。

＊　＊　＊　＊　＊　＊　＊　＊

——战国以后

1. 王权（皇权）从贵族中发展出来，成为独特的一个剥削势力

（王）皇族

（王）皇亲

寺宦

2. 特权地主阶级　PATRIZIER

贵官大地主

富商大地主

寺庙大地主

3. 中产阶级　PLEBEJER

中小地主

自耕农

一般商人和手工业主

一般小官吏

一般文化工作者

4. 半无产者和无产者　劳动者

贫农、佃农、雇农

工匠

小商贩

"游民"

——从春秋到战国，表面上社会等级是简化了（呆板而复杂的封建等级减少了，布衣卿相！），被压迫者中间的等级也逐渐泯灭了，实际上却是社会阶级构成反而更复杂了。专制的王（皇）权之外，新兴起了一个"第三阶级"（新型地主和商人！），而这个新的阶级很快就分化：一部上升为特权地主阶级，一部是没有特权（或没有显著特权）的一般地主。

—— 魏晋南北朝时期

1. 皇权　大大削弱，寿命不得长，不稳定

2. 特权地主阶级　势力大增！民族压迫！

贵官大地主

富商大地主

寺庙大地主

---

3. 中产阶级　大大削弱！

---

4. 农奴、工匠、小商贩、"游民"

——汉末长期军阀混战，中原人口大量逃亡，农民之仅存者，必须依托势家，因而大大促进了封建性！（地主因缺少劳动力，自然也对从附抓得很紧！）在另一方面，新垦区（南方以及东北、西北）内也形成封建依附关系，但农民的实际负担较老农区为轻。

游牧部族进入中原后的"军封"！

"均田""土断"的实质是皇权与特权地主和寺庙地主争夺劳动力（北朝皇权比南朝较强）！

隋及唐初统治者也是用"均田"来抵制特权地主，争夺劳动力。因大乱之后，人口锐减，同时又是大地主较易发展的时期！

隋皇权未敢明显敌视特权地主，提携中产阶级，解放农奴（杨氏只是关陇诸大贵族之一！），炀帝更因发动侵略战争而大大损害了中产阶级以及广大农奴（贵族对侵略战争感兴趣！）。

唐皇权也是关陇贵族之一，必须依靠其他贵族的支持。其皇权之建立主要由于镇压了农民起义（中产阶级无力，特权任之与农奴面对面较量！）。

武则天联络中产阶级抵制特权地主，中产阶级随了交换经济的发展而逐渐抬头！

* * * * * * *

——商人（工商业者）

——在封建初期，商、工都是不自由的，附属于贵族经济单位，直接为后者服务。"商"是贵族的买办，替贵族去外地搜购（交换）珍奇之物；"贾"大概是替贵族在当地出售（交换）剥削得来的农产品和手工业品以及多余的珍奇之物（其买主主要是其他贵族经济单位）；"工"是贵族经济单位内部的一种劳动者。

——可能另外还有比较独立的商人（郑商！）。

——春秋末期，随了初期封建社会的解体，独立经营的工商业者逐渐多起来，形成一个新的社会阶级（革命的因素！），走向没落的旧贵族依靠他们来满足自己的奢侈欲望，新兴贵族则拉拢他们作为破坏旧秩序的得力助手。盐铁的经营！在战国时期大规模垦荒活动中，商人可能发生过一定的作用（组织者和投资者！）！

——但他们始终没有能够建立起来自己的据点（当时的城市都是贵族的据点！工商业者为主的城市陶、卫似稍具这种意味？）和自己的政治势力（城市议会！），在这方面，没有像欧洲中古那样的海外贸易这个事实应当是一个重要的原因！他们没有能够破坏自给自足的农村生活到引起质变的程度！贵族地主经济仍占绝对优势。

——工商业者（"工"是在"商"的支配之下！）还须通过把自己变成地主这个办法来取得或巩固自己的社会和政治地位，并进而参加政权。在当时的具体条件下，这个办法比建立自己的政治势力见效更速！（在欧洲，第三阶级上升为贵族是不可能的，而原来只有贵族才得掌握政权，因此，他们只有自己建立政治势力之一途。凭借经济力量迫使贵族分让政权。）

——从那时起，工商业者放弃了建立自己的政治势力的一切企图（工商业发展的有限性使他们不得不放弃！），用一部分财力收买土地，并为了保卫土地和财产而猎取官爵。在这同时，官吏也既买土地又经商，而单纯的地主也非设法经商和求得功名不可。三位一体！

——也正因为没有真正自己的政治势力，他们永不能形成一个强硬的阶级，而只有同官僚一样，仰专制统治者的鼻息，假借他的权威来营谋自己的私利，他们一直是软弱的！

——他们不但不想向专制统治者夺权，反而充任他的助手来压榨广大农民！（专制政权得以专力压制自己不能解放自己的农民，从而得以长期维持不堕！）

* * * * * * * *

——封建社会中，自然经济统治着，原则上生产不是为市场，贵族地主致力于扩大土地占有，自然不是为了增加自己的实物地租收入，然后出售获利（即目的不在于经济方面！），然则究竟是为了什么？提高自己的生活享受当然是原因之一，但它不是主要的，更主要的是取得更多的人力，只有占有了更多的土地，才能笼络住更多的人；而只有拥有更多的从附，才能有更大的实力（武力），从而也才能取得更大的政治势力。有了更大的政治势力，才又有可能扩大土地占有。在这样的循环中，政治因素是主导的，经济因素是从属的，这应当是封建主义区别于资本主义的一个方面（参阅 *ENGELS DIE UMWALZUNG DER GRUNDBESITZVERHÄLT-NISSE UNTER MEROWINGERN U. KAROLINGERN.*）

——欧洲中古时期的教堂，经营较大规模的农场，对一般农民起着示范的作用。我国古代政教合一，欧洲中古教堂其他教育、救荒济贫以及维护学术等职能，历代政府至少在名义上还有些表示，但独在农业经营上并无任何实在的示范措施（籍田不算！）。

——恩格斯称，东方国家的财政为对国内的掳掠，军政为对国内和外国的掳掠，我国古代封建政权本质上是以人民为敌的。赋役当然是掳掠，各地城镇是防御人民的堡垒，"大刑用甲兵"，视用兵为用刑之一种，完全道出军政主要是对付人民的，所谓征讨四夷，只是冠冕堂皇的空话！

——在欧洲中古，社会主要矛盾原来是封建领主和教会地主与广大农奴二者之间的矛盾，但后来从被剥削压迫阶级中发展出来一个"第三等级"，他们代表新兴的工商业的势力，但他们本身不可能成为封建领主，因而也不可能加入统治阶级，于是起来联合农奴闹革命，推翻农村对城市的统治，建立资产阶级政权。在中国古代，原来社会主要矛盾也是封建领主与广大农奴二者之间的矛盾，后来也发展起来一个工商业者阶层，不过这个新兴的阶层中人，不少是出身于贵族，而且即便不是贵族出身，也有可能加入统治阶级，因此他们不迫切要求革命，恰恰相反，他们凭了财力收购土地，成为地主，因此就更不会想去推翻封建地主统治阶级政权。他们作为地主，当然是压榨农民的而不会联合他们闹革命。这样，原来的社会主要矛盾基本上保留下来，农民既然自己不能解放自己，封建制度只有长期维持下去。

——"……要善于去观察和分析各种事物的矛盾的运动，并根据这种分析，指出解决矛盾的方法，因此，具体地了解事物矛盾这一个法则，对于我们是非常重要的。"

要会观察、会分析。观察不正确不行！观察正确了，分析的不正确也不行！怎样才能观察的正确？应当怎样进行分析？

观察要透过现象看到本质，不可为表面现象所迷惑。分析要冷静、周密、客观（不是客观主义！但仍须客观！譬如研究作战，要能做到知己知彼。）。

＊　＊　＊　＊　＊　＊　＊　＊

——资本主义的基本矛盾并不是资本家与工人两个阶级的冲突，而是社会化的生产与资本主义的占有二者之间的矛盾，阶级斗争是基于这种基本矛盾说的。

——准此，封建主义的基本矛盾是什么呢？

封建社会的生产并非社会化（以自给为原则，无大的、经常的农产品市场！）。

资本主义生产单位（企业）一定经常地扩大再生产（由于平均利润的限制，只有扩大生产才能增高利润额！），反之，封建主义生产单位（庄园或农户）并不一定，或者说，原则上并不经常地扩大再生产（一般农户仅得维持单纯再生产，庄园主或富农也因无经常的农产品市场，基本上亦以保持原状为主，所关心的是贮粮备荒，增加收入另有他途，如经商！超经济剥削！），这也是封建社会基本上是停滞的性质的一个主要原因！

此外封建主义的一个特点是超经济强制。这也就决定了封建主义的基本矛盾并不像资本主义那样，一定要于经济方面求之！

资本主义社会是比较动态的，封建社会则是比较停滞的！

因此，封建主义的基本矛盾应当是封建地主阶级方面的无限的超经济强制与广大农民方面的无保障的、薄弱的生产能力之间的矛盾（力役的征发！——在这里要考虑到农业生产的季节性！——农民经常处在饥饿的边缘！自然灾害！……）

——如单就经济方面来说，那就是（农业）生产的停滞性与对农产品需要的不断增加（由于人口繁殖！）二者之间的矛盾（扩大耕地面积是主要缓和矛盾的办法！）。农业生产的配备不能比例地随人口而增加！农业人口与非农业人口的比例原则上不变（"以农立国"说的一种曲解！）！

——在这样的基本矛盾之上，就是封建地主阶级与广大农民之间的阶级斗争。

* * * * * * * * *

——总的来说，新的社会阶级构成：

统治阶级中，形成了一个绝对最高级，即专制王权，它是最大的剥削者，它也直接剥削广大人民（生产者）。

新兴地主阶级代替了旧的封建贵族地主，成为统治阶级的主体，配合和服务于专制王权的官僚机构，主要由他们组成。他们当中不少是由比较大的工商业者（官、商、地主三位一体！），他们事实上拥有不等的特权，对农民及其他劳动者进行封建剥削。

下面有一个由自耕农和小工商业者以及小知识分子、没落贵族组成的中间阶层，他们一般没有特权，他们经常希望通过增加收入或做官上升为特权地主，但大多数常常是下降为贫佃农或小手工业者。这个阶层的人数不算少，但很不固定。

最下层是广大的生产劳动者（贫农、佃农、雇农、小手工业者、小商贩……）以及家庭奴仆，他们或者只有不完全的自由（事实上是农奴！），或者完全没有自由（奴隶的身份，不过不同于奴隶社会）。

——原则上各阶级之间的界限是可以逾越的（这就给了特别是中间阶层的人以向上爬的希望！）。

——秦始皇想在这个基础上把专制制度更大大加强（可能是在这一点上吕不韦是他的政敌！），凭借军事上的权威和消灭六国的机会，大力压抑特权地主阶级，但又不肯给中间阶层（小资产阶级），特别是广大劳动人民一些好处，反而加重了对他们的压榨，结果不是长治久安，而是转瞬覆败，广大劳动人民推翻了他的统治。

* * * * * * * *

注：原稿钢笔书于十六开白报纸，学习《矛盾论》札记无题，兹由整理者所拟，写作时间当为 20 世纪 60 至 20 世纪 70 年代。

附录二：中国传统的财政形态研究提纲

引　　论

——财政社会学：类型的研究（比较的历史的研究）。

——影响财政形态之因素：支出及收入之方式与数量；社会经济组织；经济意识；财政及经济以外之力量（政治、法律……）。

——所谓"传统的"之释义：中央集权制及官僚制下；自西汉起迄目前，时有程度上的差异，但本质上未有变更。历代之有无宰相乃政府组织问题，与国体并无多大关系；大体上与历朝的专制程度深浅相关联。

上篇　中国传统的财政之特质

第一章　家庭经济的性质

一、极权的国家

二、太府与少府

三、量入为出的原则

四、赏赐

五、蠲免、复除和振恤

六、国营事业

七、经营贷放

结论：节用之君，遗留下多年的积蓄，往往该后人喜事用兵，或者荒淫侈乐，其情形一如一个家庭由勤俭致富，复因子孙安于逸乐而败家。

第二章　封建的性质

一、政治制度中之封建的成分

二、力役

三、包税与提成

四、官俸之形式化

五、职田

结论：真正封建制之下，每个封君世有其土，世有其民，由于个人利害关系，不但对于领内之经济情形、户口数目非常清楚，而且不肯竭泽而渔，后世地方官亲其职如传舍，只知朘削，不肯培养税源。

第三章　消极的性质

一、农业社会之人生观与政治理论

二、借减少收入以紧缩开支

三、被诅咒的"言利之臣"

四、河工费与常平仓

第四章　自然经济的性质

一、农业社会之自然经济的基础

二、国家收入当中之实物的成分

三、国家支出当中之实物的成分

四、漕运

下篇　传统的财政体制对于经济及政治所生之影响

第一章　对于经济之影响

一、妨碍了工商业的发展

二、促进了官僚资本

第二章　对于政治的影响

一、助长了宫廷政治

二、延长了封建的政治

附录三：中国传统的财政之特质

（残章）

上篇　中国传统的财政之特质

中国自战国以来之国家财政，具有四种特质：一、家庭经济的性质。二、封建的性质。三、消极的性质。四、自然经济的色彩。兹分论之。

第一章　家庭经济的性质

一、极权的国家

财政制度是依随着政治制度的，因此，支配政治制度之原则，对于财政制度也就发生决定的作用。中国传统的财政体制，就是同中国传统的政体互相配合的。

中国传统的政治，乃是以皇帝及其宫廷为重心，总名之为"皇室"。皇帝执掌政权，名为"家天下"，抚有四海，是皇帝个人的"家"之扩大，所谓"化家为国"，直到今天，"国家"和"国"这两个名词的含义是相同的。"国"和"家"这表示两件不同事物的两个名词，可以合为一个名词，而这一个名词又只具有两件事物中之一的含义，这足以证明，在中国人传统意识中，"国"和"家"是混淆不分的；而此之所谓"家"，即是"皇家"，而所谓"国家"也就是皇家。

国家的最高首长是皇帝。他是全人民的君主，是政治上的领袖。此外，他是上天的儿子——天子，他之宰制万民，乃是受命于天（天王）。他又是全人民的父母，负有子育万民之责。他又是德行最好、学识最优，他的另外一个称号是"圣人"，人人都要领受他的教导。总起来说，他同时又是君，又是亲，又是师，又是上帝的直接代表人。他除了是政治的和礼教的首领而外，和人民还多了一层父子的关系。他对于人民，负有管、教、养、卫一切责任；在另一方面，他是所谓"天、地、君、亲、师"五者的总代表人。

像这样的权力，真可说是至高无上。像这样的一个君主，才真正配说"朕即国家"。而基于这种原则的国体，用现代的词语来说，即是极权的国家（Authoritative State）。

一个极权国家的政权，是绝对的，不可分的；政治的原则是自上而下的。上面的执政者并不对被统治的人民在法律上负责，至多不过是在"良心"上负责，事实上他是具有绝对的权威。人民对于君主，必须绝对的服从，任何的反抗都是不合法的。因为君主之于人民，有如家长之于子弟；子弟绝对不能违背家长的指教，人民同样的也绝对不能拒绝君主的命令。即使在上者的意旨是荒谬的，在下者也只有"逆来顺受"，无话可说。所谓"天下无不是之父母""臣罪当诛，天王圣明"，就是这个道理。

不只最上面的皇帝是具有绝对的权威，就连他所指派的亲民之官的权力，也具有相当的绝对性。亲民之官通称为"父母官"，也就是地方人民的家长。他们除了办理普通的行政事务以外，还要负教诲人民的责任。地方官处理民间的争讼事件，并不一定依照法律的条文，而是可以依照家长处理家庭内部纠纷的办法来定夺。古来多少流传的这类的故事，而且是为一般人所津津乐道。"爱民如子"四个字，是历来中国人民对于好的地方官所加的评语。一个理想的地方官是要像一个好的家长，要表现出来是一个真正的"民之父母"。

像这样的政治，乃是一种家庭性质的政治。

二、太府与少府

极权的国家，家庭性质的政治，这自然直接对于财政体制发生影响。从这一观点来研究中国传统的财政体制，主要的就是考察历代皇室的财政和国家的财政二者相互间的关系如何。

唯王不会。

战国时期是从封建制度转化为君主专制政体的过渡时期。关于那个时期当中财政体制方面的改革，由于资料的缺乏，莫得其详。因为财政体制总是跟着政体变更的，所以我们可以断言，财政体制是有过原则上的改变的。我们现在只能从秦朝说起。

从秦朝的官制来看，当时皇室的财政和国家的财政二者是分开的。掌管国家财政的官，名为"治粟内史"（周官有太府下大夫）；司理皇家财政的官，名为"少府"。少府之义为"小账房"，乃是对那经管国库的大账房——治粟内史——而言。国库和皇帝的私库二者之收入来源和支出对象，都是划分清楚的。田税、人头税等等正税，归入国库，以供军国之用；山、海、池泽等等方面的收入，则归少府收管，以供皇帝的使费。因为依据古代的理论，山海等等乃是天地的府库，其中的出产，自然是归天子私人所有了。秦朝的年代极短，遗留下来关于财政的资料又极有限，因此，关于国家财政和皇帝私人的财政二者之划分，当时实际上是不是严格地保持，我们无法确言。不过有一点是要紧的，就是维持这种划分原则的权力，仍是操在皇帝的手里。秦始皇是一个浸淫于法家思想的君主，他很可能是遵守既定的法制，不肯加以破坏的；可是从另一面来说，如果他不肯遵守，事实上也确没有任何力量能够加以制裁。因为无论是国家财政抑或是他的私人财产，他统统认为是他的"家事"，他是有绝对的权力来处理的。

这种考虑由汉朝的事实来予以证明。汉朝的许多制度，都是因袭秦朝，治粟内史和少府这两个官职，也被维持下来，不过前者到后来已经改名为大农令，又改称大司农了。大司农的属官，有一个太仓令，职责是经管人民向政府所纳的租谷——因为当时的田税是征收实物的；另一个属官名为都内令，职责是经管政府的货币形式的资财，也就是现钱。这太仓之内的谷和都内里面的钱，都是供应政府的需要的。少府的收入，仍旧和秦朝一样，是以山、海、陂、池等等方面的出产为主。这些方面的出产，或者是由少府直接经营采取，或者部分地开放，准许人民利用，而课取一种费用，作为代价；这种代价，名为"禁钱"——意思是，那些地方是禁地，本来是不许人民利用的；也叫作"假税"——假是假借之意，意思是，人民向皇帝假借了禁地的使用权。据武帝时盐铁丞孙僅说，当时少府的这些收入，被改拨与大司农收掌。这种改变的开始，极可能是元狩元年（公元前 122 年）前后，也就是当武帝连年用兵，财政渐感困难的时候。这样继续了多少时候，史书上没有说明。我们只知道，平帝元始元年（公元元年）在少府之下设置了一个海丞，职责是主掌海税；因而推测，在那一年以前，这海税一直是由大司农经征的，如今才又由少府收回了。

国家财政和皇帝的私人财政二者之划分的制度，确是被汉武帝打破了（奠定专制封建制的人）。这位极权的皇帝不但把大司农和少府二者的权责弄混，而且在财政系统上又设立了一个新的机构，因而更迷乱了政府和皇帝私人的分界。元鼎二年（公元前 115 年），他设置了一个水衡都尉。古代管理山林的官叫作衡，西汉的少府属下，原来就有一个衡官，自然是经管山林的收入的。武帝先是把少府的收入拨归了大司农，后来因为将盐业和铁业收为国家的专利，政府的收入增加了一个绝大的来源；这项新的收入，统统是归大司农收掌。武帝显然是想直接支配这一项巨款，而又不愿意出尔反尔，重又收归少府，因此又另设立了一个新的机构。大概是因为盐是海的出产，铁是山的出产，所以这个新的机构取名为水衡。刚刚机构成立起来，政府却又增添了一个新的财源。为了打击一般富商，武帝颁布了那有名的告缗令，奖励人民告发那些偷漏财产税的富人。因为奖赏很重，告密的人非常之多；被告发的人之财产，全部没收；所以这一项也成为政府收入当中的一个重要部分。这些被没入官的财产，包括金钱、实物、奴婢和田宅，原是由少府的一个属官名为上林令的收管，如今却把这上林令改隶水衡，因而那些由于告缗而被没收的资财，就都归了水衡，而盐铁专卖的收益，则仍由大司农掌管。另外有一个钟官，原来也是属少府的，职司铸钱，这铸钱也是当时财政上的一个相当可观的来源。大概也是在那个时候，钟官也脱离了少府，而改列水衡都尉统辖之下。这样一来，掌理财政的机关就有三个：一个大农，一个少府，一个水衡；第一个算是公家的，而其他两个则都是属于皇帝个人。由于水衡的设置，少府的内部是空虚了，可是水衡的收入，也并不完全用来供养皇帝和他的宫廷，而是还津贴政府的。在另一方面，皇帝出巡各地，所过颁给赏赐无算，这项支出，本来应当是取自皇帝的私库——少府和水衡，可是当时的大司农桑弘羊正在办理均输平准，替政府大开财源，为了讨好武帝，就叫大司农负担了这一项绝大的费用。这些地方，都充分证明了，财政上面公私混乱的情形。

诚然，两汉时期，在原则上，政府财政和皇帝的财政二者是分开的。例如哀帝时候的毋将隆就对皇帝说过："大司农钱，自乘舆不以给共养，共养劳赐，一出少府；盖不以本藏给末用，不以民力共浮费，别公私，示正路也。"可是这也只是说说而已，事实上公私是分不十分清楚的。比较好的君主，也往往拿出私库的钱来作些有益于人民的事，例如宣帝就曾一度用水衡的钱替平陵地方居住的老百姓筑造房舍。可是也有的像灵帝那样，一味聚敛私财，不但是卖官鬻爵，任意借口向各地的地方官摊派税款，而且硬将大司农管下财物搬到宫廷以内，视同私有。臣下遇到如此的君主，除去婉言规谏之外，更再无其他"合法的"方法加以阻止。从这里可以看出来，传统的皇帝之家长的身份。一个好的家长，往往拿出自己的体己钱来替儿孙们谋些福利，而一个不像样的家长，随便支配家财，他的儿孙们只有徒唤奈何的。

三、量入为出的原则

"量出为入"是现代国家财政的基本原则，政府替未来的一年先作一个预算，列开种种方面的支出，总加起来，得出一个数目，然后以这个数目为标准，来决定收入的项目和数额。在预算表上，收入总额和支出总额要恰好相当。设如在未来的这一年之中，多出来意外的开支，以致入不敷出，原来的预算被破坏了的时候，政府就发行公债，向人民借款来弥补，而这种公债的还本付息所需要的钱，就列入下一年的预算当中，作为支出的一项。像这样子，政府是用不着从事储积的。国家是全体人民的国家，政府所做的事，也就是人民的事，所需要的一切，自然是都要由人民来负担。预计着需用多少，就向人民征取多少，预算以外的出支，就向民间去借贷，借款的本息，将来仍然落在全国人民的肩上。因为随时可以向民间借贷，所以政府也就没有储积的必要了。这是现代国家的财政和一般私人的经济二者性质之根本不同之点。

私人处理自己的家庭经济，是以"量入为出"为原则。一个家庭的预算，是要依了收入的多寡，来决定支出，至少是不让支出超过了收入，避免举债；同时还要尽可能地剩余下收入的一部分作为储蓄，以备来日不虞之需。负债对于一个私经济是不利的，在达到某种程度的时候，更是危险的；反之，储蓄则是安定的因素。

中国传统的财政之具有家庭经济的性质，从这里也可以看得出来。秦汉以来，由于政治上是国家与皇帝二者不分的局面，国家的事即是皇帝的家事，所以政府处理国家的财政，也就采取了私经济的原则——"量入为出"。历来的政治家和学者谈到理财，中心理论始终是这一个原则。这种议论，充满了中国的史籍，俯拾即是，无待举例。理论如此，事实上也不两样。只有西汉初年，据《史记》记载："量吏禄，度官用，以赋于民。"似乎是合乎"量出为入"的原则，其实那只是当时的政府在多年兵乱，人口锐减，社会经济普遍萧条的状况之下所采取的权宜之策。当时的人民饱经忧患，需要安静，而且负担赋税的力量也实在有限。深受黄老学说影响的执政者，因应时势，确定了与民休息的政策，尽量少事，减少支出，同时也减轻人民纳税的负担。整个的政策，是因简就敝，充满了消极的气息。这同现代国家财政之积极的性质，是截然不同的。再说西汉初期的政治原则，并没有一直维持下去，到了景帝的时候，已然转变。那种以"量出为入"为原则的财政，只有一个很短促的寿命，在中国历史上，算是一个仅有的例外。

除去这一个很短的时期，"量入为出"始终是历代财政的基本原则。在这个原则之下，储蓄成为重要的因素，而且是成为历代政治上兴衰成败的计温表。

《礼记·王制》上有下列的一段：

"冢宰制国用，必于岁之杪，五谷皆入，然后制国用。用地小大，视年之丰耗。以三十年之通制国用，量入以为出。……国无九年之蓄曰不足，无六年之蓄曰急，无三年之蓄曰国非其国也。三年耕，必有一年之食；九年耕，必有三年之食。以三十年之通，虽有凶旱水溢，民无菜色，然后天子食，日举以乐。"

这一段话，成为历来正统派学者的理财理论的基础。一个国家没有九年的积蓄，就被认为不足，没有六年的积蓄，就已然算是面临着危机，没有三年的积蓄，简直不能算是一个安全的国家。像这样见解，是把储蓄看成何等的重要。而重视储蓄，也正是家庭经济的一个主要原则。固然传统的见解，也反对政府聚财，而以"藏富于民"为是，"言利之臣"一向是被诅咒的。所谓"有聚敛之臣，宁有盗臣""财散则民聚，财聚则民散"，这两句话，常常被引用来警告喜好敛财的皇帝，不过依那般理论家的意见，聚敛是不能同储蓄相提并论的，皇帝肆意敛财，往往是为了供给个人的奢欲，所以要遭人的反对。至于储蓄，恰恰相反，乃是同节俭有因果的关系，只有崇尚节俭的君主，才会有大量的储蓄；而节俭则是一种美德，所以由于节用而储积起来大量财富的君主，总是得到史家的赞美。太史公在《史记·平准书》里面，盛称武帝初即位时国家殷实的情形[①]，而这种富实，乃是文景二帝几十年来节用储积的结果。太史公先举出这一事实，然后又叙述武帝因为好事，支出浩繁，遂想出来种种敛财的办法，而结果虽然国库充实，却弄得民不聊生。这样子将前后的情形作一个强烈的对比。从这里可以看出来，聚敛是罪恶，反之，由于节用而促成的积蓄，则是十分正当的。隋文帝为人刻薄寡恩，任法为治，思想行事，近于法家，与汉文帝之服膺黄老，同样不是正统派的儒家所理想的人物。可是隋代前

---

① "至今上即位数岁，汉兴七十余年之间，国家无事，非遇水旱之灾，民则人给家足。都鄙廪庾皆满，而府库余货财，京师之钱累巨万，贯朽而不可校，太仓之粟，陈陈相因，充溢露积于外，至腐败不可食……"所谓今上，即是武帝。

期的财政情形，却最为史家所艳称①。这就是因为正统派的学者是赞成储蓄，赞成由节用而促成的储蓄的。而事实上历代的执政者，也的确是注意储积，总要使国库常有盈余。掌理国家财政的大臣，如果能够在储蓄方面做出相当的成绩，就一定得到颂扬的。

完全采取私经济原则的国家财政，经常在设法储蓄，以备不虞之需。可是国家的税收，颇不固定。因为中国向来是一个农业国，田税在政府全部收入当中，总是占着重要的成分。在唐代中叶以前，田税大都是以实物缴纳。例如两汉是以田中的收获为标准，征收三十分之一（景帝二年以前，则是十五分之一）。又如西晋，行占田之法，由政府将田分给老百姓耕种，而每人课田若干亩。所谓课田，就是人民义务地替政府种田，田中的收获全部归政府所有，作为人民占田的代价，也就是变相的田税。以上两种田税的征收方式，都是以田中的收获直接来决定田税的数额。因为农田的收获是系于天时的，所以政府的这一项收入，就有极大的弹性。晋代以后的田税，大都是以田亩的数额为标准，征收实物；唐代中叶以后，又逐渐改征实物为折纳货币。这样一来，田税收入本是可以固定了，但因农收之丰歉无常，一遇荒年，人民就不能全部甚至于完全不能缴纳。或则由政府明令蠲免，或则虽征亦不能足额，遂成为"逋租"。而这种逋租往往是不能补缴，一年压一年，年代一久，即使欠户不逃亡到远方，政府也是无法征取，最后仍是要加以蠲免的。

既然政府的收入不能固定，所以遇到储积一空，而仍然收支不敷的时候，政府必须用种种的方法来筹措，以资弥补。或者提高原来的税率，或者增开新税，或者卖官鬻爵，或者鼓励百官和人民自动地捐输，或者由政府直接经营工商业，收其利润，或者滥发度牒②，甚而至于接受一般官吏

---

① 《文献通考》卷八《国用考·历代国用》篇，于记述隋代国家财政情形之后，编者加以按语，内称："汉隋二文帝，皆以恭履朴俭富其国。汉文师黄老，隋文任法律，而所行暗合圣贤如此。"

② 度牒是政府颁与僧人或道士的身份证，有此证之僧道，得以免除纳税和徭役的义务，原来是优待出家人的意思，其制始于唐玄宗。因为度牒的持有人是有许多好处的，所以一般俗家人也往往设法获得这样的证件。后来政府遇到财政困难的时候，索性就将大量空名的度牒公开出卖，标明价格，如同普通的一种商品。如此虽则能在短期间内筹得巨款，但因纳税与服役的人无形中减少，对于以后的国家收入，是会产生不利的影响的。可参阅赵翼《廿二史劄记》卷一九《度牒》条。

们的"进奉"，或"羡余"，可是很少想到向民间借贷。晋穆帝时，曾因连年出兵，粮运不继，向民间借用劳力，每十三户借一个人，帮助运输①。这里所借的，虽然是劳力而非财物，但究竟也是出之于借贷的方式，总算是政府向民间所举行的一种借贷。南朝宋文帝也是因为用兵，除了接受官民人等的献纳以外，政府真正向一般富户和寺院举行了一次借款②。可是这两次都不是由人民自由地、自动地报效，而是强制的性质。晋穆帝向民间征借劳力，以一年为期，并没有提到支付代价。而细译史文，也不像是提前征发来年的徭役，实际上就是额外征工，所谓借，只是说说而已。宋文帝向民间借贷，言明事息即还，倒是合于借的意思，不过是强借，而且并不付息。就是还本的诺言，事后曾否兑现，史书上也并没有明文记载。无论如何，这种强借是和现代的公债不可同日而语的。

还有唐德宗时，也是因为筹措军费，曾向一般富商借钱③，那一次虽然也是以借为名，实际上且超过了强制，而完全是勒索，以鞭笞为手段，逼死了多少个人的，并且是一借不还，自然更谈不到付息。这样的借和强盗借粮之借，可算是相去无几了。

因为传统的财政体制是带有家庭的性质，家长对于自己的家人子弟，当然没有借钱的道理，如有需用，就直接了当地向他们索取，而谈不上"借"字。再则一个像样的家长，为了保持家庭经济的安定，永久是维持量入为出的原理，借了节用以造成储蓄。中国传统的财政，也正是如此。

---

① "升平三年春三月甲辰，诏以比年出军，粮运不继，王公已下，十三户借一人，一年助运"。见《晋书·穆帝纪》。又同书《食货志》："穆帝之世，频有大军，粮运不继。制，王公以下，十三户共借一人，助度支运。"

② 《宋书·文帝纪》："元嘉二十七年，索虏南侵，军旅大起，用度不充，王公妃主及朝士牧守各献金帛等物，以助国用；下及富室小人，亦有献私财数千万者。扬、南徐、兖、江四州富有之家，赀满五十万，僧尼满二十万者，并四分借一，过此率计，事息即还。"

③ 《资治通鉴》卷二二七，唐德宗建中三年："时两河用兵，月费百余万缗，府库不支数月。太常博士韦都宾、陈京建议，以为货利所聚，皆在富商，请括富商钱，出万缗者，借其余以供军；计天下不过借一二千商，则数年之用足矣。上从之。甲子，诏借商人钱，令度支条上。判度支杜佑大索长安中商贾所有货，意其不实，辄加榜捶；人不胜苦，有缢死者。长安嚣然，如被寇盗。计所得缗八十余万缗。又括僦柜质钱，凡蓄积钱帛粟麦者，皆借四分之一，封其柜窖。百姓为之罢市，相帅遮宰相马自诉，以千万数。卢杞始慰谕之，势不可遏，乃疾驱，自他道归。计并借商所得，缗二百万缗，人已竭矣。"

（以下原稿佚去）

*汉帝国瓦解后，由于兵乱及异族之内侵与统治，整个社会又呈现了封建的形态，影响到财政上，其一点即是公私淆混。

魏有司农之官，而掌理国家财政之权，属于度支尚书（汉置尚书郎四人，其一主财帛委输，初为皇帝近臣，东汉末叶，其权渐重，至魏遂为国家财政之主持者。吴则有户部尚书）。政府财政与皇帝私人财政遂不能分开（魏无少府），其时各地产权落于政府之手。建于屯田基础上之军事政权，极富家庭的色彩。

晋亦以度支尚书主计政，大司农沦为仓库之保管人。虽有少府，而其收入来源，并不固定，往往与国家财政不能分开。

宋与南齐均仍晋制。

梁有度支尚书，又于司农、少府之外，复置太府，其职责之分际颇不明晰（司农主农功仓廪，属有太仓上林等令，太府掌金帛府币，属有上库丞，亦掌太仓）。

陈因梁制。

五胡所建诸国，年代不永，又始终处于兵争状态之下，财政方面亦几无制度可言，公私不分之程度自然更深。

元魏亦以度支尚书掌支计，另有大司农，实际掌太仓之官，更有少府，太和时改为太府。掌财物库藏。

北齐制因元魏。

隋统一南北之后，整齐官制，为后世确立基础。

尚书令属有度支尚书，掌国计，后改称民部尚书。

另有司农卿、太府卿，一司谷仓，一典财货，均不负支配之责。皇帝私人之收入，并无明确之规定，汉世山海所出均归天子之说，已成过去，盐铁之入，均归政府，但政府之收入，则直接归皇帝支配。唐多因隋制，其公私之分际亦不清晰。

---

* 以下文字另书于同类稿纸，录此可作为理解上文的参考。

户部尚书属官有度支郎中，掌天下租赋，有金部郎中，掌天下库藏出纳，但又司宫市交易之事，百官军镇蕃客之赐，及给宫人王妃宫奴婢衣服。

司农寺掌仓储委积之事（属官有上林），但又供应京都百司官吏禄廪、朝会祭祀所需。

太府寺掌财货廪藏贸易，又主四方贡赋，百官俸秩，而贡赋之入，多归天子。

玄宗之世，设琼林、大盈二库，为皇帝之私藏。

其时贵臣求媚，以为赋税之入归政府，贡献之入归天子，遂设二库，以供皇帝之私求。

天下财赋，原归太府所属之左藏库，太府四时以闻，尚书比部覆其出入，上下相辖，无甚失误。肃宗朝，第五琦为度支盐铁使，时京师多豪将，求取无节，琦不能禁，乃悉以租赋进入大盈内库，以中人主之意。天子以取给为便，故不复出，是以天下公赋，为人君私积，有司不得窥其多少，国用不能计其赢缩。二十年间，事实上国家财政操于宦官之手。及德宗初，杨炎始奏准，仍归度支，每岁量入三十万入大盈，而度支先以全数闻奏。

其时天下纷乱，政府经营收入无定，财政行政紊乱，而多地节帅常有献纳（进奉），以后其风日烈，剑南西川节度使韦皋有日进，江西观察使李兼有月进，其他地方官亦竞以常赋入贡，名为羡余。凡此皆为天子私蓄，以至于唐亡。

五代之世，治少乱多，公私更趋混乱。

后唐庄宗既灭梁，宦官劝帝分天下财赋为内外府，州县上供者归外府，方镇贡献者归内府，于是外府常空，而内府充积（郭崇韬）。

宋世有封桩内藏

宋承五代之制，以三司使主国计，宰相不与，元丰始改归户部。太祖初，贡赋悉入左藏库，及取荆湖，下西蜀，所获甚多，始别立封桩库，以为私蓄（以备凶年，不致临时多取于民）。其后三司岁终所用常赋有余，亦并归之。一说用以往辽，收复失地。太祖之意，俟满三五百万，即以与契丹，以赎幽燕之地，不从，则为用兵之费。太宗复置分左藏北库为内藏库，亦谓之景福殿库，隶内藏库（自谓不以供私求，而以待国用之不给）。

自宋初以来，每遇用兵及水旱，度支不给，则贷于内藏，俟课赋有余则偿之。太宗真宗时，恒岁贷百万乃至三百万，积欠太多，不能偿，则除其籍。仁宗之世，西北有事，大率取给于内藏。但国家正赋，亦往往拨一部归内藏收掌。

神宗变政，令贡赋均归左藏库，而逐年拨金三百两，银五十万两，入内藏（坑冶之利归内府）。

哲宗徽宗之世，有应奉司，专供皇帝需用。另横取于民，而不向国库支取。

高宗时，有椿管激赏库。孝宗即位之年改为左藏南库，为帝私蓄。

秦桧取户部窠名之可必者，尽入此库，户部告乏则予之。

帝尝出数百万缗以佐调度，孝宗淳熙末，始归户部。

元代以中书省之户部总国计，而另有太府监。世祖成宗朝，遇重赐则取给中书。

明代厉行中央集权，皇帝专制之程度较深，故于国家财政与宫廷财政二者之区分，更不严格。

内府十库：其承运、脏罚、广惠、甲字、丙字、丁字六库属户部，乙字库属兵部，戊字、广积、广盈属工部。

又有天财库（司钥库）与供用库，与内府十库统称内库（其供用库贮上供品）。

内库岁进金花银百万以供内用。

宫内另有内东裕库、宝藏库，谓之里库，不关于有司。

英宗正统元年，改折漕粮，岁以百万为额，尽解内承运库，自给武臣禄十余万两外，皆为御用。

武宗大婚，取户部银三十万两。

刘瑾籍没，财物尽入内廷。

穆宗隆庆四年，内承运库中官以空劄取户部银十万两，廷臣疏谏，皆不听。

清承明制，皇权极盛，惟以皇室家法严紧，历朝皇帝尚未过于破坏规定。

内务府为供应皇帝之机关。

综上观之，中国历代国家经用与皇帝宫廷私费二者之间，并无明晰之分界，在"唯王不会"的大原则之下，皇帝对于财政有最后的支配权，纵有关于公私权界之规定，但对于皇帝只有道义上的制裁力量，而无法律上的制裁力量，此种情形，有如一大家庭中，"伙中"而外，家长另有其"体己钱"。

附录四：中国传统的财政形态之特质

（撰写提纲）[*]

一、财政社会学

——型的研究 历史性的研究

——各方面的考虑：经济组织情状 经济意识 财政与经济的关系以及政治史 政体、法律……

——各方面的影响：

内在的力量 支出之形式及数量 收入的范围及方式。

经济组织方面的条件。

经济意识的支配。

经济及财政范围以外的力量：思想及政体法律方面的影响。

二、中国传统财政之特质

——家庭经济的性质：

家庭性质的政治组织，国家实即皇家，政府有绝对的威权，皇帝至高无上。

太府少府二者实际上分不清，也没有宪法上的限制。

量入为出，无所谓公债。

积蓄。

收入支出均无严格的预算（农收之丰歉无常），赏赐之无节，逋税、蠲免租赋，往往因皇室庆典任意增税（苛杂）。

---

* 此为另一份讲义撰写的提纲以供参考。

国营事业（盐、铁、酒、茶、油、矾……只为皇家着想，垄断最有利的生意。与现代国家之国营事业不同！）。

——消极的性质：

农业社会中乐天知命的观念。清静无为。

藉减少收入以紧缩支出。由于支出之紧缩以防止君主多事。

藏富于民（兴利之臣被诅骂）。

政府全部开支中，除政费、军费、宫廷费等基本开支而外（及此亦均以尽量减少为主），大都是维持或防范的性质（河工费、常平仓……），而极少建设性的开支（包括教育费在内）。（隋炀帝开运河之被唾弃。）

——封建的性质：

广土众民，政权虽集中，但直接统治在一定的交通条件以及行政户籍机构及效率下为不可能。

包括税制之产生（提成）。

官俸之形式化（赏赐）。北魏初，百官无俸。

调剂！

职分田、公廨田、公廨钱。

——自然经济的性质：

农业社会，给养原则。

收入支出均以实物为主（明朝方改为钱粮［皇粮］，官吏俸给名薪水，抗战期中之征实！米贴！）。

漕运之重要（举世无俦，唐时以宰相主漕运，政府逃荒）。

三、此种财政对于经济所生的影响

——财政上的紊乱，极易引起经济上的恐慌（中国历史上之经济危机多是从财政上引起）。

——妨碍了工商业的发展：

小农社会中，一般人购买力有限，比较最有能力促使市场扩大者，厥为政府，但政府所需之大量物资（包括奢侈品），一部分是直接向人民徵取（土贡），另一部分则自家制造，几与市场绝缘。

——促进了官僚资本：

包税制之自然结果（官吏商人化）。

国营事业（官僚建议政府独占某某事业以求宠，同时藉掌理该种事业而发财）。

＊　＊　＊　＊　＊　＊　＊　＊

注：原稿毛笔书于竖格稿纸，因稿纸有"国立编译馆稿纸"字样，当作于 1940 年代任教重庆复旦大学经济系期间。

图书在版编目（CIP）数据

王毓瑚农史讲义存稿 / 王毓瑚著 . —北京：中国
农业出版社，2020.10

（中国农业大学经济管理学院文化传承系列丛书）

ISBN 978 - 7 - 109 - 27114 - 2

Ⅰ.①王⋯　Ⅱ.①王⋯　Ⅲ.①农业史－中国　Ⅳ.
①S - 092

中国版本图书馆 CIP 数据核字（2020）第 137959 号

中国农业出版社出版

地址：北京市朝阳区麦子店街 18 号楼

邮编：100125

责任编辑：闫保荣　文字编辑：王秀田

版式设计：王　晨　责任校对：刘丽香

印刷：北京中兴印刷有限公司

版次：2020 年 10 月第 1 版

印次：2020 年 10 月北京第 1 次印刷

发行：新华书店北京发行所

开本：700mm×1000mm　1/16

印张：25

字数：370 千字

定价：78.00 元